高等教育“十三五”规划教材

沉陷控制与特殊开采

许延春　戴华阳　编著

中国矿业大学出版社

内容提要

本书系统介绍了沉陷控制与特殊开采的理论和实践经验，包括采动岩层移动变形机理，地表移动变形规律，建筑物下采煤，线性构筑物下采煤，水体下采煤，承压水体上采煤，底板注浆加固防治水技术，井筒保护煤柱开采与井壁破裂防治技术等方面。

本书可作为普通高等院校矿业工程、测绘工程专业的教学用书，也可供煤矿采掘和地测方面相关技术人员学习和参考。

图书在版编目(CIP)数据

沉陷控制与特殊开采 / 许延春，戴华阳编著. —徐州：中国矿业大学出版社，2017.11

ISBN 978-7-5646-3663-0

Ⅰ. ①沉… Ⅱ. ①许… ②戴… Ⅲ. ①矿山开采—岩石沉陷—研究 Ⅳ. ①TD327

中国版本图书馆 CIP 数据核字(2017)第 198941 号

书　　名　沉陷控制与特殊开采
编　　著　许延春　戴华阳
责任编辑　潘俊成
出版发行　中国矿业大学出版社有限责任公司
　　　　　　(江苏省徐州市解放南路　邮编 221008)
营销热线　(0516)83885307　83884995
出版服务　(0516)83885767　83884920
网　　址　http://www.cumtp.com　**E-mail**：cumtpvip@cumtp.com
印　　刷　徐州中矿大印发科技有限公司
开　　本　787×1092　1/16　**印张** 14.25　**字数** 365 千字
版次印次　2017 年 11 月第 1 版　2017 年 11 月第 1 次印刷
定　　价　28.00 元
(图书出现印装质量问题，本社负责调换)

前　言

我国绝大多数煤矿在建设和生产中会遇到为保护建筑物、构筑物、水体及主要井巷等受护体的压煤问题和受护体影响下的开采问题，即覆岩沉陷控制与特殊条件下的采煤活动问题。其中平原地区的矿井受地面密集的村庄、工厂等建筑物压煤影响十分普遍，对煤矿企业生产严重制约；随着经济的发展，高速铁路、高速公路、输油(气)管线和高压电线等线性构筑物对煤矿的影响越来越大。煤层上方的地表水、松散层水、采空区积水和基岩含水层水等是煤矿主要的安全事故源之一；华北型煤田及部分华南型煤田受到煤层底板承压含水层的水患威胁，多次导致淹井事故，并且压滞大量煤炭资源；西北矿区采矿造成的水资源流失与损坏所带来的环境问题日益突出；另外在具有厚松散层的矿区有上百座井筒出现破裂事故，对煤矿正常生产造成十分不利的影响。因此，不断发展和普及运用沉陷控制与特殊开采技术(简称“特殊采煤”)，对于煤矿安全生产和经济发展具有十分重要的意义。

自20世纪50年代以来我国在特殊采煤研究方向取得了大量的科研成果，积累了许多宝贵的经验。近十年来随着煤矿安全高效、绿色开采技术的发展以及开采水平向深部延伸，特殊采煤又面临新问题，同时也取得一些新科研成果、新技术进步。为能及时将最近的成果反映到本书中，除编者的研究成果外，还参考了《建筑物、水体、铁路及主要井巷煤柱留设与压煤开采规范》(2017版)、《煤矿防治水规定》(2009版)、《煤矿防治水手册》(2013版)和同类著作以及相关文献资料的精华，在此对各位作者致以诚挚的谢意。武强院士和张华兴研究员对本书相关内容进行了审阅和斧正，在此衷心感谢。

本书共8章，具体包括：第一章岩层移动与变形机理，第二章地表移动变形规律，第三章建筑物下采煤，第四章线性构筑物下采煤，第五章水体下采煤，第六章承压水体上采煤，第七章底板注浆加固防治水技术，第八章井筒煤柱开采与井壁破裂防治。具体编写分工为：许延春撰写第一、五、六、七章和第八章部分内容，戴华阳撰写第二、三、四章和第八章部分内容。部分章后有思考题和主要参考文献，以方便读者继续研读。

本书已列入煤炭高等教育“十三五”规划教材，主要作为普通高等院校矿业工程、测绘工程专业的教学用书，也可供煤矿采掘和地测方面相关技术人员学习和参考。许延春联系邮箱 yanchun-xu@163.com。

作者

2017年7月

目　录

第一章　岩层移动与变形机理

第一节　采动围岩移动破坏形式

一、采动围岩移动破坏与特殊采煤

采场周围的岩体，称为围岩。以煤层为参照，煤层上面为顶板岩层或覆岩；煤层下面为底板岩层。当煤层被采出后，围岩应力重新分布，煤层所占空间被围岩或人为材料重新充填，导致围岩移动、变形。当岩体的应力、应变超过其强度极限时岩体产生破坏。

采动围岩的移动、变形和破坏通常是一个周期动态变化过程，主要是随着工作面开采空间的扩大和支护设备的撤除，顶板出现初次来压和周期来压，顶板岩层则随之向上传递垮落、变形和断裂，最后形成地表塌陷盆地。同时底板岩层也出现底鼓、变形和断裂。

在采动围岩的移动破坏过程中，会造成一定程度的采动损害，见图 1-1。

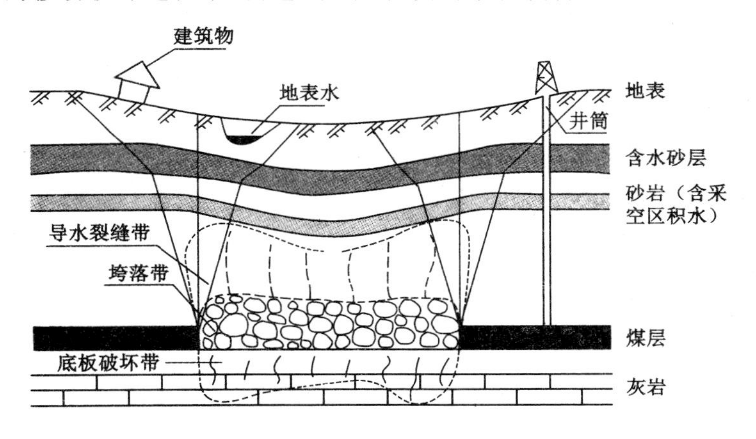

图 1-1　采动围岩移动破坏与特殊采煤关系图

由图 1-1 可见，采动损害自上而下为：

① 地表沉陷对地表建筑物、构筑物和水体造成采动损害。

② 覆岩的移动破坏可导致各类顶板水体溃入工作面，形成水害事故。

③ 覆岩内部移动变形可导致井筒破裂。

④ 底板岩体移动破坏可导致底板承压水体溃入工作面，形成水害事故。

“特殊采煤”，即特殊困难条件下的采煤，主要包括建筑物下、构筑物下、水体下、水体上的煤炭开采以及煤矿井巷等压煤开采和采动损害防治。沉陷控制和特殊开采技术主要包括采动围岩移动、变形和破坏的机理、沉陷控制理论与技术、特殊开采理论、分析评价方法、探测技术等，以期达到防止或减轻采动损害，减少压滞煤量损失，提高企业经济效益，实现安全、绿色采煤的目的。

二、采动围岩的移动、变形和破坏形式

岩体受采动影响变形破坏实际上是指岩体地质结构改组和结构联结的丧失现象，分为移动、变形和破坏三种主要形式。

1. 移动

岩体移动可分解为竖向移动和水平移动。其中顶板和地表的向下移动，也称沉降；底板的向上移动，也称底鼓。

2. 变形

是指由于岩体各点移动的不均衡性导致岩体产生变形，主要有竖向变形、水平变形、倾斜变形、弯曲变形、扭曲变形。从受力的角度划分为拉伸、压缩和剪切变形。

3. 破坏

是指采动岩体重新分布的应力超过岩体的强度产生的破坏。围岩破坏形式主要有：

① 断裂：煤层被采出后，顶、底板岩层中重新分布的应力超过岩石的强度，导致岩石破裂。岩体内部裂隙、节理等弱面增多，岩石块度减小。

② 垮落：煤层被采出后，顶板岩体破裂成无规则块状脱离原岩而垮落充填采空区，这种破坏形式称为垮落。垮落一般发生在采空区上方拉应力区的岩层中。

③ 离层：采空区上覆岩层由于竖向移动变形的大小和速度不同而使岩层面之间或层理面之间产生的开裂现象称为离层。离层主要发生在顶板以上，可以由层间拉应力、拉剪作用和上层岩体的抗弯刚度大于下层岩体的抗弯刚度而产生。

④ 层间错动：在重力产生沿层面的下滑力作用下，或者由于岩层移动过程中相邻岩层水平移动的大小或方向不同而使层面软弱带两侧的岩层产生相对滑移，这种破坏形式称为层间错动。这类破坏主要发生在倾斜煤层顶板不同岩层交界处或软弱面处。

⑤ 块体滚动：这种破坏有两种情况，一是在已经垮落或断裂岩体的下山方向继续进行采煤形成新的采空区时，如果煤层倾角较大，垮落的岩块就可能滑动或滚动充填采空区，导致采空区上部的空间增大，使位于采空区上山部分的岩层和地表的移动加剧；二是在岩体内部发生结构体的滚动或转动现象。

上述破坏形式的出现是由岩体本身的结构特征、物理力学性质和采动影响程度等共同决定的，从力学机理上可归结为张破坏、剪破坏、压破坏、结构体滚动和结构体沿结构面滑动或错动等破坏机制。

三、矿区水的循环及影响

采煤活动也会扰动矿区的水均衡场，对水文地质条件产生影响，导致含水层水位的动态变化。如图 1-2 所示为某矿区浅部开采的典型水循环图，既有大气降水补给也有矿井排水，同时还有各含水层和导水通道形成了水的循环。与特殊采煤相关的采动对水循环的影响如下：

① 大气降水可形成洪水，使地表积水面积增大、水压增高，对有水力联系的含水层进行补给。受采动影响形成导水通道，导致地表水灾事故。

② 采动影响波及松散地层下部含水层，是松散含水层溃水、溃砂灾害的主要原因。采动影响也可以疏降含水层，从而降低后续采煤水害的危险性。

③ 采动影响疏降松散层底部含水层水位，是导致煤矿立井破裂的主要原因；另外，松散层土的固结压缩，也是个别矿区地表下沉系数大于1，加重采动损害的原因之一。

④ 采动影响基岩含水层、风化带含水层和上方煤层采空区积水，是顶板基岩水害的主要原因。

⑤ 采动影响形成底板导水破坏带、造成构造“活化”，与岩溶陷落柱沟通，是底板承压含水层突水的主要原因。

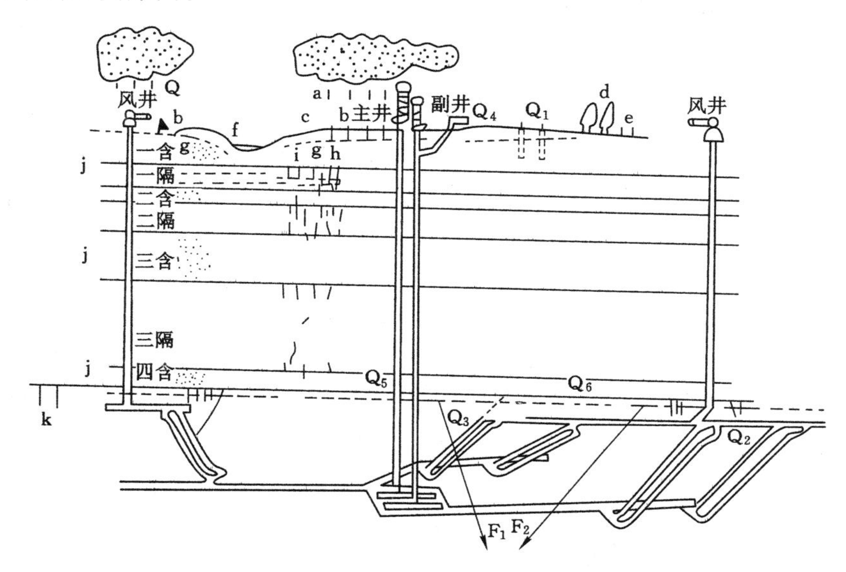

图 1-2　矿区浅部水循环示意图

a——大气降水；b——入渗；c——地表径流；d——叶面蒸发；e——地面蒸发；f——水面蒸发；g——地下径流；h——根隙、孔隙；i——下渗越流；j——区域径流；k——灰岩顶托补给

Q——大气降水；Q_1——水源井；Q_2——采动裂隙导水；Q_3——断层导水；Q_4——矿井总排水；Q_5——井筒漏水；Q_6——基岩风化带导水

第二节　岩层移动破坏分带特征

一、“上三带”的形成

煤层开采后，其覆岩要发生移动、变形和破坏。大量的观测表明，采用长壁采煤法全部垮落法管理顶板的情况下，根据变形破坏程度，正常情况下采空区覆岩可以分为“三带”，即垮落带、导水裂缝带（又简称“裂缝带”）和弯曲下沉带，为区分煤层底板的“下三带”简称为“上三带”，见图 1-3 所示。

1. 垮落带

垮落带是破断后的岩块脱离原生岩体，呈不规则岩块或似层状巨块向采空区垮落的那部分岩层。垮落带位于覆岩的最下部，紧贴煤层。煤层采空后，上覆岩层失去平衡，由直接

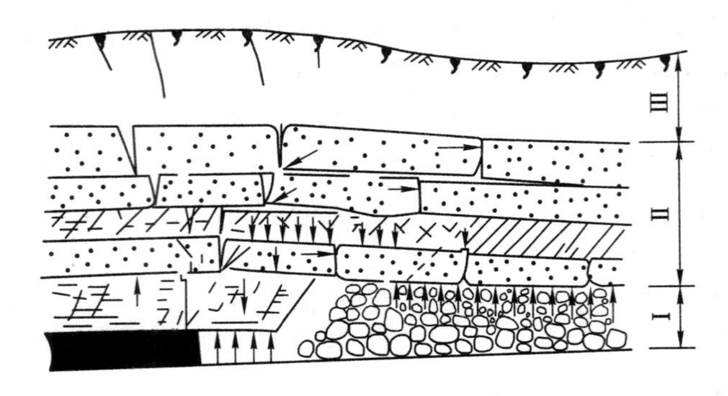

图 1-3　覆岩破坏分带示意图

Ⅰ——垮落带；Ⅱ——裂缝带；Ⅲ——弯曲下沉带

顶岩层开始垮落，并逐渐向上发展，直到开采空间被垮落岩块充满为止。垮落带内岩块之间空隙多，连通性强，可成为水体和泥砂溃入井下的通道。

2. 导水裂缝带

导水裂缝带位于垮落带之上，由于岩体的水平变形、弯曲和剪切变形产生裂缝、破断；岩层破断后，岩层连续性未受破坏。裂缝带的裂缝主要有两种：一种是垂直或斜交于岩层的新生张裂缝或原有裂隙扩展为裂缝，它可部分或全部穿过岩层，但其两侧岩体保持层状连续性；另一种是沿层面的离层裂缝，裂缝的导水性较强。导水裂缝带若波及到水体，可将水导入井下，一般不透泥砂。垮落带和导水裂缝带合称“两带”。

3. 弯曲下沉带

弯曲下沉带是指导水裂缝带顶部到地表的那部分岩层。由于岩体变形较小，岩体内虽然也产生采动裂隙或原裂隙扩展，但弯曲下沉带的水体不能渗流到采空区。弯曲下沉带总体呈整体移动，对水体下采煤具有阻隔水保护层的作用。弯曲带内可以产生离层裂缝，并且可以局部充水。该类离层水一般不会造成工作面涌水量增大。特殊情况下，当离层水量大并受区域动压的影响时，也可形成动力突水来源。另外，采动影响后弯曲下沉带的渗透性有一定程度的增强变化，对于地表水体及浅部潜水体的保水采煤可能有不利的影响。

以上“三带”虽各带特征差异明显，但其界面是逐渐过渡的，有时采深与采高之比较小或者采用充填法开采时，也可能“三带”不完整，具体划分时应合理掌握。

二、“上三带”的空间形态

覆岩破坏范围的最终形态是标志覆岩破坏规律的重要内容。它不仅直接决定着破坏的范围，而且直接决定着破坏范围的最大高度。据现场实测结果，在采用长壁采煤全部垮落法管理顶板时覆岩破坏的最终形态，除与采空区大小及顶底板岩性有关外，煤层倾角的影响也是十分显著的。现按近水平和缓倾斜、中倾斜及急倾斜煤层三种情况分别叙述。需要说明的是，特殊开采中的缓倾斜与中倾斜(35°)划分的倾角主要取决于垮落岩体是否可向采空区滚动；中倾斜及急倾斜煤层(54°)划分的倾角主要取决于覆岩受下阶段工作面重复影响破坏形态稳定。

1. 近水平及缓倾斜(<35°)煤层覆岩破坏的最终形态

采用全部垮落法管理顶板时，水平及缓倾斜单一煤层，长壁采煤法采空区各种不同岩性覆岩在垂直剖面上的最终破坏形态类似于一个“马鞍形”，如图 1-4 所示。其特点是：

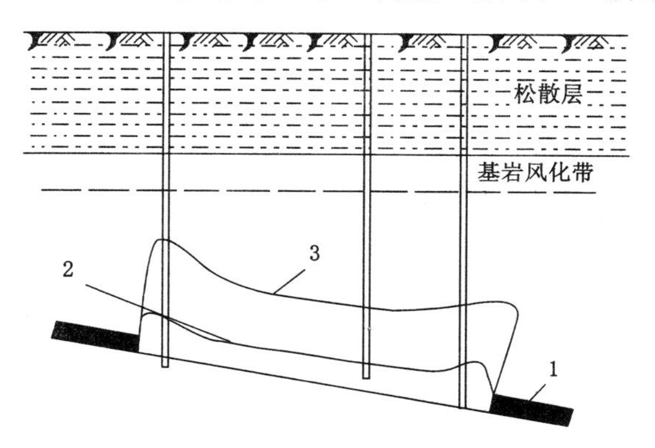

图 1-4　缓倾斜煤层马鞍形“两带”破坏形态

1——煤层；2——垮落带；3——导水裂缝带

① 采空区四周边界上方的破坏高度较高，其最高点一般位于开采边界以内数米的范围内。

② 采空区中央的破坏高度低于四周边界的高度范围。当采空区面积相当大且采厚大体相等时，采空区中央部分的破坏高度基本上是一致的。

③ 采空区四周边界垮落带、导水裂缝带的范围与水平面呈一定的角度。初步测定，垮落角比相应条件下的移动角大 15°～25°；导水裂缝角则比相应条件下的移动角大 5°～10°。

覆岩破坏范围的马鞍形形态的形成，最主要的原因是煤层永久性开采边界的存在。由于煤壁的支承作用，在煤壁上方岩体的一定范围内变形量要较采空区中部明显增大，导致垮落带高度（简称“垮高”）和导水裂缝带高度（简称“裂高”）在该区域也相应增高。

在厚煤层分层开采时，随着分层层数的增加，垮落带、导水裂缝带的范围不断扩大，马鞍形的形态仍然存在，有时甚至更加突出。

在浅部开采时，如导水裂缝带接触到基岩风化带和松散层，裂高的发展会受到软弱覆岩的抑制，马鞍形形态随之消失。

2. 中倾斜（36°～54°）煤层覆岩破坏的最终形态

中倾斜煤层采用长壁采煤方法时，垮落岩块下落到采空区底板后，向采空区下部滚（滑）动，于是采空区下部很快能被垮落岩块所填满，“两带”发育高度较低。而采空区上部，由于垮落岩块的流失，等于增加了开采空间，故其“两带”高度大于下部。此时采空区倾斜剖面上垮落带、导水裂缝带范围的最终形态呈上大下小的抛物线拱形形态，见图 1-5 所示。在走向方向上，由于采空区尺寸较大，垮落带、导水裂缝带范围仍然能成为马鞍形形态。

3. 急倾斜（＞55°）煤层覆岩破坏范围的最终形态

在开采急倾斜煤层时，不仅顶板垮落岩块会发生向下滚动的现象，同时上部阶段的整个垮落岩块堆在受到下部阶段的采动影响后，也可能发生整体滑动，而且所采煤层本身还可能发生抽冒；有时底板岩石也会出现向下滚动和整体滑动的现象，因此急倾斜煤层垮落带、导水裂缝带范围呈现出各种不同的类似拱形形态，并且不稳定（图 1-6）。其主要特点是：

① 破坏性影响更加偏向于采空区上边界，采空区下边界则显著减小。

② 除顶板岩层外，破坏性影响波及到底板岩层及采空区上边界的所采煤层，且所采煤

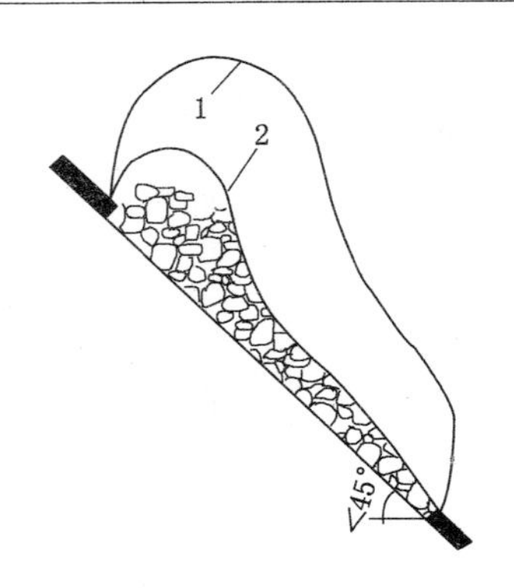

图 1-5　中倾斜煤层顶板覆岩破坏形态

1——导水裂缝带；2——垮落带

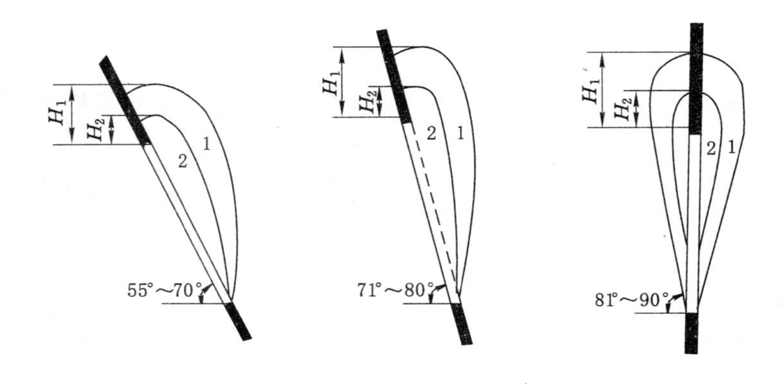

图 1-6　急倾斜煤层覆岩破坏形态

1——导水裂缝带；2——垮落带

层的破坏先于顶底板岩层的破坏。

③ 随着煤层倾角及顶底板和所采煤层力学强度差异性的增加，“两带”高度在开切眼和停采线附近高于采空区中央。

三、“下三带”的形成及空间形态

1.“下三带”的概念

煤层开采后底板岩体发生移动和破坏也呈现分带性(图 1-7)，一般称为“下三带”，即底板导水破坏带(简称“底板破坏带”)、完整岩层带、承压水导升带。各带的含义是：

采动影响底板导水破坏带(h_1)：是指由于采动矿压的作用，底板一定深度的岩层连续性遭到破坏，导水性发生明显增大的岩层带。

完整岩层带(h_2)：位于第 1 带之下和承压含水层之上。其作用是保持采前岩层的连续性及阻抗水，故称为完整岩层带。它是阻抗底板突水最关键的岩层带，又称为有效保护层带。

承压水导升带或隐伏水头带(h_3)：是指含水层中的承压水，沿隔水底板中的裂隙或断裂破碎带上升的高度(即由含水层顶面至承压水导升带上限)。有时也称为原始导高。

煤层开采底板破坏带总是存在，而当底板隔水层太薄、含水层顶部有充填带或其上岩层软弱时，则“下三带”也可能不完整。

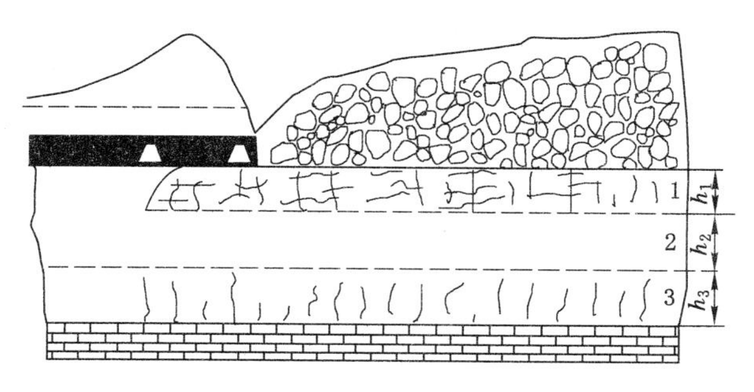

图 1-7 底板“下三带”示意图

1——底板破坏带；2——完整岩层带；3——承压水导升带

h_1——破坏带深度；h_2——完整岩层带厚度；h_3——承压水导升带高度

2. 底板破坏空间形态

煤层开采后采空区边界煤壁产生支撑压力，在煤层和底板造成压性破坏，形成压塑性区（Ⅰ区），该区岩体的导水性不增大。在煤层与采空区一定范围内形成剪切破坏区（Ⅱ区），该区岩体的导水性明显增大，并且发育深度最大；在采空区内部形成拉伸破坏区（Ⅲ区），该区岩体的导水性明显增大，但发育深度不是最大（图 1-8）。因此工作面底板导水破坏带形态也是一个倒“马鞍形”。

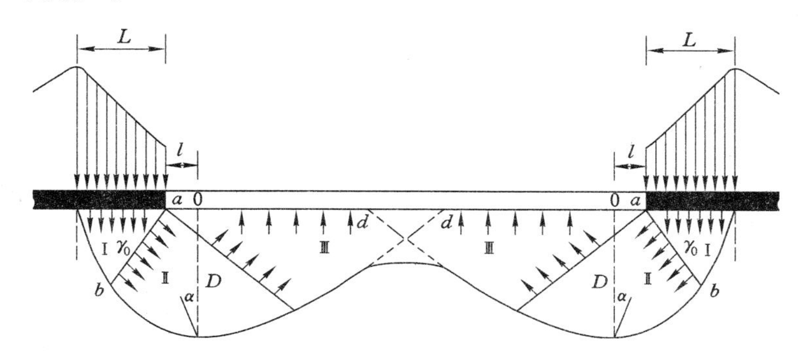

图 1-8 工作面底板破坏形态示意图

D——底板的最大破坏深度；L——煤层塑性区的宽度；l——底板最大破坏深度与煤壁距离

第三节 采动岩层移动变形的影响因素

一、岩体力学性质的影响

岩体力学性质，包括岩石的力学性质与弱面（节理、裂隙和断层等），可影响开采对围岩和地表的变形和破坏程度，包括其幅度、形状、速率、破碎程度、分布规律等。

1. 岩体力学性质对围岩移动和破坏的影响

覆岩力学性质对开采沉陷和围岩破坏有重要影响。一般按覆岩分类选取地表移动变形预计参数和“两带”高度预计公式，通过岩石力学参数影响计算底板破坏深度。

2．岩性组合对覆岩移动和破裂的影响

岩性组合是指岩层之间的组合关系，它对地表沉陷和"两带"发育均有控制作用。若层位上覆极软覆岩，其垮落带和导水裂缝带的高度一般发育较低，这对水体下采煤有利。底板承压水上开采时，完整岩层带(h_2)如果由泥类岩层和砂类岩层软硬相间构成，则可提高底板的阻隔水性。

二、覆岩岩体结构

煤系地层为沉积岩体，以其原生结构是层状结构为特点，岩层受原生的断层、节理、裂隙和采动的影响，正常煤系地层为块体结构；砂土地层和强风化地层为散体岩体结构；黏土层为层状结构。覆岩岩体结构对岩层移动破坏起着控制作用，不同岩体结构类型的岩体在岩层移动破坏过程中的表现不同。

破碎结构岩体受采动影响易垮落，在工作面接近断层带、强风化带覆岩时常发生抽冒，引起水沙溃入矿井；地表形成塌陷坑，危害性极大。断层破碎带、陷落柱岩体也是底板突水的主要导水通道。

三、松散层的影响

松散层是指第四系、新近系末固结成岩的沉积层，如冲积层、洪积层、残积层等。地表有无松散层覆盖，对地表移动变形特征有很大影响，特别是对地表水平移动、水平变形分布规律以及地表台阶的影响十分明显。另外，松散含水层下采煤也是水体下采煤的最主要类型。

四、地层倾角的影响

地层倾角之所以对岩层移动产生影响：其一是因为不同倾角的地层往往具有不同的岩体结构，从而影响岩层移动特征；其二是在倾斜及急倾斜煤层下山方向采煤时，垮落岩体常常沿底板下滑或滚动，充填采空区，并可一直延续地表，煤层抽冒现象也很严重，此类岩体对水体下采煤极为不利；其三是因为不同倾角的地层在煤层开采后所形成的应力重分布特点不同，从而引起岩体结构状态的不同变化，使岩层移动变形的发展过程、破坏的形态和范围等产生显著的差异，对底板破坏小深度有显著影响；其四是不同倾角的地层受采动影响的重复次数有很大差异，如急倾斜地层可受同一煤层工作面的多次重复采动影响。

五、开采深度的影响

1．对地表移动变形的影响

随着开采深度的增加，地表移动范围增大，而地表下沉值变化不大，因而地表移动盆地变得平缓，各项变形值减小。

开采深度还对地表最大下沉速度和移动持续时间有影响。开采深度较小时，地表下沉速度大，移动持续时间较短；开采深度较大时，地表下沉速度小，移动比较缓慢、均匀，而移动持续时间则较长。

观测成果表明，地表的最大下沉值和观测巷道的最大下沉值极为接近，但倾斜和曲率最大值、移动持续时间以及最大下沉速度有明显差别。深度大时，变形值和最大下沉速度明显减小，移动持续时间却增加(表 1-1)。

2. 对水体下采煤的影响

随着采深的增加，部分顶板含水层的水压增大，造成工作面涌水量增大。保护层中采动裂隙可能会在高水压作用下扩展，导致安全煤(岩)柱失稳的危险性增大，增加顶板动力水灾的危险性。

表 1-1　　某矿 3701 观测站观测结果

移动变形情况 / 开采深度	最大下沉值/mm	最大倾斜/(mm/m)	最大曲率/(10^{-3}/m)		移动持续时间/d		最大下沉速度/(mm/d)
			+	−	移动总时间	活跃期	
开采煤层距观测巷道 H_1=25 m	1 134	44.5	2.75	3.74	72	40	91.4
开采煤层距地表 H_2=105 m	1 171	28.0	1.06	1.41	163	71	23.5

3. 对水体上采煤的影响

采深增大，则底板含水层的水压随之增大，导致突水系数增大；同时岩体应力增高，采动引起的底板破坏深度增大，因此工作面底板突水危险性增大。

六、开采厚度和采空区面积的影响

开采厚度越大，对顶板的扰动越大，同时形成的开采空间也越大，引起顶板的破坏程度越剧烈，因此垮落带和导水裂缝带高度随之增高；但采厚对底板破坏深度影响较弱。在覆岩不充分采动的条件下，采空区面积变化对地表变形值影响大。采空区面积因素中的工作面斜长对于底板破坏深度影响大。

七、采煤方法及顶板管理方法的影响

采煤方法和顶板管理方法是影响围岩应力变化、岩层移动、覆岩破坏的主要因素。目前在煤矿应用较为普遍的方法有长壁垮落法、长壁充填法和煤柱支撑法等。对围岩变形破坏的影响以垮落法影响最大，一般充填法影响最小，煤柱支撑法则随煤柱尺寸的变化而变化。

八、时间过程的影响

岩体的移动、变形和破坏均有发生、发展和结束的时间过程。在研究覆岩破坏时，不仅要了解其空间分布的规律性，而且要了解在时间上分布的规律性。采空区覆岩经过一段时间后达到稳定，则采空区上方地表可以作为建设场地。

九、地质构造的影响

地质构造的影响主要是指断裂构造的影响。对于地表移动，“两带”高度和底板破坏深度均有严重的不利影响，但构造面倾斜方向与采场推进方向不同，则其影响程度不同，主要取决于采动对断裂活化程度的影响。

十、地下水位变动的影响

若地下水位由于开采而引起大幅度下降，则后续开采可减少工作面涌水量，如果疏干含

水层则可减少水体的压滞煤量，但会加大地面沉陷的幅度和范围。对于水体上采煤，地下水位下降可以降低工作面底板突水的危险性。地下水位变动对地表建筑物以及生态环境均有重要影响。

思考题

1. 采动围岩的破坏形式有哪几种？
2. 上“三带”的分带特征及形态什么？
3. “下三带”的分带特征及形态什么？
4. 简述采动岩层移动变形的主要影响因素。

第二章　地表移动变形规律

煤炭等有用矿物的大面积地下开采，势必引起采空区上覆岩层及地表移动、变形和破坏，这种现象称为"矿山开采沉陷"(Mining Subsidence)，又称"矿山岩层及地表移动"。开采沉陷规律是指地下开采引起的地表移动变形的大小、空间分布形态及其与地质采矿条件的关系。根据移动变形发生位置的不同，开采沉陷又分为岩层移动和地表移动。岩层移动是开采区围岩及上覆岩层的移动变形，地表移动是岩层移动在地表的显现状况。

第一节　地下开采引起的地表移动特征

一、地表移动的形式

所谓地表移动，是指地下采空区面积扩大到一定范围后，岩层移动发展到地表，使地表产生移动与变形。开采引起的地表移动过程，取决于地质采矿因素的综合影响，导致地表移动的形式不完全相同，主要分为连续移动和非连续移动。归纳起来，地表移动主要有以下三种形式：

1. 地表移动盆地

当地下开采达到一定范围后，开采影响波及到地表，受采动影响的地表从原有的标高向下沉降，从而在采空区上方形成一个比采空区范围大得多的沉陷区域，称为地表移动盆地，或称地表下沉盆地，如图 2-1 所示。地表移动盆地的形成，改变了地表原有的形态，引起地表标高、水平位置及坡度发生了变化，对地表的建筑物、构筑物、水体等产生了不同程度的影响。

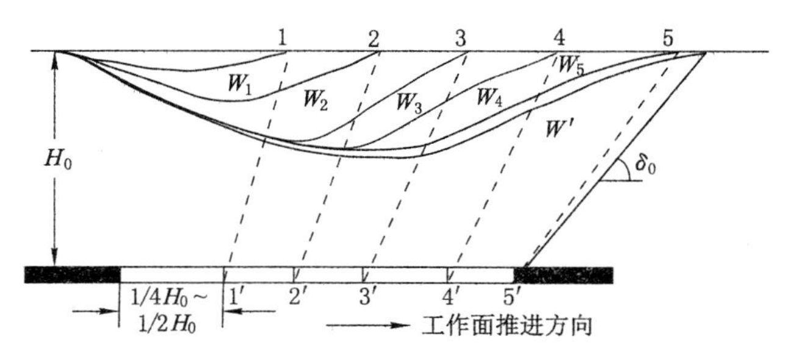

图 2-1　地表移动盆地形成过程

2. 裂缝及台阶

在地表移动盆地的外边缘区或在工作面推进过程中的前方地表，均可能产生裂缝，大裂缝处易产生台阶。裂缝的深度与宽度和有无松散层及其性质有关。松散层的塑性大，地表拉伸变形值一般超过 6～10 mm/m，才产生裂缝；松散层的塑性小，变形值达到 2～3 mm/m，即可产生裂缝。一般地表裂缝平行于采空区边界发展，与地下采空区不连通，到一定深度可能尖灭（图 2-2）。当松散层较薄或基岩直接出露时，地表裂缝深度较大，可能从采空区直达地表。

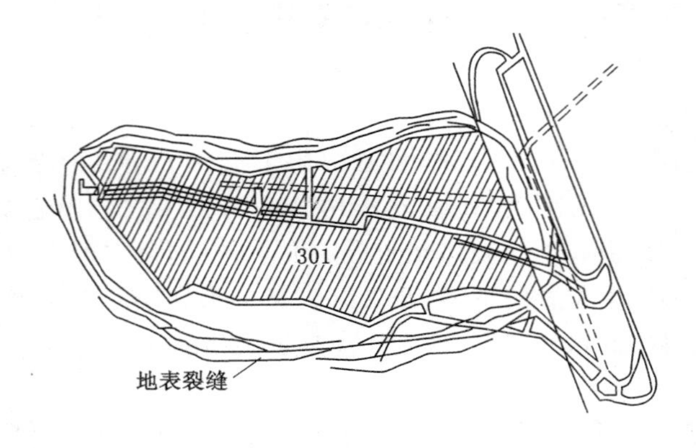

图 2-2　地表裂缝分布图

3. 塌陷坑

在某些特殊的地质采矿条件下也易产生塌陷坑[图 2-3(a)]，塌陷坑分为漏斗式、井式、坛式。在下列条件下易出现塌陷坑：

① 急倾斜煤层浅部开采的煤层露头处，由于露头煤柱抽冒形成塌陷坑。

② 浅部开采高度大的煤层，在地表易出现漏斗状塌陷坑，例如内蒙古鄂尔多斯矿区[图 2-3(b)]。

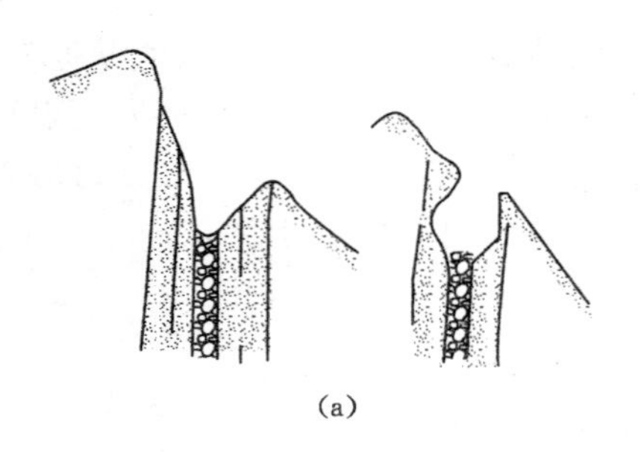

(a)

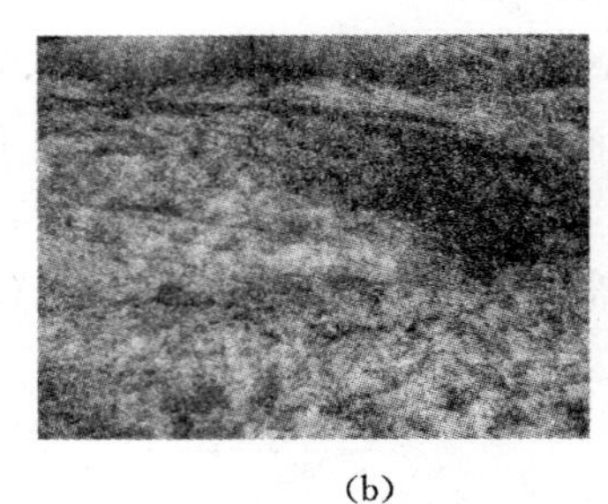

(b)

图 2-3　塌陷坑

③ 在含水砂层下采煤时，导水裂缝带波及水体，使水、砂溃入井下，从而产生塌陷坑。开滦唐家庄矿采用水力采煤法，开采高度为 3.1～3.5 m，设计开采上边界距松散层垂高 18 m，由于超限开采，水、砂溃入井下，使地面出现直径 30 m、深度 11～13 m 的塌陷坑。

④ 开采影响波及老窑、溶洞等，使岩溶塌陷，在地表形成塌陷坑。如湖南恩口煤矿为石灰岩岩溶地区，开采波及溶洞，使溶洞塌陷，在地表形成 6 100 多个塌陷坑。

地表出现的裂缝、台阶或塌陷坑等非连续性破坏，对位于其上的建筑物、构筑物危害极大。

二、地表移动盆地的形成过程

1. 推进方向地表下沉盆地的形成过程

地表移动盆地是在工作面推进过程中逐渐形成的。当工作面推进距离达到(1/4～1/2)H_0(H_0为工作面平均采深)时(图 2-1 的 1 时),开采影响波及到地表,引起地表下沉(以地表下沉≥10 mm 为准),此时的工作面推进距离,称为起动距。随着工作面继续向前推进,地表的影响范围不断扩大,下沉值不断增加,下沉盆地也逐渐扩大,这种在工作面推进过程中形成的盆地,称为动态移动盆地(图 2-1 的 2、3 时)。当采空区达到一定面积时,达到非充分采动,地表最大下沉值达到该地质采矿条件下的最大值(图 2-1 的 4 时)。其后随着工作面再往前推进,地表最大下沉值将不再增加,而形成最大下沉区域,称为地表下沉盆地平底(图 2-1 的 5 时)。当工作面停采后,地表移动不会马上停止,要延续一段时间。在这段时间内,移动盆地的边界还将继续向工作面推进方向有小量的扩展,然后才能稳定,形成最终的地表移动盆地,此时的盆地称为静态移动盆地。

2. 采空区上方地表下沉盆地的形成过程

煤层开采后,采空区上方一定范围内的地表出现不同程度的移动。如图 2-4 中的 2～8 点分别移动至 2′～8′点位置,导致地表出现开采沉陷,最终形成下沉盆地。各点的移动量可分解为竖向移动分量和水平移动分量。

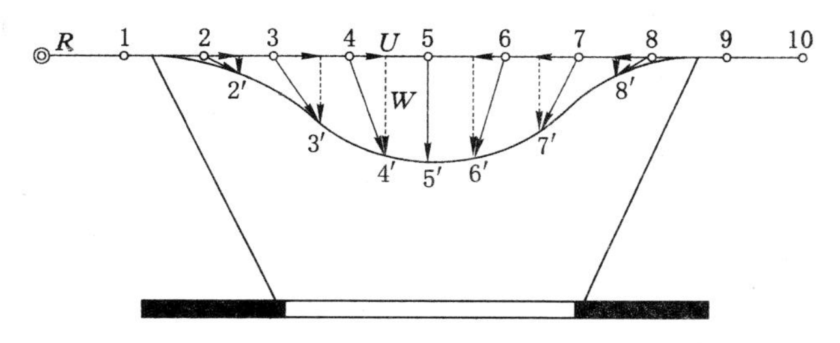

图 2-4　采空区上方地表移动盆地的形态示意图

三、开采的充分性

1. 充分采动

使地表下沉值达到该地质采矿技术条件下应有的最大值的采空区面积为临界开采面积,此时的采动称为充分采动。充分采动地表移动盆地形状为碗形(图 2-5)。现场实测表明,当采空区的长度和宽度均达到和超过 $1.2H_0$～$1.4H_0$(H_0 为平均采深)时,地表达到充分采动。

2. 超充分采动

当地表达到充分采动后,开采工作面再继续推进时,地表有多个点的下沉值达到该地质采矿条件下应有的最大下沉值,此时的采动称为超充分采动,超充分采动时地表移动盆地将出现平底(O_1～O_2区域),形状为盆形(见图 2-6)。

3. 非充分采动

当采空区尺寸小于该地质采矿条件下的临界开采尺寸时,地表最大下沉值未达到该地质采矿条件下应有的最大值,称这种采动程度为非充分采动,此时地表移动盆地形状为碗形

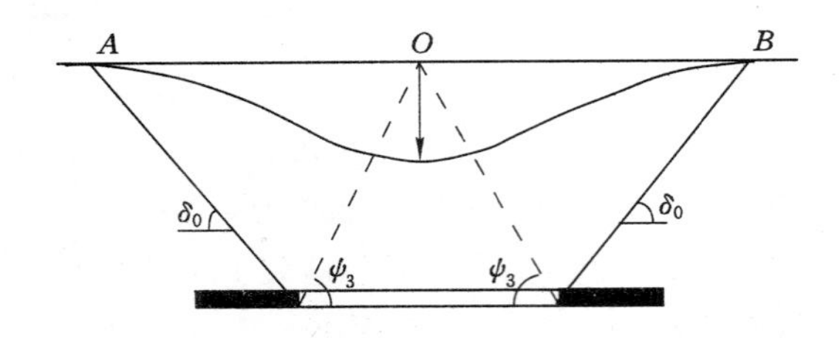

图 2-5　充分采动时的地表移动盆地

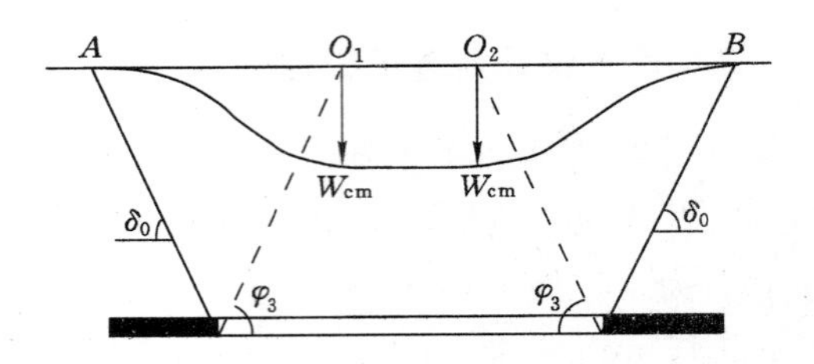

图 2-6　超充分采动时的地表移动盆地

(图 2-7)。一般称开采尺寸小于充分采动尺寸的 0.2～0.3 倍时的开采充分性程度为极不充分开采,即 $l_0/l_c < 0.2 \sim 0.3$,这种情况下地表移动变形量小,对建(构)筑物损害程度低。

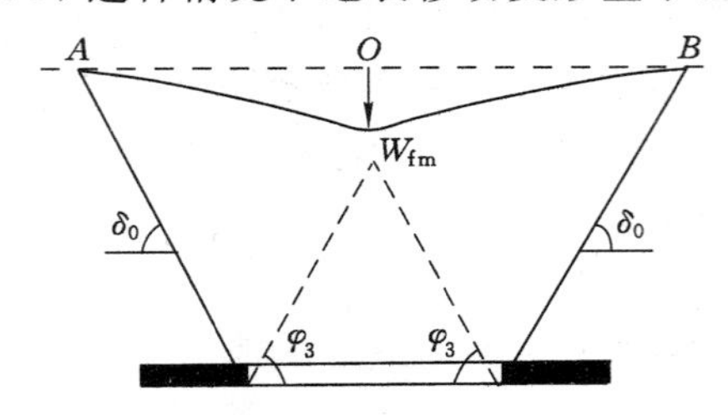

图 2-7　非充分采动时的地表移动盆地

四、地表移动盆地的描述

地下开采引起的岩层及地表沉陷过程是一个极其复杂的时间—空间过程,其表现形式十分复杂。地表移动盆地沉陷过程本质上是盆地内各地表点移动轨迹的综合反映。地表点的移动轨迹取决于地表点在时间—空间上与工作面相对位置的关系,可用竖向移动分量和水平移动分量来描述。竖向移动分量称为下沉或隆起。水平移动分量按相对于某一断面的关系区分为沿断面方向的水平移动和垂直断面方向的水平移动,一般将前者称为纵向水平移动(简称水平移动),后者称为横向水平移动(简称横向移动)。为了便于研究,通常将三维空间问题分成沿走向主断面和沿倾向主断面两个平面问题,然后分析这两个主断面内地表点的移动和变形。

1. 地表移动盆地主断面

在地表移动盆地内,通过地表最大下沉点所做的沿煤层走向或倾向的垂直断面称为地表移动盆地主断面。沿走向的主断面称为走向主断面,沿倾向的主断面称为倾向主断面,见图 2-8 中的 AB、CD。

由主断面定义可知,当地表非充分采动或者充分采动时,沿一个方向的主断面只有一个;当地表达到超充分采动时,垂直于充分采动方向的主断面有无数个。

地表移动盆地主断面具有下列特征:

① 在主断面上地表移动盆地的范围最大。

② 在主断面上地表移动最充分,移动量最大。

③ 在主断面上,不存在垂直于主断面方向的水平移动。

在研究开采引起的地表沉陷规律时,为简单明了起见,首先研究地表移动盆地主断面上的地表移动和变形。

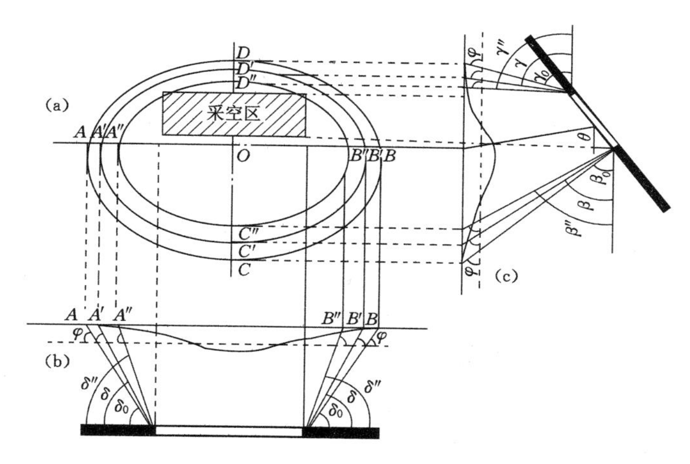

图 2-8　地表移动盆地与主断面关系图(非充分采动)

2. 地表移动盆地主断面内的地表移动和变形

在地表移动盆地内,地表各点的移动方向和移动量各不相同。描述地表移动盆地内移动和变形的主要指标是:下沉、倾斜、曲率、水平移动、水平变形,各移动变形量的定义类似建筑物变形量的定义。一般在移动盆地主断面上,通过设点观测来研究地表各点的移动和变形特征。

3. 地表移动盆地主要角量参数

地表移动角量参数反映了地下开采对地表移动盆地的影响程度、大小、范围。描述地表移动盆地形态和范围的角量参数主要是边界角、移动角(包括松散层移动角)、裂缝角、充分采动角和最大下沉角等。

(1) 边界角

在充分采动或接近充分采动的条件下,地表移动盆地主断面上的边界点以下沉 10 mm 确定。该边界点至采空区边界的连线与水平线在煤柱一侧的夹角称为边界角。当有松散层存在时,应先从盆地边界点用松散层移动角(φ)划线和基岩与松散层交界面相交,此交点至采空区边界的连线与水平线在煤柱一侧的夹角称为边界角。按不同断面,边界角可分为走向边界角 δ_0、下山边界角 β_0、上山边界角 γ_0、急倾斜煤层底板边界角 λ_0(图 2-8,图 2-9)。

(2) 移动角

在定义移动角之前,首先介绍临界变形值的概念。临界变形值是指建筑物不需要维修,仍能保持正常使用所允许的最大变形值。不同建筑物临界变形值不同,我国矿区大量的建筑物为砖石结构建筑物,因此,在“三下采煤规范”中规定,砖混结构建筑物临界变形值为:倾斜 $i=3$ mm/m,曲率 $K=0.2$ mm/m^2,水平变形 $\varepsilon=2$ mm/m。如果建筑物所处的地表达到上组临界变形值中的某一个指标,则认为建筑物可能损害。

在充分采动或接近充分采动的条件下,地表移动盆地主断面上三个临界变形值中最外边的一个临界变形值点至采空区边界的连线与水平线在煤柱一侧的夹角称为移动角。当有松散层存在时,应从最外边的临界变形值点用松散层移动角划线和基岩与松散层交界面相交,此交点至采空区边界的连线与水平线在煤柱一侧的夹角称为移动角。按不同断面,移动角可分为走向移动角 δ、下山移动角 β、上山移动角 γ、急倾斜煤层底板移动角 λ(参见图 2-8,图 2-9)。

（3）裂缝角

在充分采动或接近充分采动的条件下，在地表移动盆地主断面上，移动盆地最外侧的地表裂缝至采空区边界的连线与水平线在煤柱一侧的夹角称为裂缝角。当有松散层存在时，应从最外边的地表裂缝用松散层移动角划线和基岩与松散层交界面相交，此交点至采空区边界的连线与水平线在煤柱一侧的夹角称为裂缝角。按不同断面，裂缝角可分为走向裂缝角 δ''、下山裂缝角 β''、上山裂缝角 γ''、急倾斜煤层底板裂缝角 λ''（参见图 2-8，图 2-9）。

（4）松散层移动角

如图 2-10 所示，用基岩移动角自采空区边界划线和基岩松散层交界面相交于 B 点，B 点至地表下沉为 10 mm 处的点 C 连线与水平线在煤柱一侧所夹的锐角称为松散层移动角，用 φ 表示。它不受煤层倾角的影响，主要与松散层的特性有关。

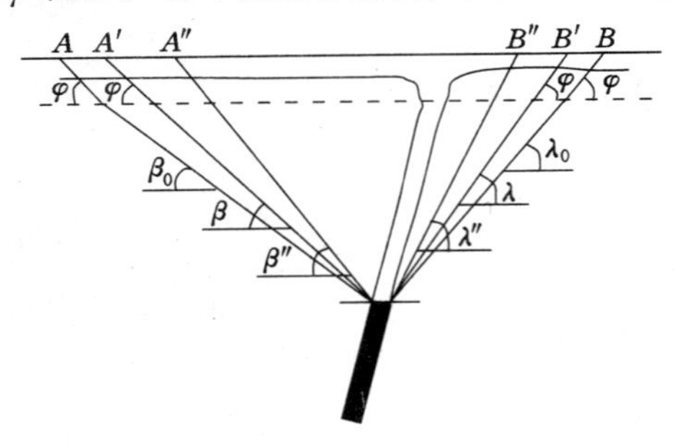

图 2-9 地表移动盆地边界的确定

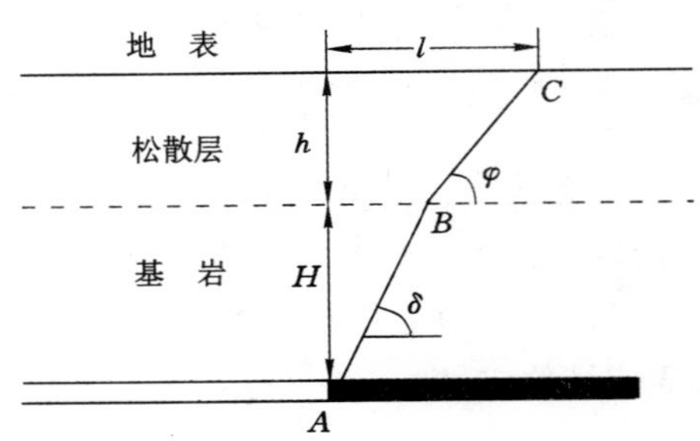

图 2-10 松散层移动角示意图

（5）充分采动角

充分采动角是指在充分采动条件下，在地表移动盆地主断面上，移动盆地平底的边缘在地表水平线上的投影点和同侧采空区边界连线与煤层在采空区一侧的夹角称为充分采动角。下山方向的充分采动角以 ψ_1 表示，上山方向的充分采动角以 ψ_2 表示，走向方向的充分采动角以 ψ_3 表示（参见图 2-5）。

（6）最大下沉角

最大下沉角就是在倾斜主断面上，由采空区的中点和地表移动盆地最大下沉点（非充分或充分采动时）或地表移动盆地平底中心点（超充分采动时）在地表水平线上投影点的连线与水平线之间在煤层下山方向一侧的夹角，常用 θ 表示（图 2-11）。当松散层厚度 $h>0.1H_0$ 时，先将地表最大下沉点投影到基岩面，然后再与采空区中心连线，即得 θ。

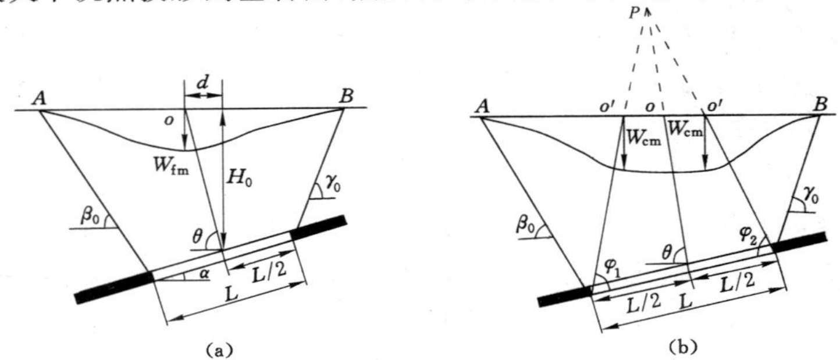

图 2-11 最大下沉角确定方法示意图

（a）非充分采动时最大下沉角；（b）充分采动时最大下沉角

第二节　地表沉陷的一般规律

地表沉陷规律是指地下开采引起的地表移动与变形的大小、空间分布形态及其与地质采矿条件的关系。其内容主要包括地表移动盆地稳定后（又称静态）及采动过程中（又称动态）主断面内的移动与变形分布规律及全盆地分布规律。

一、地表移动盆地主断面上静态移动变形分布规律

1. 主断面特征

地表沉陷规律受许多地质采矿因素综合影响，如果采用走向长壁式采煤全部垮落法管理顶板，并且开采厚度均相同，那么影响沉陷规律的主要因素就是煤层倾角、采区尺寸和开采深度。而采区尺寸和开采深度之比，可决定地表的采动程度。下面根据不同的采动程度和煤层倾角的变化情况，讨论地表沉陷的一般规律。这些规律通常是典型化和理想化的，研究较为充分；但在有些特殊因素影响下（如断层、褶曲、山区及厚松散层等）地表移动模式和沉陷特征表现特殊性，目前这方面的研究还不够充分，有待于进一步研究。下面叙述的地表移动规律基于以下前提条件：

① 深厚比（开采深度与开采厚度之比）$H/M \geqslant 30$。在这样的条件下，地表移动变形值在空间和时间上是连续的，具有一定的规律性。

② 地质采矿条件正常，无大的构造（如无大的断层及溶洞等），采用正规的采煤作业。

③ 单一煤层开采，不受邻区开采影响。

在讨论地表沉陷规律时，重点研究以下几个特征点：

① 最大下沉点 O，此点的下沉值最大。

② 移动盆地边界点 A、B，其下沉值为零，可根据边界角确定边界点 A、B。

③ 拐点 E，即移动盆地主断面上下沉曲线凹凸变化的分界点，即曲率为零的点。拐点的位置一般位于采空区边界上方略偏向采空区内侧。

2. 水平煤层非充分采动时主断面内地表移动变形规律

(1) 下沉曲线［图 2-12 中的曲线(1)］

下沉曲线表示地表移动盆地内下沉的分布规律，用 $W(x)$ 表示。其分布规律为：在采空区中央上方 O 处地表下沉值最大，从盆地中心至盆地边缘下沉值逐渐减小，在盆地边界点 A、B 处下沉为零，下沉曲线以采空区中央对称。

(2) 倾斜曲线［图 2-12 中的曲线(2)］

倾斜曲线表示地表移动盆地倾斜的变化规律，用 $i(x)$ 表示，是下沉曲线的一阶导数：

$$i(x) = \frac{\mathrm{d}W(x)}{\mathrm{d}x} \tag{2-1}$$

倾斜曲线分布规律为：盆地边界至拐点间倾斜渐增，至拐点处倾斜最大，拐点至最大下沉点间倾斜逐渐减小，在最大下沉点处倾斜为零，到另一拐点地表倾斜再达到最大，然后减小到边界处为零。有两个方向相反的最大倾斜值。移动盆地内各点的倾斜都指向盆地中心，倾斜曲线以盆地中心反对称。

(3) 曲率曲线［图 2-12 中的曲线(3)］

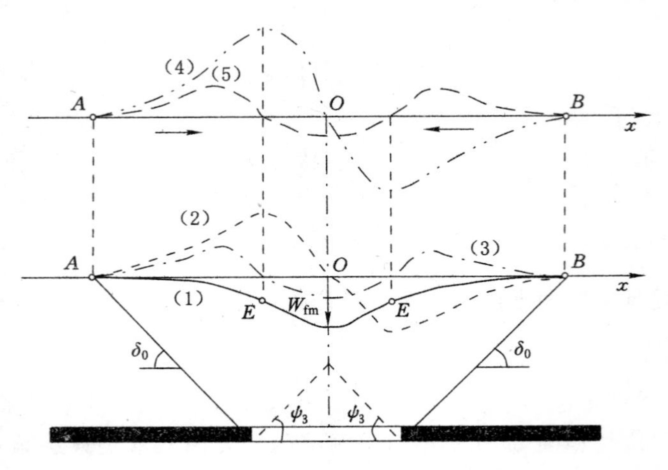

图 2-12　水平煤层非充分采动时主断面内地表移动变形规律

曲率曲线表示地表移动盆地内曲率的变化规律，用 $K(x)$ 表示，是倾斜曲线的一阶导数，下沉曲线的二阶导数：

$$K(x) = \frac{\mathrm{d}i(x)}{\mathrm{d}x} = \frac{\mathrm{d}^2W(x)}{\mathrm{d}x^2} \tag{2-2}$$

曲率曲线分布规律为：盆地边缘区为正曲率区，盆地中部为负曲率区。曲率曲线有三个极值，两个相等的最大正曲率和一个最大负曲率，两个最大正曲率位于边界点和拐点之间，最大负曲率位于最大下沉点处，非充分采动时最大负曲率可达到充分采动时最大正曲率值的两倍。边界点和拐点处曲率为零。

(4) 水平移动曲线[图 2-12 中的曲线(4)]

水平移动曲线表示地表移动盆地内水平移动分布规律，用 $U(x)$ 表示。其分布规律为：与倾斜曲线相似。盆地边界至拐点间水平移动渐增，至拐点处水平移动最大，拐点至最大下沉点间水平移动逐渐减小，在最大下沉点处水平移动为零，到另一拐点地表水平移动再达到最大，然后减小到边界处为零。有两个方向相反的最大水平移动值。移动盆地内各点的水平移动方向都指向盆地中心，水平移动曲线以盆地中心反对称。

(5) 水平变形曲线[图 2-12 中的曲线(5)]

水平变形曲线表示地表移动盆地内水平变形分布规律，用 $\varepsilon(x)$ 表示。水平变形为水平移动的一阶导数：

$$\varepsilon(x) = \frac{\mathrm{d}U(x)}{\mathrm{d}x} \tag{2-3}$$

水平变形分布规律为：与曲率曲线的分布规律相似。盆地边缘区为拉伸区，盆地中部为压缩区。水平变形曲线有三个极值，两个相等的正极值和一个负极值，正极值为最大拉伸值，负极值为最大压缩值。两个最大拉伸值位于边界点和拐点之间，最大压缩值位于最大下沉点处，非充分采动时最大压缩变形值可达到充分采动时最大拉伸变形值的两倍；边界点和拐点处水平变形为零。

上述规律表明，水平移动曲线与倾斜曲线相似，水平变形曲线与曲率曲线相似：

$$
\begin{aligned}
U(x) &= Bi(x) = \frac{\mathrm{d}W(x)}{\mathrm{d}x} \\
\varepsilon(x) &= BK(x) = B\frac{\mathrm{d}^2W(x)}{\mathrm{d}x^2}
\end{aligned}
\tag{2-4}
$$

式中，B 为水平移动系数，与开采深度、覆岩岩性等有关，一般 $B=(0.13\sim0.18)H$（H 为开采深度）。

3. 水平煤层充分采动时主断面内地表移动变形规律

地表刚好达到充分采动时主断面内地表移动变形规律（图 2-13）与水平煤层非充分采动时相比，有以下特点：

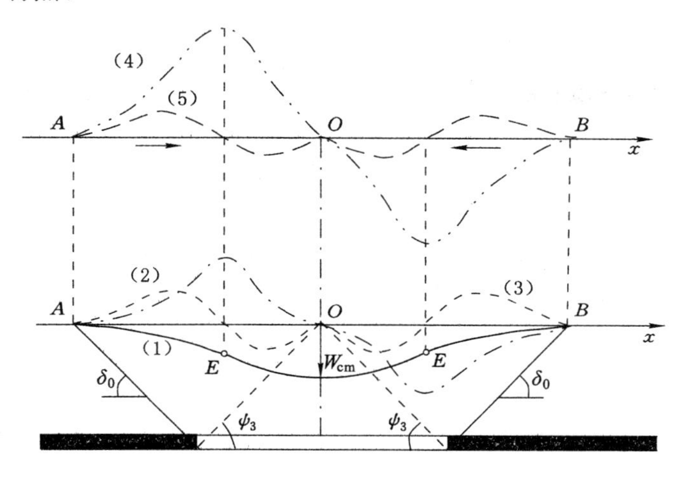

图 2-13　水平煤层充分采动时主断面内地表移动变形规律

① 下沉曲线上最大下沉点 O 的最大下沉值已达到该地质采矿条件下应有的最大值。

② 倾斜、水平移动曲线没有明显变化，仅仅最大值达到该地质采矿条件下最大值。、

③ 在最大下沉点 O 处，水平变形和曲率变形值均为零，在盆地中心区出现了两个最大负曲率和两个最大压缩变形值，位于拐点 E 和最大下沉点 O 之间。

④ 拐点 E 的下沉值约为最大下沉值的一半。

⑤ 半下沉曲线、半曲率曲线、半水平变形曲线以拐点反对称，半倾斜曲线、半水平移动曲线以拐点对称。

4. 水平煤层超充分采动时主断面内地表移动变形规律

水平煤层超充分采动时主断面内地表移动变形规律（图 2-14）和非充分采动时相比，具有以下特点：

① 下沉盆地出现了平底 O_1-O_2 区，各点下沉值近于相等，并达到该地质采矿条件下的最大值。

② 在平底区内，倾斜、曲率和水平变形均为零或接近于零，各种变形主要分布在采空区边界上方附近。

③ 最大倾斜和最大水平移动位于拐点处；最大正曲率、最大拉伸变形位于拐点和边界点之间；最大负曲率、最大压缩变形位于拐点和最大下沉点 O 之间。

④ 盆地平底 O_1-O_2 区内水平移动理论上为零，实际存在残余水平移动。

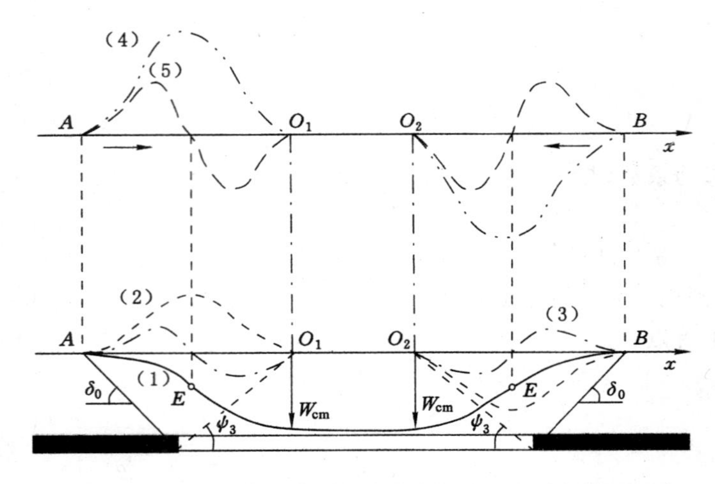

图 2-14　水平煤层超充分采动时主断面内地表移动变形规律

5. 倾斜煤层（15°<α≤55°）非充分采动时主断面内地表移动变形分布规律

倾斜煤层非充分采动时主断面内地表移动变形规律（图 2-15）与水平煤层非充分采动时地表移动变形规律相比，具有以下特点：

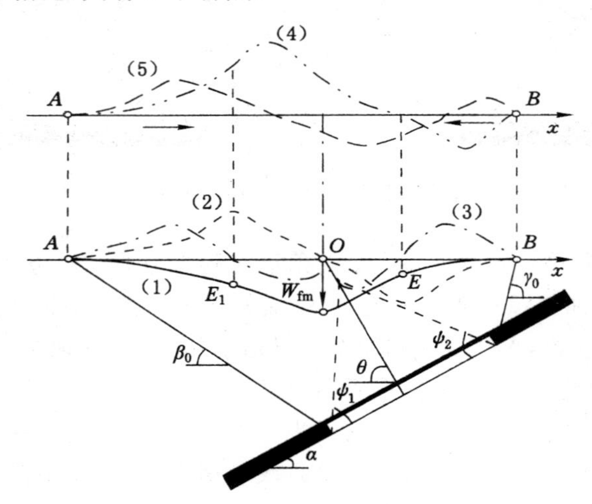

图 2-15　倾斜煤层非充分采动时主断面内地表移动变形规律

① 下沉曲线、倾斜曲线和曲率曲线：下沉曲线失去对称性，上山部分的下沉曲线比下山部分的下沉曲线要陡，范围要小；最大下沉点向下山方向偏离，其位置用最大下沉角 θ 确定；下沉曲线的两个拐点与采空区不对称，而偏向下山方向；随着下沉曲线的变化，倾斜曲线和曲率曲线也相应发生变化。

② 水平移动曲线：在倾斜煤层开采时，随着煤层倾角的增大，指向上山方向的水平移动值逐渐增大，而指向下山方向的水平移动值逐渐减小。

③ 水平变形曲线：最大拉伸变形在下山方向，最大压缩变形在上山方向，水平变形为零的点与最大水平移动点重合。

④ 水平移动曲线和倾斜曲线、水平变形曲线和曲率曲线不再相似。

6. 急倾斜煤层($\alpha>55°$)非充分采动时主断面内地表移动变形规律

急倾斜煤层非充分采动时主断面内地表移动变形规律(图 2-16)与倾斜煤层非充分采动时地表移动变形规律相比,具有以下特点:

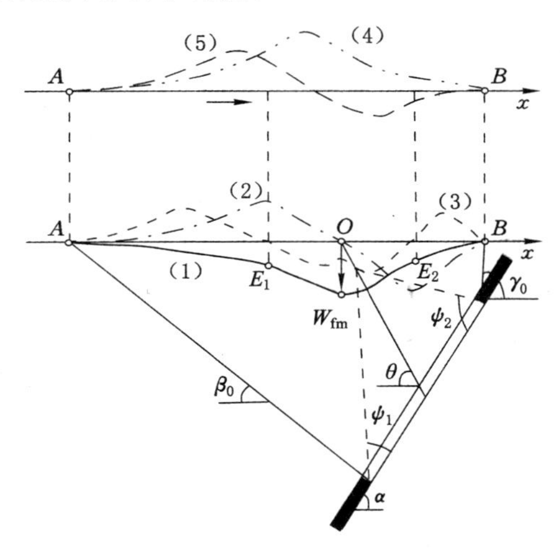

图 2-16　急倾斜煤层非充分采动时主断面内地表移动变形规律

① 下沉盆地形态的非对称性十分明显,下山方向的影响范围远大于上山方向的影响范围。随着煤层倾角的增大,地表下沉曲线由对称的碗形逐渐变为非对称的瓢形。当煤层倾角接近 90°时,下沉盆地剖面又转变为对称的碗形或兜形。

② 随着煤层倾角的增加,最大下沉点位置逐渐移向煤层上山方向,当煤层倾角接近 90°时,在煤层露头上方。急倾斜煤层开采时不出现充分采动情况,最大下沉值随回采阶段垂高的增加而增大。

③ 在松散层较薄的情况下,可能只出现指向上山方向的水平移动。

④ 当采厚较大、采深较小、煤层顶底板坚硬不垮落而矿质又较软时,开采后采空区上方的煤层容易沿煤层底板滑落。这种滑落可能一直发展到地表,使地表煤层露头处出现塌陷坑。但当采深较大、采厚较小、顶板岩石较松软、松散层较厚的情况下,地表不一定出现塌陷坑。是否出现塌陷坑,应根据具体的地质采矿条件而定。

二、地表移动盆地主断面上动态移动变形规律

随着工作面的推进,开采对地表点的影响不同。地表点的移动经历一个由开始移动到剧烈移动,到最后停止移动的全过程。在生产实践中,仅仅根据稳定后(或静态)的沉陷规律还不能很好地解决实际问题,必须进一步研究移动和变形的动态规律。研究动态地表移动规律,以便确定受护对象受采动影响的开始时间和在不同时期的地表移动和变形量,以便对受护对象采取适当措施,这对于特殊采煤具有重要的指导意义。

在工作面推进速度均匀、地表最终达到或者接近超充分采动的条件下,分析地表移动盆地主断面上的动态移动变形规律。

1. 地表点的移动轨迹

当地表点与工作面相对位置不同时,地表点的移动方向和大小不同,从其开始移动到移

动结束的全过程(图 2-17),可分为四个阶段:

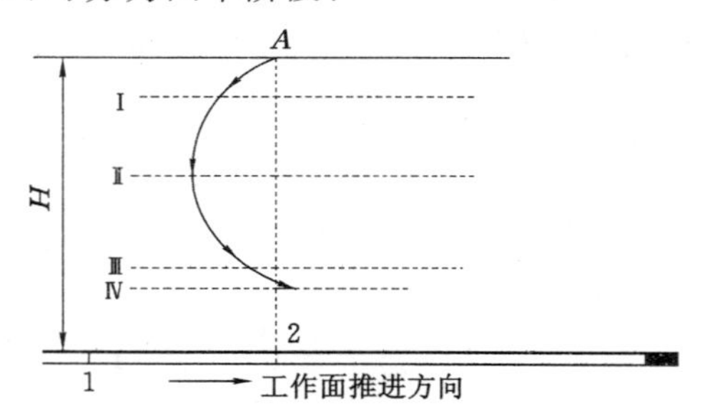

图 2-17 采动过程中主断面内地表点移动轨迹

① 当工作面由远处向 A 点推进,移动波及到 A 点,A 点开始下沉;随着工作面的推进,A 点下沉速度由小逐渐变大,此时 A 点的移动方向与工作面推进方向相反,此为移动的第Ⅰ阶段。

② 当工作面通过 A 点正下方(如 2 处)继续推进时,A 点的下沉速度增大,并逐渐达到最大下沉速度,A 点的移动方向近于铅垂方向,此为移动的第Ⅱ阶段。

③ 当工作面继续推进,逐渐远离地表点 A 后,A 点的移动方向逐渐与工作面推进方向相同,此为移动的第Ⅲ阶段。

④ 当工作面远离 A 点一定距离后,采煤工作面对 A 点的影响逐渐减小,A 点下沉速度逐渐趋于零,A 点移动停止,此为移动的第Ⅳ阶段;移动稳定后,A 点的位置并不一定在其起始位置的正下方,一般略微偏向采煤工作面停止位置一侧。

总的来说,地表移动盆地内各地表点移动的共同特点是:移动方向开始都指向工作面,移动稳定后的移动向量均指向工作面中心。

2. 起动距和超前影响

(1) 起动距

在走向主断面上,工作面由开切眼推进到 A 点后,岩层移动开始波及到地表(图 2-18)。通常把地表开始移动(下沉为 10 mm)时的工作面推进距离称为起动距。一般在初次采动时,起动距约为$(1/4\sim1/2)H_0$。

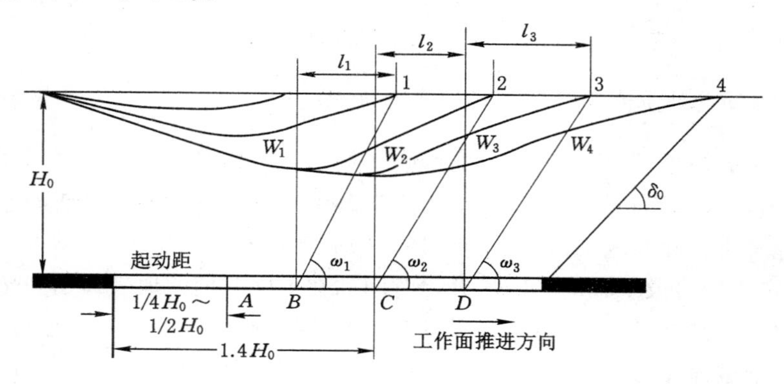

图 2-18 工作面推进过程中地表移动变形规律

(2) 超前影响

如图 2-18 所示，当工作面推进到点 B 时，下沉曲线为 W_1，工作面前方 1 点开始受采动影响而下沉；当工作面推进到点 C 时，下沉曲线为 W_2，地表 2 点开始受采动影响而下沉。可见，在工作面推进过程中，工作面前方的地表受采动影响下沉，这种现象称超前影响。将工作面前方地表开始移动（下沉 10 mm）的点与当时工作面的连线和水平线在煤柱一侧的夹角称为超前影响角，用 ω 表示。开始移动的点到工作面的水平距离称为超前影响距，用 l 表示。超前影响角和超前影响距具有如下关系：

$$\omega = \arctan \frac{l}{H_0} \tag{2-5}$$

式中，l 为超前影响距；H_0 为平均开采深度。

3. 地表的下沉速度

地表点的前后两次高程之差除以两次测量的时间间隔，即得采动影响范围内地表各点在此时间间隔内的平均下沉速度，用 V 表示。

$$V_n = \frac{W_{m+1} - W_m}{t} = \frac{Hn_{m+1} - Hn_m}{t} \tag{2-6}$$

式中，W_{m+1} 为第 $m+1$ 次测得的 n 号点下沉量，mm；W_m 为第 m 次测得的 n 号点的下沉量，mm；t 为两次观测的间隔时间，天；Hn_{m+1}、Hn_m 为第 $m+1$ 次和第 m 次测得的 n 号点的高程，mm。

图 2-19 给出了工作面推进过程中的下沉速度曲线，横坐标表示为 x，纵坐标表示为 $V(x)$，1、2、3、4 为不同位置时的下沉速度曲线。从图中可见地表下沉速度变化规律如下：

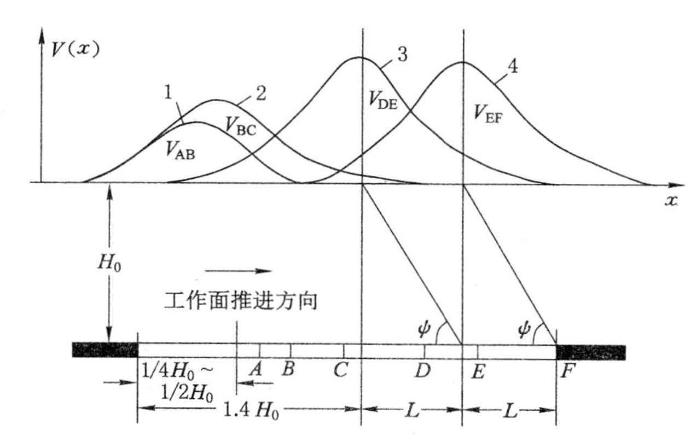

图 2-19　工作面推进过程中地表的下沉速度曲线和滞后影响

1，2——非充分采动时地表的下沉速度曲线；3，4——充分采动时地表的下沉速度曲线

（1）非充分采动，即工作面由 A 推进到 B 和由 B 推进到 C 时，随着工作面的推进，地表各点的下沉速度逐渐增大，最大下沉速度也增加。当从 A 推进到 B 时，地表各点平均下沉速度曲线为曲线 1、最大下沉速度为 V_{AB}；当从 B 推进到 C 时，地表各点平均下沉速度曲线为曲线 2，最大下沉速度为 V_{BC}。

（2）当达到充分采动后，下沉速度有如下特征：

① 地表下沉速度曲线形状基本不变，见图 2-19 中的曲线 3、4。

② 地表最大下沉速度达到该地质采矿条件下的最大值。

③ 随着工作面的推进，距工作面水平距离相同的点的下沉速度相同，下沉速度最大的地表点与采煤工作面的相对位置基本不变，最大下沉速度点有规律地向前移动。

可见，当地表达到充分采动后，最大下沉速度点的位置总是滞后采煤工作面一固定距离，这种现象称为最大下沉速度滞后现象。此固定距离称为最大下沉速度滞后距，用 L 表示。把地表最大下沉速度点与相应的采煤工作面连线和煤层（水平线）在采空区一侧的夹角，称为最大下沉速度滞后角，用 ψ 表示。滞后角与滞后距关系为：

$$\psi = \arctan \frac{L}{H_0} \tag{2-7}$$

式中，H_0 为平均采深。

影响最大下沉速度滞后角的因素很多，主要是岩性、采深和工作面推进速度。覆岩岩性越坚硬、工作面推进速度越大、开采深度越深，滞后角越小，反之亦然。

最大下沉速度的点是地表移动最剧烈的点。掌握了地表最大下沉速度滞后角的变化规律，便可确定在回采过程中对应地表移动的剧烈区，这对采动地面保护具有重要的实践意义。

4. 地表移动的延续时间

地表移动的延续时间（或称移动过程总时间、地表移动持续时间）是指在充分采动或接近充分采动的情况下，地表下沉最大的点从移动开始到移动稳定所延续的时间。移动延续时间应根据地表最大下沉点求定，因为在地表移动盆地内各地表点中，地表最大下沉点的下沉量最大，下沉的持续时间最长。一般按照地表下沉速度对建筑物的影响程度不同，将地表点的整个移动过程分为三个阶段：开始阶段（$V<1.67$ mm/d 或 50 mm/月）、活跃阶段（$V>1.67$ mm/d 或 50 mm/月）、衰退阶段（$V<1.67$ mm/d 或 50 mm/月），这三个阶段的时间总和，称为地表移动延续时间。下面举例说明地表移动延续时间的计算方法。

设某地表移动观测站最大下沉点为 14 号点，观测次数共 10 次，观测值及计算见表 2-1。

表 2-1　最大下沉点 14 号点下沉速度计算表

次数	日期		下沉值/mm	间隔天数	下沉值间隔差/mm	下沉速度/(mm/d)	至工作面距离/m
	1982 年 11 月 18 日		0				
		1982-11-22		9			
2	1982 年 11 月 27 日		1		1	0.1	−30
		1982-12-9		24			
3	1982 年 12 月 21 日		65		64	2.7	−20
		1982-12-27		12			
4	1983 年 1 月 2 日		362		297	24.8	0
		1983-1-18		33			
5	1983 年 2 月 4 日		635		273	8.3	+10
		1983-2-18		28			
6	1983 年 3 月 4 日		651		16	0.6	+30
		1983-3-19		30			
7	1983 年 4 月 3 日		656		5	0.2	
		1983-5-23		101			
8	1983 年 7 月 13 日		665		9	0.1	
		1983-8-26		88			
9	1983 年 10 月 9 日		680		15	0.2	
		1983-10-27		36			
10	1983 年 11 月 14 日		684		4	0.1	

(1) 求最大下沉点(14 号点)各时刻的下沉速度

通过计算求得 14 号点在不同时刻的下沉值和下沉速度。

(2) 求地表最大下沉点至相应工作面的水平距离 l

l 值的求取方法见图 2-20。当工作面推进至 14 号点正下方时，$l=0$，即把该点作为原点。设工作面尚未推过 14 号点的距离符号为负号，工作面推过 14 号点的距离符号为正号。

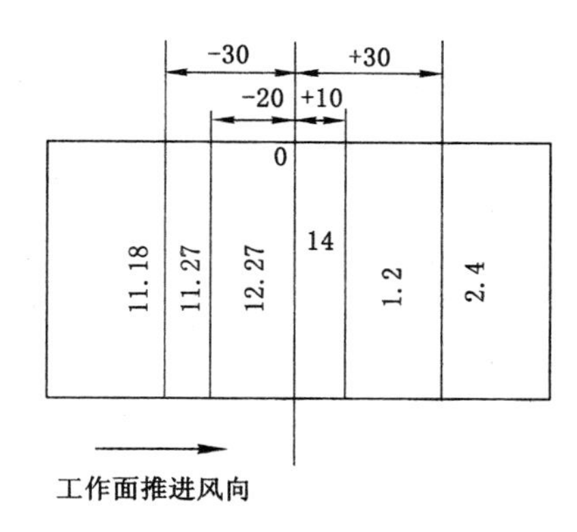

图 2-20　最大下沉点至工作面距离 l 的求取方法

(3) 绘制最大下沉点的下沉曲线和下沉速度曲线

根据算出的数据，绘制地表最大下沉点 14 号点的下沉速度曲线、下沉曲线及该点与工作面间的相对位置关系图，如图 2-21 所示。其具体方法是：以横坐标表示时间 T，以纵坐标分别表示地表下沉速度 V、下沉量 W 和地表最大下沉点至工作面的水平距离。根据表 2-1 的数据进行展点。点的下沉速度值展在相邻两次观测日期的中间，下沉值和 l 展在点下。连结各点，即得所求的下沉速度曲线(1)、下沉曲线(2)和 l 直线(3)。

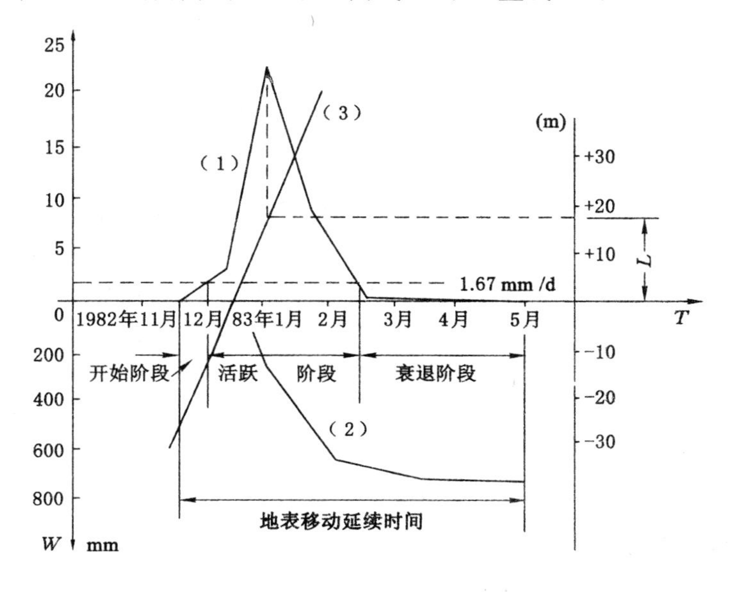

图 2-21　地表最大下沉点的下沉速度及下沉曲线

(4) 分析图 2-21 中的各曲线

下沉速度曲线特征：

① 在整个移动过程中，地表任一点的下沉速度是有规律地变化的，开始时很慢，逐渐增大，达到最大值，然后逐渐变小，直至最后移动停止。在一般情况下(无断层，开采深厚比大于 30)，点的下沉速度的变化在时间上和空间上是连续、渐变的。② 从曲线上可求得最大下沉速度值，在本例中为 24.8 mm/d。③ 从曲线上可以求得移动持续时间。

下沉曲线特征：

地表点的下沉量主要集中在活跃阶段，此时下沉量占总下沉量的 85%以上。

最大下沉点至工作面的水平距离 l 直线特征：

l 直线反映整个移动过程中地表最大下沉点各时刻至工作面的水平距离。它与下沉曲线对照，可以看出地表最大下沉点的下沉速度的变化与工作面的位置之间的关系。当工作面推过该点一段距离后，该点的下沉速度才能达到最大。从而可求出滞后距 L，根据式(2-21)可求得最大下沉速度滞后角。

5. 工作面推进过程中地表移动变形规律

(1) 地表水平移动变化规律(图 2-22)

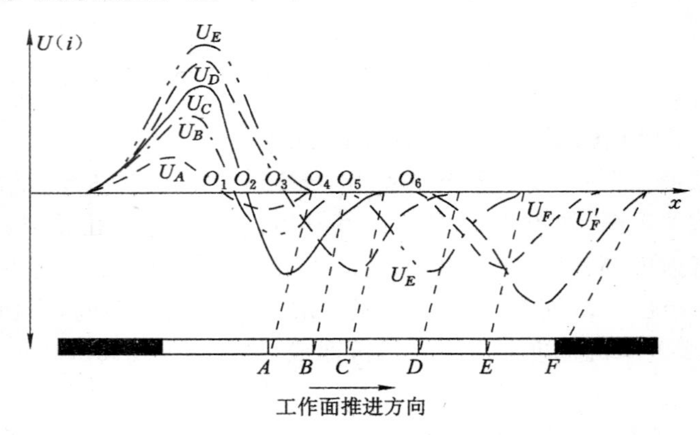

图 2-22 采动过程中地表水平移动曲线变化规律

从图 2-22 中可知，在非充分采动时，随着工作面的推进，采空区面积不断扩大，水平移动逐渐增大。当工作面位于 A、B、C、D 处时，水平移动曲线分别为 U_A、U_B、U_C、U_D，水平移动值为零的点随着工作面的推进而向前推进，如 O_1、O_2、O_3、O_4。工作面推进至 E，达到充分采动，开切眼上方的水平移动渐趋稳定，水平移动值等于零的点(如 O_5)不再向前移动，水平移动曲线为 U_E，达到超充分采动。工作面推进至 F，水平移动值等于零的区域扩大，零值区域为 $O_5 \sim O_6$，水平移动曲线为 U_F，U_F和 U_E曲线形态相似，最大水平移动值相等。当工作面停采后，最大水平移动值仍继续增加，直至地表移动稳定为止。曲线 U'_F为移动稳定后的水平移动曲线。地表稳定后的最大水平移动值比工作面推进过程中的地表最大水平移动值大。

(2) 地表倾斜变化规律

工作面推进过程中倾斜变化规律与水平移动变化规律基本相同。

(3) 地表曲率变化规律(图 2-23)

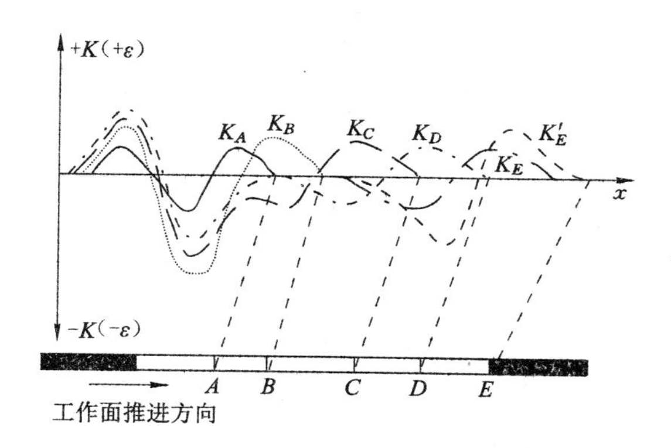

图 2-23　采动过程中地表曲率变形曲线变化规律

从图 2-23 中可知，在固定边界上方地表的最大正曲率，在非充分采动时由小到大逐渐增加，至地表移动稳定时达到最大值；最大负曲率先由小到大逐渐增加，到工作面推进到一定距离后，达到绝对值最大(该值为充分采动最大负曲率的两倍)，然后又由大变小至充分采动时达到一固定值。在工作面推进边界上方地表的最大正曲率，在非充分采动时由小到大逐渐增加到一固定值，如图中 K_A、K_B、K_C 曲线。当达到充分采动，即工作面推进到 D 时，盆地内出现两个最大负曲率，盆地中心点处曲率值等于零。当达到超充分采动时，推进过程中的半曲率变形曲线随着工作面的推进而均匀向前移动，曲线形状基本相似，最大正负曲率变形值基本相同，曲率变形零值区不断扩大。当工作面停止后，工作面上方的地表曲率变形曲线仍继续向前移动一段距离，最大曲率值仍继续增大，直至地表移动达到稳定。K'_E 为移动稳定后的曲率变形曲线。

(4) 地表水平变形变化规律

工作面推进过程中地表水平变形变化规律与曲率变形变化规律基本相同。

(5) 垂直于工作面推进方向断面上的地表移动变化规律

与推进方向相比，垂直于工作面推进方向的断面上，地表移动过程中的移动和变形只有由小到大逐渐增大的过程，没有正负曲率和拉压变形的交替变化现象。图 2-24 给出了垂直于工作面推进方向断面上的地表下沉、水平移动和水平变形曲线由小到大的变化过程示意图。

(6) 地表移动变形过程总体规律

① 回采刚开始时，随着工作面的推进，各种移动变形值增大(负曲率、压缩变形由小变大再变小)，移动范围增加，水平移动、倾斜为零的点向前移动。

② 当达到充分采动后，各移动变形曲线大小、形态及相对于工作面的位置均不变化，随工作面的推进而有规律地推进。

③ 当工作面推进结束后(除非充分采动负曲率、压缩变形外)，稳定后的地表移动变形值大于推进中的移动变形值。

④ 地表移动盆地平底经受了正负曲率、拉压变形值的交替变化，地表移动稳定后，盆地平底各种变形值近于零。

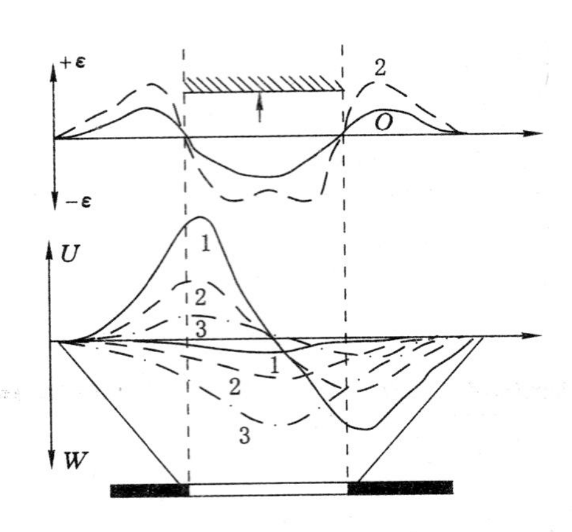

图 2-24　垂直于工作面推进方向断面上的移动变形变化规律

三、地表移动盆地稳定后全盆地移动变形分布规律

在解决建筑物下采矿问题时，由于建筑物往往不在地表移动盆地主断面位置上，按主断面计算方法计算不能满足要求，因此研究地表移动盆地全盆地移动变形分布规律有其实际意义。

当工作面近似于正方形时，地表移动盆地稳定后全盆地的沉陷分布有以下特征。现以某矿的下沉盆地为例，并对用电子计算机绘制的移动变形曲线进行分析。

1. 下沉等值线

下沉等值线呈近似圆形分布，在圆形中心处下沉值最大，在同一方向上离中心愈远下沉值减小，如图 2-25 所示。

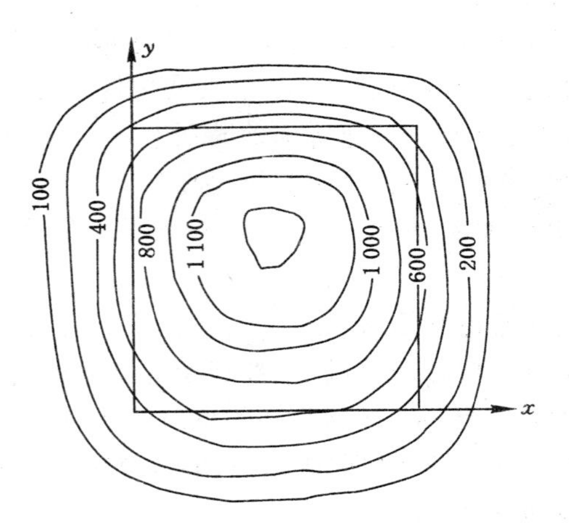

图 2-25　地表移动盆地下沉等值线

2. 倾斜和水平移动等值线

地表移动盆地内各点的倾斜（图 2-26）和水平移动（图 2-27），除了与点的位置有关外，还与给定方向有关。沿走向和倾斜方向的倾斜和水平移动等值线全盆地分布均为两组椭圆。实线的一组表示正值，虚线的一组表示负值。椭圆长轴方向与所指定的方向垂直。

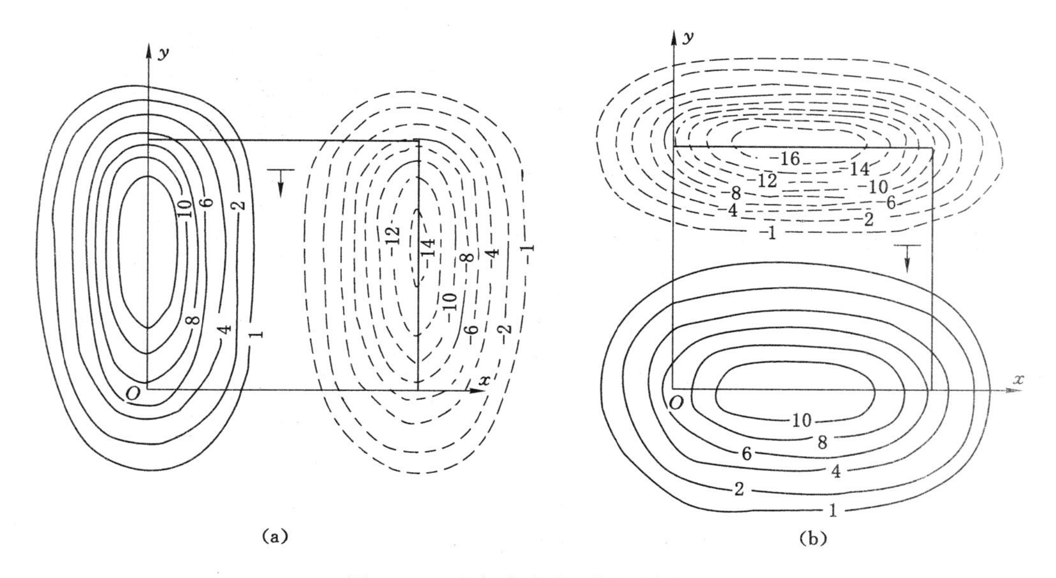

图 2-26　地表移动盆地倾斜等值线

(a) 沿走向方向的倾斜等值线；(b) 沿倾斜方向的倾斜等值线

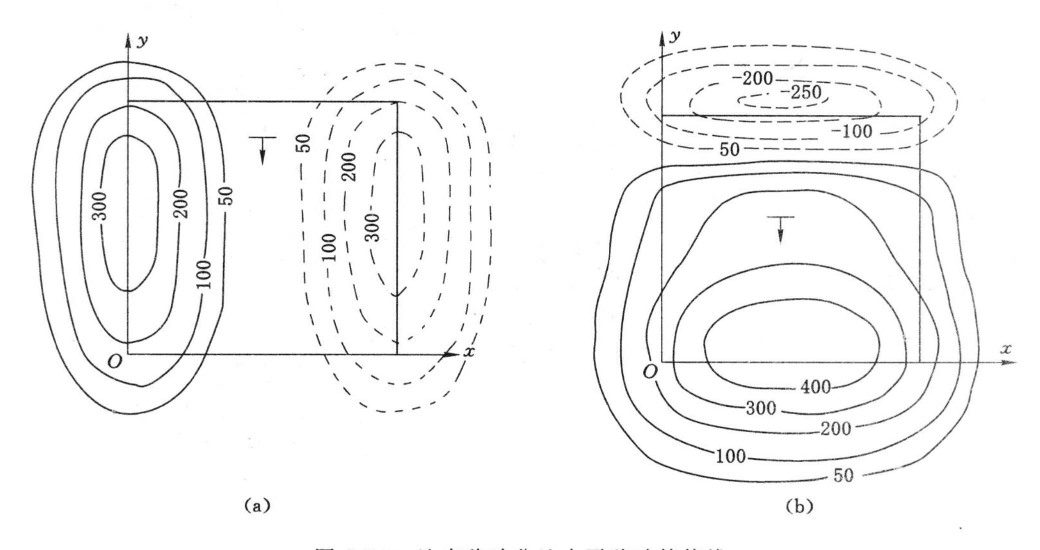

图 2-27　地表移动盆地水平移动等值线

(a) 沿走向方向的水平移动等值线；(b) 沿倾斜方向的水平移动等值线

3. 曲率和水平变形等值线

沿走向和倾斜方向的曲率(图 2-28)和水平变形(图 2-29)等值线全盆地分布均为四组椭圆。椭圆长轴方向与所指定的方向垂直。

四、地表移动变形值的预计方法

通过几十年的研究，我国地表移动开采沉陷学者已总结出适合于我国地质条件的开采沉陷计算与预计方法，主要有经验计算方法与理论分析方法两大类。

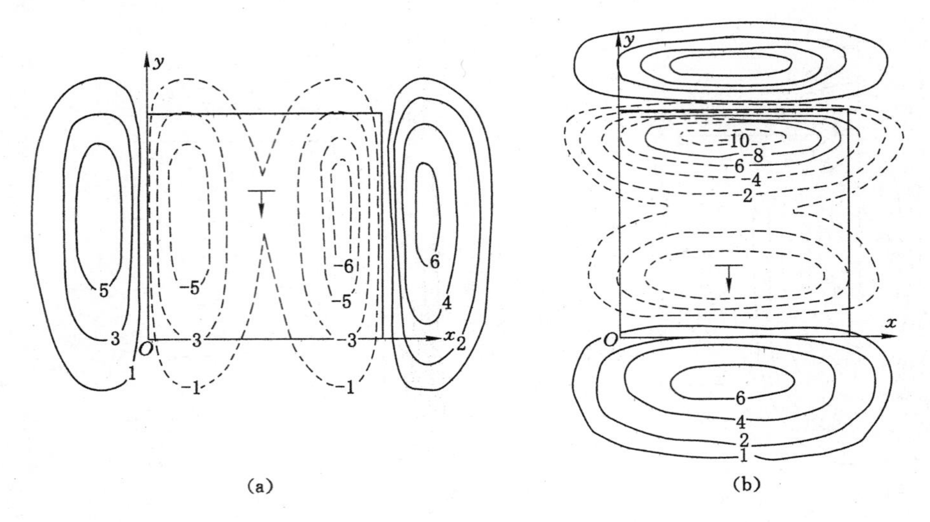

图 2-28 地表移动盆地水平变形等值线
(a) 沿走向方向的水平变形等值线；(b) 沿倾斜方向的水平变形等值线

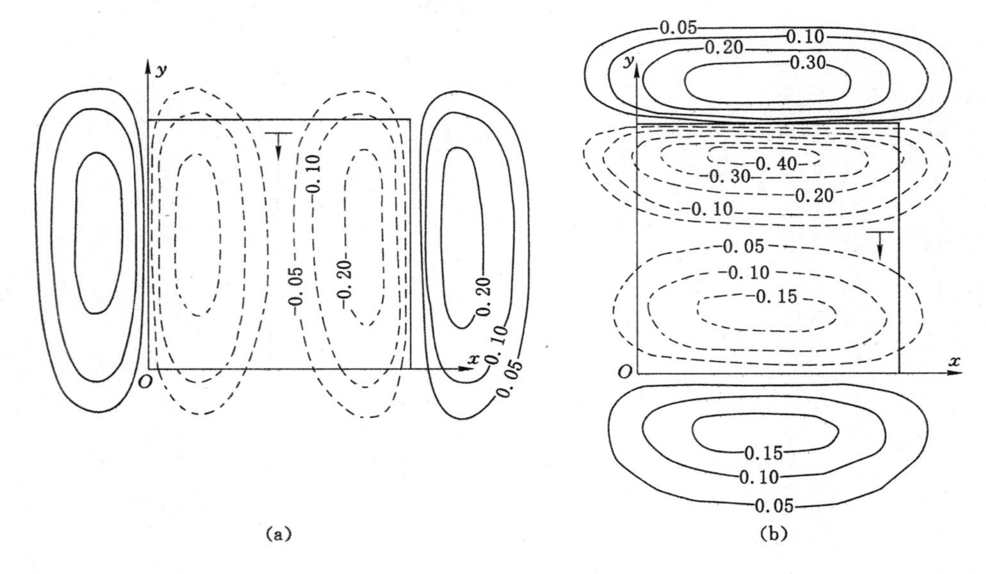

图 2-29 地表移动盆地曲率等值线
(a) 沿走向方向的曲率等值线；(b) 沿倾斜方向的曲率等值线

1. 经验计算法

地表移动经验计算法包括典型曲线法、剖面函数法，目前应用较少。

(1) 典型曲线法

典型曲线法是用无因次曲线表示移动盆地主断面的下沉，而倾斜、曲率、水平移动和水平变形则是按它们之间或其与下沉之间的数学关系由下沉曲线导出的一种方法，它适用于矩形或近似矩形采区的地表移动变形预计。

(2) 剖面函数法

剖面函数法是以一定的函数表示下沉盆地主剖面的方法，我国最常用的有负指数函数法，它是用负指数函数表示地表下沉盆地剖面方程的方法，适用于计算矩形和近似矩形采空区的地表移动和变形预计。

2. 概率积分法

概率积分法是以分布函数为影响函数，用积分式表示地表下沉盆地剖面的方法。影响函数有正态分布函数、维布尔分布函数和 γ 分布函数等，应用最为普遍的概率积分法是以正态分布函数为影响函数的积分法，适用于水平和倾斜煤层任意形状工作面开采、任意点的地表移动与变形预计。山区地表移动与变形的计算和急倾斜煤层开采的地表移动与变形的计算均可用这一概率积分法进行修正补充后计算。

概率积分全盆地的移动与变形计算公式如下：

① 下沉：

$$W(x,y)=W_{cm}\iint_D \frac{1}{2}\cdot e^{-\pi\frac{(\eta-x)^2+(\xi-y)^2}{r^2}}d\eta d\xi \tag{2-8}$$

② 倾斜：

$$\begin{cases} i_x(x,y)=W_{cm}\iint_D \dfrac{2\pi(\eta-x)}{r^4}\cdot e^{-\pi\frac{(\eta-x)^2+(\xi-y)^2}{r^2}}d\eta d\xi \\ i_y(x,y)=W_{cm}\iint_D \dfrac{2\pi(\xi-y)}{r^4}\cdot e^{-\pi\frac{(\eta-x)^2+(\xi-y)^2}{r^2}}d\eta d\xi \end{cases} \tag{2-9}$$

③ 曲率：

$$\begin{cases} K_x(x,y)=W_{cm}\iint_D \dfrac{2\pi}{r^4}\left(\dfrac{2\pi(\eta-x)^2}{r^2}-1\right)\cdot e^{-\pi\frac{(\eta-x)^2+(\xi-y)^2}{r^2}}d\eta d\xi \\ K_y(x,y)=W_{cm}\iint_D \dfrac{2\pi}{r^4}\left(\dfrac{2\pi(\xi-y)^2}{r^2}-1\right)\cdot e^{-\pi\frac{(\eta-x)^2+(\xi-y)^2}{r^2}}d\eta d\xi \end{cases} \tag{2-10}$$

④ 水平移动：

$$\begin{cases} U_x(x,y)=U_{cm}\iint_D \dfrac{2\pi(\eta-x)^2}{r^3}\cdot e^{-\pi\frac{(\eta-x)^2+(\xi-y)^2}{r^2}}d\eta d\xi \\ U_y(x,y)=U_{cm}\iint_D \dfrac{2\pi(\xi-y)^2}{r^3}\cdot e^{-\pi\frac{(\eta-x)^2+(\xi-y)^2}{r^2}}d\eta d\xi+W(x,y)\cdot\cot\theta_0 \end{cases} \tag{2-11}$$

⑤ 水平变形：

$$\begin{cases} \varepsilon_x(x,y)=U_{cm}\iint_D \dfrac{2\pi}{r^3}\left(\dfrac{2\pi(\eta-x)^2}{r^2}-1\right)\cdot e^{-\pi\frac{(\eta-x)^2+(\xi-y)^2}{r^2}}d\eta d\xi \\ \varepsilon_y(x,y)=W_{cm}\iint_D \dfrac{2\pi}{r^3}\left(\dfrac{2\pi(\xi-y)^2}{r^2}-1\right)\cdot e^{-\pi\frac{(\eta-x)^2+(\xi-y)^2}{r^2}}d\eta d\xi+i_y(x,y)\cdot\cot\theta_0 \end{cases} \tag{2-12}$$

式中　$W_{cm}=M\cdot\eta\cos\alpha$；

$U_{cm}=b\cdot W_{cm}$；

M——采厚，m；

η——下沉系数；

b——水平移动系数；

r——主要影响半径，$r=\dfrac{H}{\tan\beta}$；H 为开采煤层计算点采深，m；$\tan\beta$ 为主要开采影响

角正切；

D——开采煤层区域；

θ_0——开采影响传播角。

概率积分法已经实现预计和绘图的计算机化，为目前应用最广泛的方法。

3. 地表移动变形最大值预计

（1）地表沉降

$$W_{cm} = Mq\cos\alpha \tag{2-13}$$

（2）影响半径

$$r = \frac{H}{\tan\beta} \tag{2-14}$$

（3）倾斜变形

$$i_{cm} = \frac{W_{cm}}{r} \tag{2-15}$$

（4）水平移动

$$U_{cm} = bW_{cm} \tag{2-16}$$

（5）水平变形

$$\varepsilon_{cm} = \pm 1.52\frac{bW_0}{r} \tag{2-17}$$

（6）曲率变形

$$K_{cm} = \pm 1.52\frac{W_{cm}}{r^2} \tag{2-18}$$

最大值可以进行手算，对于简单、便捷地了解地表移动特征是很实用的。

4. 各种数据的经验取值

地表移动的计算分析除工作面开采条件外，主要依据地质条件，而对于缺少观测资料的矿区，往往采用类比方法确定其计算参数，计算参数的取值范围可参见表 2-2。

表 2-2　　计算参数取值参考表

岩性条件	参数值
坚硬（$f>8$）	$\eta=0.27\sim0.54$，$\tan\beta=1.2\sim1.91$，$S=(0.31\sim0.43)H$
中硬（$f=3\sim8$）	$\eta=0.55\sim0.85$，$\tan\beta=1.92\sim2.4$，$S=(0.08\sim0.3)H$
软弱（$f<3$）	$\eta=0.86\sim1.0$，$\tan\beta=2.41\sim3.54$，$S=(0.\sim0.07)H$

五、地表移动变形等级及对建筑物的影响

地表移动变形等级与其对建筑物的影响是密切相关的。对于常见的砖混建筑物损害与维护等级与地表移动变形等级是有对应关系的（表 2-3）。对于框架结构和全混凝土结构的建筑物，由于抗变形能力较强，因此损坏等级与地表移动变形的关系，目前尚未确定。

表 2-3　　　　地表移动变形与砖混建筑物损坏等级

损坏等级	建筑物损坏程度	地表变形值			损坏分类	结构处理
		水平变形 ε /(mm/m)	曲率 K /(10^{-3}/m)	倾斜 I /(mm/m)		
Ⅰ	自然间砖墙上出现宽度 1～2 mm 的裂缝	≤2.0	≤0.2	≤3.0	极轻微损坏	不修
	自然间砖墙上出现宽度小于 4 mm 的裂缝;多条裂缝总宽度小于 10 mm				轻微损坏	简单维修
Ⅱ	自然间砖墙上出现宽度小于 15 mm 的裂缝,多条裂缝总宽度小于 30 mm;钢筋混凝土梁、柱上裂缝长度小于 1/3 截面高度;梁端抽出小于 20 mm;砖柱上出现水平裂缝,缝长大于 1/2 截面边长;门窗略有歪斜	≤4.0	≤0.4	≤6.0	轻度损坏	小修
Ⅲ	自然间砖墙上出现宽度小于 30 mm 的裂缝;多条裂缝总宽度小于 50 mm;钢筋混凝土梁、柱上裂缝长度小于 1/2 截面高度,梁端抽出小于 50 mm;砖柱上出现小于 50 mm 的水平错动,门窗严重变形	≤6.0	≤0.6	≤10.0	中度损坏	中修
Ⅳ	自然间砖墙上出现宽度小于 30 mm 的裂缝;多条裂缝总宽度大于 50 mm;梁端抽出小于 60 mm;砖柱上出现小于 25 mm 的水平错动	>6.0	>0.6	>10.0	严重损坏	大修
	自然间砖墙上出现严重交叉裂缝、上下贯通裂缝以及墙体严重外鼓、歪斜;钢筋混凝土梁、柱裂缝沿截面贯通;梁端抽出大于 60 mm;砖柱上出现大于 25 mm 的水平错动;有倒塌的危险	>6.0	>0.6	>10.0	极度严重损坏	拆建

第三节　开采沉陷的主要影响因素

开采沉陷的分布规律取决于地质采矿因素,只有正确地认识和掌握这些因素的影响,才能合理有效地解决生产中所遇到的实际问题,提高分析问题的能力。

一、覆岩力学性质、岩层层位的影响

1. 覆岩力学性质的影响

组成岩层的岩石可分为坚硬($f>8$)、中硬($f=3\sim8$)和软弱($f<3$)三种类型。岩石力学性质对层状矿体开采引起的岩层和地表移动过程影响很大,以坚硬覆岩为例,特征如下:

(1) 采空区悬顶面积大,地表易产生非连续性变形

由于覆岩坚硬，开采后顶板岩体不垮落形成悬顶，当开采面积达到一定后，产生切冒型垮落，地表则产生突然塌陷的非连续变形。如大同矿区上覆岩层中有强度大而厚的砂岩，采后顶板长期缓慢下沉，甚至不移动。当采空区面积达到几万、十几万平方米时，发生大面积垮落。切冒发生后，地面多半出现纵横交错的张口裂缝，分布在采空区上方，裂缝宽度最大的为 0.1～0.5 m，深不见底。

(2) 岩层及地表下沉量小，拐点平移距大

坚硬岩层破裂后碎胀系数大，充填部分采空区，而使岩层及地表下沉量减小。由于岩层坚硬，采空区边界形成的悬顶距大，从而使拐点平移距增大。国内实测数据为：坚硬岩层拐点平移距 $S=(0.31\sim0.43)H_0$（H_0为平均采深），中硬岩层 $S=(0.08\sim0.30)H_0$，软弱岩层 $S=(0\sim0.07)H_0$。

(3) 急倾斜煤层开采条件下，地表易出现塌陷坑或塌陷漏斗

在急倾斜煤层开采情况下，如果煤层顶底板岩层很坚硬，回采后，采空区顶底板不垮落，而采空区上方煤层本身却垮落和下滑。煤层的这种垮落和下滑，可能发展到地表，在地表露头处形成塌陷坑。

(4) 移动角大

由于覆岩坚硬，使地表变形量减小，危险移动范围减小，从而使移动角增大。国内观测表明，坚硬岩层走向移动角 $\delta=75°\sim80°$，中硬岩层 $\delta=70°\sim75°$，软弱岩层 $\delta=60°\sim70°$，表土移动角 $\varphi=45°$。

2. 覆岩组成及层位的影响

覆岩组成及层位对地表移动量、移动规律有较大影响，主要表现为：

① 直接顶坚硬、基本顶软弱，其地表的下沉量小于直接顶软弱、基本顶坚硬的地表下沉量。

② 流沙层距采空区近比距采空区远的地表下沉量大，主要原因为流砂层距采空区远，失水、失砂少，地表下沉量小。

③ 地表有软弱覆盖层比无软弱覆盖层时，移动更平缓、均匀，连续性更好。

二、松散层对地表移动特征的影响

地表有没有松散层覆盖，对地表移动特征有很大影响，特别是对地表水平移动变形分布规律的影响十分明显。

① 当基岩为水平或近水平（$\alpha<10°$）时，松散层移动形式和基岩移动形式基本一致，两者都呈垂直弯曲的形式，移动向量都指向采空区中心，因此水平移动呈对称分布。

② 当岩层倾斜时，基岩沿煤层法向移动，其水平移动分量均指向上山方向。由于摩擦力的作用，基岩移动带动松散层产生指向上山方向的水平移动。

③ 当松散层很厚时，基岩移动产生的水平移动在松散层内传递时衰减而达不到地表，这时地表就只有由于松散层垂直弯曲而引起的水平移动。

三、煤层倾角的影响

煤系地层倾角变化，对上覆岩层的移动和破坏形式有很大的影响。

1. 对地表移动盆地形态的影响

在水平和近水平煤层开采条件下，对于矩形工作面，地表移动盆地是以采空区中心对称的椭圆。在倾斜煤层开采条件下，地表移动盆地为偏向下山方向的非对称椭圆，形状为碗形或盘形。

2. 对地表移动参数的影响

煤层倾角对地表移动参数有明显影响。下面主要介绍对下山移动角、边界角、最大下沉角及水平移动值的影响。

(1) 对地表移动角、边界角的影响

一般说来，煤层倾角对走向移动角、边界角和上山移动角、边界角的影响较小，对下山移动角、边界角的影响较大，如我国实测资料为：

坚硬覆岩：

$$\beta = \delta - (0.7 \sim 0.8)\alpha$$
$$\beta_0 = \delta_0 - (0.7 \sim 0.8)\alpha$$

中硬覆岩：

$$\beta = \delta - (0.6 \sim 0.7)\alpha$$
$$\beta_0 = \delta_0 - (0.6 \sim 0.7)\alpha$$

软弱覆岩：

$$\beta = \delta - (0.3 \sim 0.5)\alpha$$
$$\beta_0 = \delta_0 - (0.3 \sim 0.5)\alpha$$

当煤层倾角大于 60°～70°时，β 和 β_0 不再随煤层倾角的增大而减小。这方面实测资料较少，有待进一步研究。

(2) 对最大下沉角 θ 的影响

随着煤层倾角的增大，最大下沉角 θ 值减小。由实测资料求得的关系为：

$$\theta = 90^\circ - k\alpha \tag{2-19}$$

式中，k 为系数，与岩性有关，变化在 0.5～0.8 之间。岩性越硬，k 值越大。

同样，当 $\alpha > 60^\circ \sim 70^\circ$ 时，θ 角不再随煤层倾角的增大而减小，而是随着煤层倾角的增大而增大，但不大于 90°。有些资料表明，在急倾斜煤层开采时，地表最大下沉点基本上位于采区下山边界的正上方附近。

(3) 对水平移动值的影响

随着煤层倾角的增大，指向上山方向的水平移动值增大。在水平和缓倾斜煤层开采时，一般地表最大水平移动值为：

$$U_0 = (0.3 \sim 0.4)W_0 \tag{2-20}$$

式中，W_0 为充分采动时的地表最大下沉值。

在急倾斜煤层开采时，地表最大水平移动值可能大于地表最大下沉值。如原北京矿务局大台煤矿六采区开采时，地表最大下沉值为 551 mm，而地表最大水平移动为 657 mm。

四、开采厚度和开采深度的影响

1. 开采厚度

参见公式(2-13)，地表移动变形值与采厚成正比，与岩性有关，岩性越坚硬，q 越小；反之，岩性越软，q 越大。

2. 开采深度的影响

随着开采深度的增加，地表各种移动变形值减小，地表移动范围扩大，移动盆地更平缓。各种变形值与采深成反比。

地表移动变形值既与采厚成正比，又与采深成反比，所以常用深厚比（H/M）作为衡量地下开采对地表沉陷影响的估计指标。深厚比越大，地表移动变形值越小，移动盆地越平缓；深厚比越小，地表移动变形越剧烈。在深厚比很小的情况下，地表将出现大量裂缝、台阶，甚至出现塌陷坑。

通过我国 30 多个地表移动观测站的研究，得到初次采动时，下沉系数与深厚比的关系：

$$q = 1 - 0.239\ 235\left(\frac{H-h}{M}\right)^{0.054\ 573} \tag{2-21}$$

式中，q 为下沉系数；H 为开采深度，m；h 为表土厚度，m；M 为开采高度，m。

开采深度还对地表延续时间有影响。开采深度小时，地表下沉速度大，移动延续时间短；开采深度较大时，地表下沉速度小，移动时间比较缓慢、均匀，而移动延续时间则较长。通过对东北煤矿区 333 条观测线资料的分析，得到最大下沉速度 V_m（m/d）和地表移动延续总时间 $T(d)$为：

最大下沉速度：

$$V_m = 2.6 + 0.98CW_m/H_0 \quad \text{（中硬岩层）}$$

$$V_m = 0.81 + 0.174CW_m/H_0 \quad \text{（软弱岩层）}$$

地表移动延续时间：

$$T = 43 + 2.28H_0 \quad (H_0 < 500\ \text{m})$$

式中，C 为工作面推进速度，m/d；W_m为地表最大下沉值，mm；H_0为采深，m。

五、开采范围的影响

采区尺寸的大小可影响地表的采动程度。采动程度常用宽深比 D/H 来表示。我国实测资料表明（在一般情况下）：

D_1/H_0、$D_3/H_0 < 1.2 \sim 1.4$ 时，地表为非充分采动；

D_1/H_0、$D_3/H_0 = 1.2 \sim 1.4$ 时，地表为充分采动；

D_1/H_0、$D_3/H_0 > 1.2 \sim 1.4$ 时，地表达到超充分采动。

式中，D_1、D_3分别为采空区沿倾向和走向的实际长度；H_0为平均采深。

六、重复采动的影响

重复采动是指岩层和地表已经受过一次开采的影响而产生移动、变形和破坏之后，再一次经受开采的影响，使得岩层和地表又一次受到采动影响，这种采动称为重复采动。

1. 地表移动值增大及参数变化

前已述及，地表最大下沉小于采厚的原因是采动破裂岩体的碎胀。当岩体受到初次采动后，产生了破裂碎胀，充填采空区，使地表移动量减小。重复采动时，已破裂碎胀的那部分岩体产生的碎胀量小，同时，在初次采动时破裂岩体内存在的空隙闭合，使得地表移动量增大。据我国部分矿区的统计，重复采动时，地表移动参数发生如下变化：

（1）下沉系数：

$$q_{复1}=(1+a)q_{初} \tag{2-22}$$

$$q_{复2}=(1+a)q_{复1} \tag{2-23}$$

式中，$q_{初}$、$q_{复1}$、$q_{复2}$分别为初采、第一次复采、第二次复采的下沉系数；a 为下沉“活化”系数，由表 2-4 确定。

表 2-4　　按覆岩性质区分的重复采动下沉活化系数 a

岩性	一次重采	二次重采	三次重采	四次及四次以上重采
坚硬	0.15	0.20	0.10	0
中硬	0.20	0.10	0.05	0

（2）最大下沉角

重复采动时最大下沉角较初次采动增大，其增大值为：坚硬覆岩增大（0.05～0.20）α（α 为煤层倾角），中硬覆岩增大 0.15α，软弱覆岩增大 0.1α。

（3）边界角、移动角

重复采动时，边界角减小 2°～7°，移动角减小 5°～10°。

（4）充分采动角、超前影响角、最大下沉速度角

重复采动时，充分采动角增大 1°～5°，超前影响角减小 10°～15°，最大下沉速度角增大 5°～10°。

2. 非连续破坏增加

重复采动时，受初次开采破坏的岩体可能进一步破碎，使岩层和地表的破坏程度加剧，破坏范围加大，采深不大时地表还会出现裂缝，使地表移动变形不连续，甚至出现大断裂或台阶。而且，地表的这种非连续破坏常常是突然出现的，对地面建筑物、铁路等危害极大。因此，在重复采动时要特别注意加强对地表非连续破坏的观测和预防工作。

3. 移动变形方向

同一煤层相邻工作面开采的重复采动效应相当于扩大采空区面积，但地表移动偏向已采工作面方向。

七、采煤方法及顶板管理方法的影响

采煤方法实际上决定了覆岩及地表移动的形式、先后顺序和方向。顶板管理方法决定了采出空间的大小，从而决定了覆岩及地表破坏程度、移动量大小。

采煤方法很多，目前国内煤矿大多采用单一长壁采煤法。采用该方法，覆岩属均衡破坏，地表为连续的、大面积的均匀下沉，移动具有较强的规律性。

国内煤矿目前采用综采放顶煤，由于一次采厚较大，覆岩及地表移动破坏剧烈，使地表移动规律发生变化。初步研究表明，与一般开采相比，综采放顶煤开采具有以下特征：

① 覆岩及地表移动更剧烈，最大下沉速度为分层综采的 2～3 倍，超前影响范围比分层综采大 40%，超前影响角比分层综采小近 10°，活跃期占移动总时间的 71.4%，活跃期下沉量约占总下沉量的 95%。

② 综采放顶煤开采工艺特点使采空区边界附近丢煤多，限制了覆岩的充分垮落和岩层移动向上发展，造成拐点向采空区内侧偏移更大。同时，开切眼和停采线工艺的差异导致停采线一侧的拐点偏移距大于开切眼一侧，使两侧的地表移动规律存在差异。

③ 综采放顶煤开采，地表易出现大的裂缝，裂缝两侧伴随大的台阶，如兖州鲍店矿 1310 工作面，采深 378～440 m，采厚 8.7 m，采用综放开采，地表出了多条大裂缝，裂缝最大宽度 200 mm，落差 400 mm。

④ 综放开采使地表变形更集中于采空区上方，表现为：边界角增大，移动角减小。鲍店矿 1308 工作面为综采放顶煤开采，其综合边界角为 $\delta_0 = 68°$，$\beta_0 = 65°$，移动角 $\delta = 57.5°$，$\beta = 65.5°$。而同一采区 1301 工作面为分层综采，其综合边界角为 $\delta_0 = 55.25°$，$\beta_0 = 56.2°$，移动角为 $\delta = 74.6°$，$\beta = 77.6°$。

顶板管理方法有全部垮落法（又称冒落法）、充填法、煤柱支撑法。全部垮落法是目前国内煤矿普遍采用的顶板管理方法，但该方法使覆岩及地表移动最剧烈、破坏最严重、地表移动量最大。用充填法管理顶板，由于对采出空间采用外来材料充填，减小了覆岩移动空间，从而对覆岩破坏相对较小，一般不引起覆岩垮落性破坏，能够减小移动量，并使地表变形更加均匀。采用不同的充填方法、充填材料，充填效果不同，覆岩与地表移动量不同。一般说来，水砂充填效果好，地表移动量最小；风力充填的密实度不高，地表移动量较大。如水砂充填地表下沉系数为 0.06～0.12，风力充填地表下沉系数可达 0.40。

另外，断层、向斜构造、山区地形等条件下开采，将引起地表移动规律发生变化，主要表现在地下开采可能使断层“活化”，在断层露头处出现台阶，移动范围可能变得很大。在向斜构造区域采煤时，可能在向斜轴部产生变形集中，其地表下沉可能大于开采高度，出现台阶等非连续变形。在山区采煤时，可能引起山体滑移、滑坡、崩岩等地质灾害，当开采使山体滑移时，移动范围增大，下坡方向移动角减小 20°～25°，上坡方向移动角减小 5°～10°。

思考题

1. 简述地表移动变形的各种形式及形成条件。
2. 地表移动盆地的主要角量参数有哪些？
3. 简述水平矿层非充分采动时主断面内地表移动变形中下沉曲线、倾斜曲线、曲率曲线、水平移动曲线和水平变形曲线的形式及它们之间的关系。
4. 某工作面平均采深为 500 m，采高为 2.0 m，煤层倾角为 30°，下沉系数为 0.8，水平移动系数为 0.3，$\tan\beta = 2.0$，计算地表移动变形值，评价该建筑物的损坏等级。
5. 简述矿山开采沉陷的主要影响因素有哪些。

第三章　建筑物下采煤

第一节　概　　述

地下开采势必引起岩层移动与地表沉陷进而造成影响区建筑物损坏，并且引发土地与环境的损害问题。我国建筑物下压煤量为 8.76 Gt 左右，严重制约着矿井的生产和发展。随着城市和农村的飞速扩张，压覆煤炭越来越多，特别是地处平原的矿区（井）人口密度大，村庄密集，村庄压煤比重较大；有的村庄压煤量占矿区或井田总储量的 70%，有的新建井田投产（首采面）即遇到村庄下压煤开采问题。老矿区如果不开采建筑物下压煤，将很难保证矿区计划产量，有的老矿区甚至会面临无煤可采、矿井关闭的局面。新矿区应从矿区可持续发展的战略高度进行规划，协调建筑物下压煤开采问题，以保证矿区的可持续发展。建筑物压煤开采问题已成为我国煤矿所面临的一大难题。

为了保护建筑物不受开采沉陷的影响，需要留设建筑物保护煤柱；为了回收建筑物下滞压的煤炭资源，又需要进行建筑物下采煤。是采是留，如何开采，应根据具体情况，应经相关程序，充分论证，科学决策。

一、我国建筑物下压煤开采概况

我国建筑物下压煤开采技术研究大致可以分为 5 个方面。

1. 建筑物维修和加固

建筑物受采动影响后通过维修和加固能正常使用。例如，1958 年在原峰峰矿务局和村纱厂、开滦矿务局唐家庄矿工人村下采煤，未采取井上、下措施，开采后建筑物损坏，通过采用维修措施使建筑物正常使用。1962 年原本溪矿务局彩屯煤矿在矿区医院住院部下采煤，该住院部为 3 层楼房，长 114 m、宽 12 m、高 11 m，设置 6 道变形缝，缝宽 120 mm，通过 3 次维修后，至今仍在使用。

2. 井下开采措施

井下开采措施主要有部分煤层开采、联合协调开采。特别是条带法开采在我国得到了广泛的应用，其采出率一般在 40%～60%，地表下沉系数仅为煤层采厚的 3%～15%。

例如，1973～1977 年蚊河矿奶子山镇建筑群下压煤应用条带开采获得成功。1982～1984 年原峰峰矿务局二矿在辛寺庄村下采用 7 个工作面协调开采获得成功，开采后 98%的农村建筑物损害在 Ⅰ 级以下。1991～1994 年焦作王封矿等采用垮落条带法，成功地开采了井筒及工业广场煤柱，使得在开采影响范围内的厂房、电影院、教学楼、铁路、水塔等建筑没有发生损坏显现。

3. 抗变形建筑物

对建筑物进行抗变形加固,可使采动建筑物正常使用。例如,1978～1982 年湖南资江煤矿开展抗变形建筑物的研究,在资江煤矿的开采影响区上方兴建了长 44.7 m、宽 20.64～25.24 m、高 9.20～9.75 m,总面积为 1 356 m^2 的俱乐部,采用基础钢筋混凝土圈梁、联系梁、构造柱、滑动层等抗变形措施,使得俱乐部经受了地表 8.0 mm/m 的水平变形、1.68 mm/m 的曲率变形和 6.1 mm/m 的倾斜变形,建筑物基本未损害,始终正常使用。

4. 采空区充填法

通过采空区充填降低采动影响程度,保护建筑物。曾试验成功水力、风力、自溜及人工充填等开采方法。充填材料因地制宜,有山砂、河砂、废油母页岩、煤矸石及电厂粉煤灰等。例如,1964～1967 年在抚顺车辆修理厂工业厂房下,采用密实水砂充填和对厂房基础采用连系梁加固等措施,成功地进行了采出总厚度达 20 m 的特厚煤层的试验开采工作;1978～1979 年新汶张庄矿在村庄下试验成功用高浓度粉煤灰胶结充填。采空区充填法已经成为一种控制沉陷和保护环境的重要工程措施。

5. 离层带注浆减沉

在地面采用钻孔高压注浆充填覆岩离层带控制沉陷是 20 世纪 90 年代发展起来。例如,1989 年原抚顺矿务局老虎台矿首先进行了离层注浆减沉试验,获得成功,减沉率为 60% 左右。后来大屯徐庄矿(1991～1992)、开滦唐山矿(1992)、兖州东滩矿(1994～1998)、新汶华丰矿(1994～2006)、枣庄田陈矿(1997～1999)、淮北矿区(2000～)等相继开展了离层注浆减沉试验,取得了一定的成果。

二、国外建筑物下压煤开采概况

国外进行建筑物下采煤研究的国家很多。波兰是建筑物下采煤研究最好的国家之一,从 1945 年开始大规模地进行建筑物下采煤,然后开始大规模地进行城市下采煤,并且开采了许多大型工厂的煤柱。

波兰建筑物下采煤的开采措施主要有:① 密实水砂充填,砂的含泥率低于 10%～20%,压缩率为 5%～6%,此时地表下沉系数为 0.1～0.15;② 部分开采,即条带开采,回采率为 50%～60%;当采用水砂充填条带开采时,下沉系数为 0.015～0.02;当采用垮落条带开采时,下沉系数为 0.05～0.1;③ 顺序开采,第一分层开采后,间歇足够长的时间再开采第二分层;④ 分期开采,第一次采用条带开采加水砂充填,第二次开采剩余条带煤柱,并采用水砂充填处理采空区,两次开采后的下沉系数为 0.12～0.15;⑤ 合理布置各煤层或分层开采边界的位置,使得采区边界上方的地表变形有一定的抵消;⑥ 协调开采,使煤层之间或分层的工作面开采引起的动态移动变形互相抵消一部分;⑦ 干净回采,采空区中不残留煤柱,使采空区中央上方地表下沉均匀,不产生起伏大的变形。

波兰建筑物下开采时采取的建筑物保护措施主要有:① 设置变形缝;② 设钢筋混凝土锚固板,形成强度较高的整体基础,一般适用于地表水平变形为 12～15 mm/m 的建筑物下采煤;③ 设置钢筋混凝土锚固拉杆或钢锚固拉杆,提高建筑物整体刚度;④ 挖变形补偿沟,吸收地表压缩变形等。

英国建筑物下压煤采用的开采措施有风力充填开采、条带开采和协调开采。所采取的建筑物保护措施有:对新建的抗变形建筑采用带滑动缝的双板基础,以减小水平变形的影响;对已有的建筑物加设变形缝,在建筑物周围挖变形补偿沟。此外,英国在浅部大量采用房柱式开采建筑物下压煤,获得极为满意的效果。

德国进行建筑物下采煤主要采取建抗变形房屋和协调开采措施。对受损害房屋的修缮及相应的预防措施主要有:利用液压千斤顶支撑偏斜房屋,成排房屋山墙切割变形缝,在地基上采取释压措施以减小已有建筑物的最大压缩变形值(主要是挖补偿沟、打释压钻孔)和对建筑物裂缝作强力封闭的注浆处理等。另外,德国采用充填垮落空洞以减小地表沉陷,充填物为垃圾及废物,达到双重保护环境的目的。

俄罗斯除了采用和波兰类似的开采措施和地面保护措施外,还重视合理布置工作面,使建筑物位于盆地平底区域。他们认为,在开采深度大时,应用长短工作面混合开采的方法最为有效,即先采一个短工作面,再采一个长工作面,使建筑物位于地表移动盆地平底部位,可减小建筑物所受的变形。

美国主要采用房柱式开采控制地面沉陷,但长期残余沉降的问题仍有待解决。

三、当前建筑物下压煤开采技术的研究内容

控制开采沉陷措施是"三下一上"采矿的关键,是减轻地表环境损害的有效途径。目前的地表沉陷控制措施较单一,应加强综合减沉措施的研究。

① 地表综合减沉措施的研究,如大采宽条带法开采与离层注浆充填的结合、条带开采与采空区充填的结合等。

② 离层带注浆充填减沉的有关理论、工艺和参数研究,包括离层裂缝发育规律、注浆材料、注浆工艺、浆液扩散半径、钻孔布置方式、间距以及最佳开采工作面长度等。

③ 完善现有开采沉陷控制理论和方法,包括条带开采设计中条带尺寸与覆岩结构的关系、深部条带开采的设计理论和方法、房柱式开采的设计理论和方法等,建立覆岩结构变形控制与开采方法相结合的设计理论和方法。

④ 加强控制措施的研究,如垮落空洞充填的有关理论、方法、工艺流程、减沉效果评价等的研究。

⑤ 积极研究采空区充填控制沉陷技术,特别是新型充填材料(如具有较大强度的膏体材料、城市垃圾混合材料)、充填工艺(如带压充填、放顶煤条件下充填技术等)的技术创新与研究。

在加强控制地表沉陷措施的同时,应进一步完善采动区建筑物设计和保护理论,具体为:

① 采动区建筑物设计理论和方法的研究。如采动区建筑物地基反力和附加内力计算方法与实际存在差异,使得按现行的理论和方法计算出的建筑物加固配筋过大。主要原因是没有考虑建筑物基础与地基的协同作用,过高地估计了建筑物的地基反力和附加内力,因而建立符合实际的采动区建筑物地基、基础、上部结构协同作用理论和附加内力计算方法是非常必要的。只有在此基础上,才能合理地设计采动区建筑物和进行建筑物的加固,使建筑物下采矿迈上新的台阶。

② 新型建筑材料的研究。目前的建筑材料单一,大多为砖石结构建筑物,其抗变形能力较弱,特别是抗拉伸变形的能力较弱,容易出现裂缝,因而研究价廉、抗变形能力强的新型建筑材料成为提高建筑物下采矿水平的关键。

③ 大型工业及民用建筑物的抗变形结构研究。大型工业建筑物由于结构复杂、平面尺寸大、要求高等，其抗变形能力相对较弱，目前对此研究不足。随着矿区的发展，今后将面临大型工业及民用建筑物下采矿及在塌陷区上方兴建大型工业园区的问题，如徐州已开始利用塌陷地兴建大型工业园区，目前这方面的理论和实践较少。

④ 抗变形结构措施研究。目前的抗变形结构措施有刚性措施和柔性措施，刚性措施主要有顶底圈梁、构造柱、联系梁、双板基础等，柔性措施主要是设置沉降缝、滑动层。对于其他的措施，如对地基采取调整变形的措施等研究较少。

⑤ 农村城镇化研究。随着社会经济的发展，农村城镇化已成为一种趋势。结合农村的城镇建设，建立抗变形房屋，进行村庄的合理优化、组合成为必然。因此，结合村庄的搬迁，研究矿区农村城镇化的相关问题已成为21世纪开采沉陷研究工作者的一个重要研究方向。

第二节　建筑物保护等级及煤(岩)柱留设方法

依据“三下采煤规范”关于建筑物保护等级及煤(岩)柱留设方法，有以下主要相关内容。

一、矿区建筑物保护等级

1. 建筑物保护等级

按建筑物的重要性、用途以及受开采影响引起的不同后果，将矿区范围内的建筑物保护等级分为五级(表3-1)。

表3-1　矿区建筑物保护等级划分

保护等级	主要建筑物
特	国家珍贵文物建筑物、高度超过100 m的超高层建筑、核电站等特别重要工业建筑物等
Ⅰ	国家一般文物建筑物、在同一跨度内有两台重型桥式吊车的大型厂房及高层建筑物等
Ⅱ	办公楼、医院、剧院、学校、长度大于20 m的二层楼房和二层以上多层住宅楼，钢筋混凝土框架结构的工业厂房、设有桥式吊车的工业厂房、总机修厂等较重要的大型工业建筑物，城镇建筑群或者居民区等
Ⅲ	砖木、砖混结构平房或者变形缝区段小于20 m的两层楼房，村庄民房等
Ⅳ	村庄木结构承重房屋等

注：凡未列入表3-1的建筑物，可以依据其重要性、用途等类比其等级归属。对于不易确定者，可以组织专门论证审定。

2. 地面建筑物受护范围

地面建筑物受护范围应当包括受护对象及其围护带。围护带宽度必须根据受护对象的保护等级确定，一般可按表3-2规定的数值选用。

表3-2　各保护等级建筑物煤柱的围护带宽度

建筑物保护等级	特	Ⅰ	Ⅱ	Ⅲ	Ⅳ
围护带宽度/m	50	20	15	10	5

3. 建筑物受护边界的确定

① 在平面图上通过受护对象角点作矩形，使矩形各边分别平行于煤层倾斜方向和走向方向；在矩形四周作围护带，该围护带外边界即为受护边界。

② 在平面图上作各边平行于受护对象总轮廓的多边形；在多边形各边外侧作围护带，该围护带外边界即为受护边界。

③ 特级建筑物保护煤柱按边界角留设，其他建筑物保护煤柱按移动角留设。

二、建筑物安全煤(岩)柱留设方法

对于必须留设保护煤柱的建筑物，其保护煤柱边界可以采用垂直剖面法、垂线法或者数字标高投影法设计。

1. 垂直剖面法

用垂直剖面法设计与煤层走向斜交的受护对象保护煤柱时，在松散层内采用 φ 角划直线；在基岩内则分别以斜交剖面移动角 β'、γ'、代替 β、γ 角划直线。直线与煤层底板的交点即为保护煤柱在煤层该斜交剖面上的上、下边界。

B'、γ' 角按下式计算：

$$\cot\beta' = \sqrt{\cot^2\beta\cos^2\theta + \cot^2\delta\sin^2\theta} \tag{3-1}$$

$$\cot\gamma' = \sqrt{\cot^2\gamma\cos^2\theta + \cot^2\delta\sin^2\theta} \tag{3-2}$$

式中　γ、β 和 δ——上山、下山和走向方向的岩层移动角；

θ——围护带边界与煤层倾向线之间所夹的锐角。

例 3-1　用垂直剖面法设计房屋保护煤拄

所设计的保护煤柱为一幢五层职工宿舍楼。该楼房平面尺寸及形状如图 3-1 所示。房屋长轴方向与煤层走向线的夹角 $\theta=45°$。煤层倾角 $\alpha=21°$，厚度 $M=2.83$ m，房屋下方煤层埋藏深度 $H=240$ m，基岩岩性坚硬，松散层厚度 $h=20$ m，弱富水。

设计保护煤柱时选用以下移动角值：

$$\delta=\gamma=75°, \beta=\delta-K\alpha=75-0.8\times21°=58°, \varphi=45°$$

五层职工宿舍楼属Ⅱ级保护对象，其围护带宽度为 15 m。

用垂直剖面法设计该楼房保护煤柱步骤如下：

① 如图 3-1 所示，为划定楼房受护面积，在平面图上房屋的角点 1、2、3、4 处作平行于煤层走向和倾斜方向的直线，得直角四边形 $abcd$，即受护边界。在 $abcd$ 外侧加宽度为 15 m 的围护带，其外边 $a'b'c'd'$ 为受护面积边界。

② 过四边形 $a'b'c'd'$ 中心点作煤层倾斜剖面 A—B 和走向剖面 C—D，然后在 A—B、C—D 剖面上分别求出保护煤柱边界 。

③ 在 A—B 剖面图上标出地表线、楼房轮廓线、松散层、煤层等，并注明煤层倾角 $\alpha=21°$，煤层厚度 $M=2.83$ m，房屋下方煤层埋藏深度 $H=240$ m，并简要绘出地层柱状图。

④ 在平面图上将 A—B 剖面线与受护面积边界之交点转绘到 A—B 剖面图的地表线上得 M、N 点，由 M、N 点以 $\varphi=45°$作直线至基岩面得交点 M'、N'。然后，在煤层上山方向以 $\beta=58°$由 N'点作直线与煤层底板相交于 n'点；同理，在煤层下山方向以 $\gamma=75°$由 M'点作直线与煤层底板相交于 m'点，n'、m'点分别为沿煤层倾斜剖面上保护煤柱的上、下边界。将

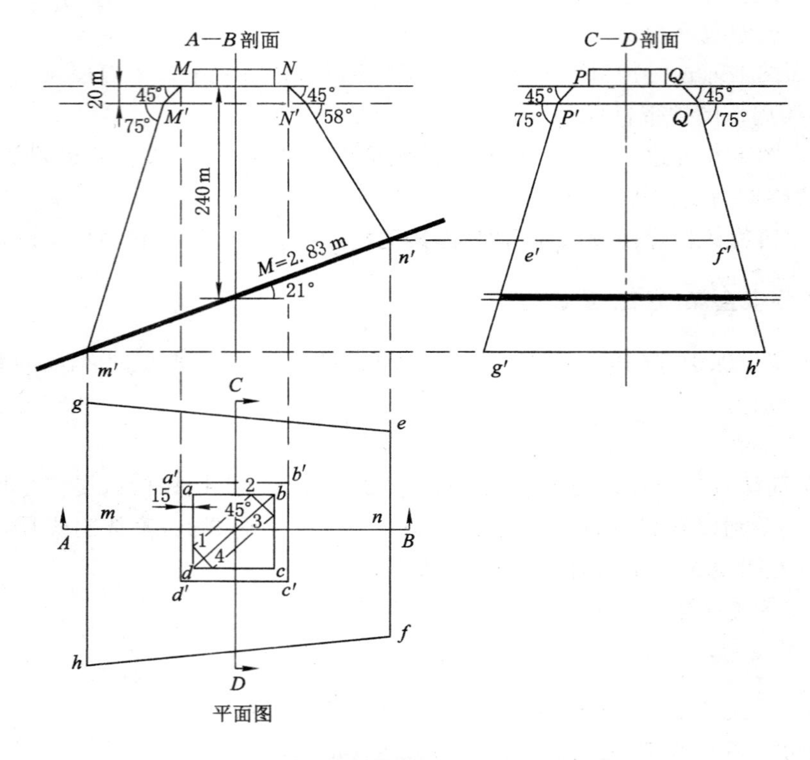

图 3-1　用垂直剖面法设计房屋保护煤柱

m'、n'点投影到平面图上，得 m、n 点。

⑤ 将平面图上剖面线 $C—D$ 与受护边界之交点转绘到 $C—D$ 剖面图的地表线上得 P、Q 点。在 $C—D$ 剖面图上由 P、Q 点以 $\varphi=45°$作直线，与基岩面相交于 P'、Q'点。然后，以 $\delta=75°$由 P'、Q'点分别作直线。

⑥ 将 $A—B$ 剖面图上 n'、m'点分别投影到 $C—D$ 剖面图上，与 $C—D$ 剖面图上基岩内的两条斜线相交，得交点 e'、f'及 g'、h'。$e'f'$为煤柱上边界线在 $C—D$ 剖面上的投影，$g'h'$为煤柱下边界线在 $C—D$ 剖面上的投影。

⑦ 将 e'、f'、g'、h'点分别转绘到平面图上，得 e、f、g、h 点。连接 $efhg$ 点形成一个梯形，即为所求保护煤柱平面图。

2. 垂线法

用垂线法设计与煤层走向斜交的受护对象保护煤柱时，煤柱在煤层上山方向垂线长度 q 和下山方向垂线长度 l 按下式计算：

$$q=\frac{(H-h)\cot\beta'}{(1+\cot\beta'\cos\theta\tan\alpha)},\quad l=\frac{(H-h)\cot\gamma'}{(1-\cot\gamma'\cos\theta\tan\alpha)} \tag{3-3}$$

式中　h——松散层厚度，m；

H——煤层到地表的垂深(从受护边界起在松散层中以 φ 角作直线与基岩面相交，H 值为过此交点的煤层深度)；

α——煤层倾角。

3. 数字标高投影法

数字标高投影法用于设计延伸形建(构)筑物或基岩面标高变化较大情况下的保护煤

柱。该法要求保护煤柱空间体的侧平面(即倾角为φ、β'、γ'的平面)上等高线的等高距应与煤层等高线(或基岩面等高线)的等高距D相同,而相邻两等高线之间的水平距离d应根据φ、β'、γ'角及煤层等高距D,按$d=D\cot\varphi$(或$d=D\cot\beta'$;$d=D\cot\gamma'$)求取。连接保护煤柱侧平面与煤层层面(或基岩面)上同值等高线的交点,即得保护煤柱边界。

第三节　协调开采

协调开采技术是根据不同的受保护对象,通过合理布设工作面(如合理设计工作面之间的相对位置、回采顺序等),让各工作面开采的相互影响能够得到有效叠加,使叠加后的变形值小于受护对象的允许变形值。

一、上、下煤层(或分层)的协调开采

在开采两层煤或是厚度较大的煤层时,可以布置同时在上、下煤层或是厚煤层上下分层开采工作面,以便抵消一部分变形值。当两工作面之间的错距l满足图3-2时,可以获得最有利叠加。

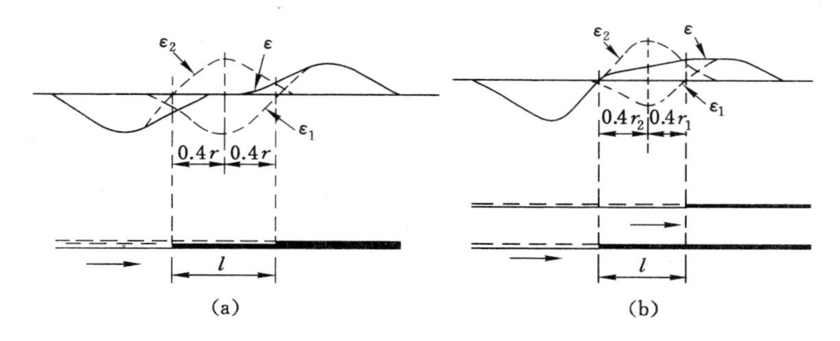

图3-2　两个煤层或分层的协调开采

(a)厚煤层的两个分层的协调开采;(b)两个煤层的协调开采

上、下煤层两个工作面互相错开的距离l,可用下式计算:

$$l=0.4(r_1+r_2)=0.4\left(\frac{H_1+H_2}{\tan\beta}\right) \tag{3-4}$$

式中　r_1、H_1——第一个煤层的主要影响半径及采深,m;

r_2、H_2——第二个煤层的主要影响半径及采深,m;

$\tan\beta$——主要影响角正切。

厚煤层两个分层工作面互相错开的距离l,则可由下式计算:

$$l=0.8r=0.8\frac{H_0}{\tan\beta} \tag{3-5}$$

式中　r——主要影响半径,m;

H_0——平均采深,m。

二、同一煤层(或分层)的协调开采

在开采面积较大的煤层时,采用合理布设工作面之间的相对位置和开采顺序,实行长短

工作面搭配开采，也可达到减小建筑物处地表变形的目的[图 3-3(a)]。还可以先开采建筑物两侧的工作面 A、C，然后再开采建筑物正下方的工作面 B[图 3-3(b)]。此时，由于各工作面的宽度较小，一般为充分采动情况下工作面宽度的 1/5～1/4，工作面 A、C 回采后建筑物处的拉伸变形和工作面 B 开采引起的压缩变形均较小。

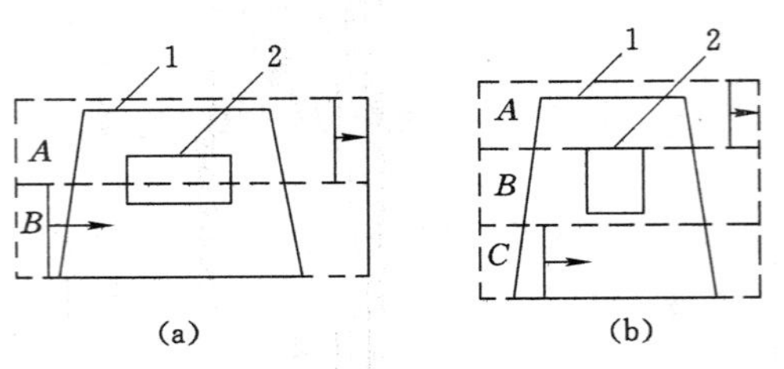

图 3-3　工作面搭配开采

1——煤柱边界线；2——建筑物边界线

三、改变开采顺序的协调开采

改变各煤层各工作面的先后开采顺序也能起到协调开采的作用。如图 3-4 所示，同时开采Ⅰ、Ⅱ煤层时变形较大；同时开采Ⅰ、Ⅱ、Ⅲ煤层时，变形将抵消一部分。

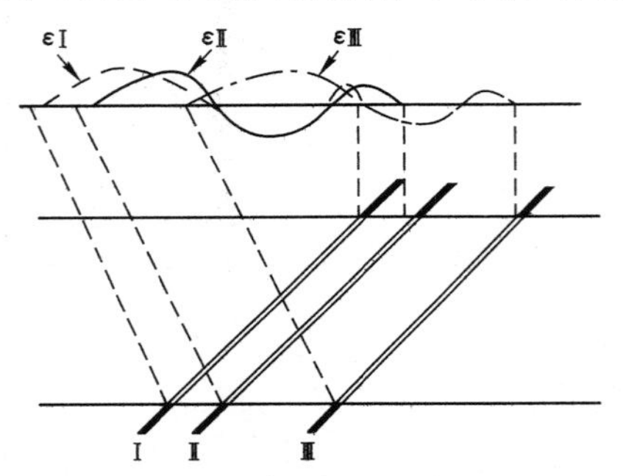

图 3-4　改变开采顺序的协调开采

第四节　部分开采方法

部分开采方法主要有条带开采、房柱式开采、限厚开采等。

一、条带开采

(一) 条带开采的概念

条带开采法是将被开采的煤层划分成比较正规的条带形状，采一条(采宽 b)，留一条(留宽 a)，使留下的条带煤柱足以支撑上覆岩层的重量，而地表只产生较小的移动和变形(图 3-5)。

条带开采法是保护地面建筑物的一种有效开采措施。例如，波兰、英国、俄罗斯、日本等国，采用条带法在大钢铁厂及其他重要建筑物下进行了卓有成效的开采。我国从 1967 年开始，在抚顺、阜新、蛟河、南桐、鹤壁、峰峰等矿区的煤矿企业本身的工业及民用建筑、城镇建

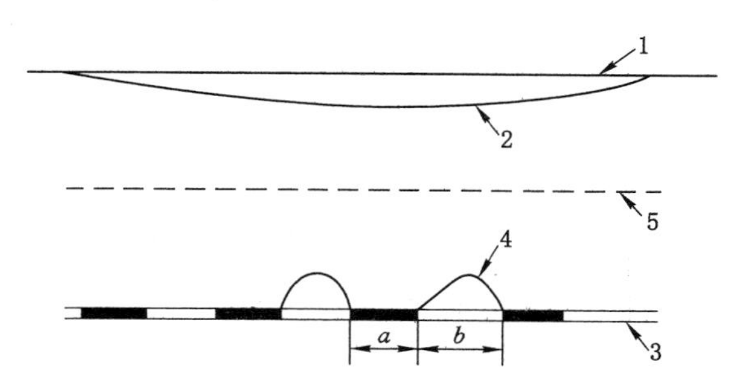

图 3-5　条带开采法示意图

1——地表;2——地表下沉曲线;3——煤层;4——自然平衡拱;
5——波浪与非波浪下沉盆地的分界线

筑物、隧道下进行了条带开采,均收到了预期的效果。

条带开采法与一般长壁式采煤法相比,虽有回采率低、掘进率高、采煤工作面搬家次数多等缺点,但条带开采具有引起围岩移动量小、地表下沉小等突出特点。条带开采法适合于下述情况下的采煤:

① 城镇密集建筑群、结构复杂建筑物和纪念性建筑物下采煤。

② 桥梁、隧道下采煤。

③ 水体下采煤以及受岩溶承压水威胁煤层的开采。

④ 地表下沉易积水,排水困难。

⑤ 煤层埋藏深度在 400～500 m 以内,深度太大,采出率过低。

⑥ 煤层层数少,厚度比较稳定,断层少。

⑦ 邻近采区的开采不至于破坏煤柱的稳定性。

（二）条带开采的类型

(1) 走向条带和倾向条带

走向条带是条带长轴顺煤层走向布置[图 3-6(a)],适用于煤层倾角较小的缓倾斜煤层。当煤层倾角较大时,走向条带稳定性差,它的优点是工作面搬家次数少。

倾向条带是条带长轴顺煤层倾向布置[图 3-6(b)],其适应性较强,应用较广,缺点是工作面搬家频繁。此外,还有沿煤层伪倾斜方向的伪斜条带开采方式。

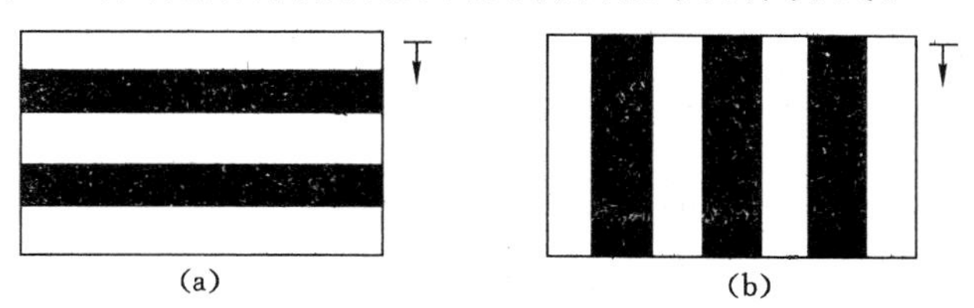

图 3-6　条带开采类型

(a) 走向条带;(b) 倾向条带

(2) 垮落条采和充填条采

采出部分用全部垮落法管理顶板时称为垮落条采,此法目前应用较多。采出部分用充填法管理顶板,然后再开采留设煤柱时称为充填条采。

(3) 定采留比条采和变采留比条采

在一个采区内采留比固定不变的叫定采留比条采，它适用于采区地质条件比较简单的地区。在多煤层、厚煤层分层开采时必须采用定采留比，否则保证不了稳定性。定采留比的条带布置要求严格。

在一个采区内采留比不固定，根据需要而变化的叫变采留比条采。在采区地质条件变化较大的地区，变采留比有一定的优越性。变采留比的条带布置比较灵活，适用于单一煤层。

（三）条带开采的地表移动与变形特点

（1）覆岩破坏规律

长壁式采煤时，上覆岩层的破坏一般可分为三个带：垮落带、裂缝带、弯曲带，而条带开采时覆岩中主要形成自然平衡拱(图 3-5 中之 4)。

（2）地表移动规律

条带开采只要尺寸选的合适，地表不会出现波浪形下沉盆地，而是出现单一平缓的下沉盆地。其他变形分布规律与全采(不留条带全部采出)相似。一般当开采宽度小于 1/3 采深时，地表不会出现波浪形下沉盆地，而呈现单一的下沉盆地。

（3）条带开采地表下沉值小

正规条采引起的地表移动与变形值是很小的。一般而言，垮落条采的下沉系数为 0.10～0.20，大体上相当于长壁垮落法开采的 1/6～1/4。由于条采引起的地表下沉值小，其他的地表移动和变形值也小。

（四）条带煤柱尺寸设计

应用条带开采时，在尽量提高采出率并使地表下沉限制在一定范围内的前提下，合理地确定留宽和采宽是必须解决的关键问题。保留煤柱过宽，采出率就低，而且地表可能出现不均匀下沉，这对保护建筑物不利。宽度过小，则煤柱易遭破坏，达不到预期目的，因此，须正确地计算条带尺寸。

1. 设计原则

① 开采后条带煤柱应有足够的强度和稳定性，能长期、有效地支撑上覆岩层，从而达到减小地表移动和变形的目的。

② 条采的每一采出宽度，其尺寸应限制在不使地表出现明显的波浪状下沉盆地，而仅出现单一平缓的下沉盆地。在合理确定留宽和采宽的前提下尽量提高回采率。

2. 采宽和留宽计算公式

（1）采出宽度的确定

采出宽度，目前没有切合实际的理论计算方法，仅根据实践经验确定。国内大量实践证明，采出宽度临界值 $b=1/3H$（H 为开采深度）时便可使地表出现平缓的下沉盆地。为安全起见，可用 $1/3H_{上}$（$H_{上}$ 为地表至回风巷的深度）作为确定开采宽度的依据。

（2）保留条带宽度的确定

留宽 a 可以用公式计算。在一定采宽条件下，无限制地加大 a 值，也会使地表出现多个下沉盆地，因此 a 值应通过计算，而不能随意确定。

① 单向受力状态计算方法

单向受力状态计算方法的实质是：采出条带和保留煤柱上方岩石的总荷载不超过保留煤柱的允许抗压强度。保留条带宽度按下式计算：

$$s=\frac{\gamma H}{100\sigma_{煤}} \tag{3-6}$$

$$a=\frac{bs}{1-s} \tag{3-7}$$

式中　s——留设条带煤柱造成的损失率，%；

γ——上覆岩层的平均重度，N/m^3；

H——开采深度，m；

$\sigma_{煤}$——煤的允许抗压强度，MPa；

a——保留条带煤柱的宽度，m；

b——采出条带的宽度，m。

② 三向受力状态计算方法

在采用充填条采或条带煤柱有“核区”存在时，则保留的条带煤柱呈三向受力状态。

英国 A. H. 威尔逊通过对煤柱加载试验，发现在加载过程中煤柱的应力是变化的。从煤柱应力峰值 $\hat{\sigma}$ 到煤柱边界这一区段，煤体应力已超过了屈服点，并且向采空区一定量流动，这个区域称为屈服区，其宽度用 $\hat{Y}$ 表示。边界峰值内的煤体变形较小，应力没有超过屈服点，大体符合弹性法则，这个区域被屈服区包围，并受屈服区的约束，称为煤柱核区，其宽度用 s 表示。试验说明，屈服区宽度 $\hat{Y}$ 与开采深度 H 和开采厚度 M 有关，其关系式为：

$$\hat{Y}=0.005Mh \tag{3-8}$$

因此，条带煤柱的宽度 a 应满足以下关系：

$$a\geqslant 2\hat{Y}+s \tag{3-9}$$

式中　s——核区宽度，m。

根据实测资料，可取 $s=8.4$ m，即：

$$a\geqslant 0.01mH+8.4 \tag{3-10}$$

从上式中看出，条带煤柱的实际宽度常常大于 10 m。

当保留条带宽度 $a>0.01mH$ 时，根据计算保留条带煤柱能承受的极限荷载值 $P_{极}$ 和实际承受的荷载值 $P_{实}$，可得留宽和采宽的关系式。

煤柱极限荷载值 $P_{极}$ 可用下式计算：

矩形煤柱：

$$P_{极,矩}=40\gamma H[ad-4.92(a+d)mh\times10^{-3}+32.28m^2H^2\times10^{-4}] \tag{3-11}$$

长煤柱：

$$P_{极,长}=40\gamma H(a-4.92mh\times10^{-3}) \tag{3-12}$$

保留煤柱实际承受的荷载值可用下式计算：

矩形煤柱：

$$P_{实,矩}=10\gamma d\left[Ha+\frac{b}{2}\left(2H-\frac{b}{0.6}\right)\right] \tag{3-13}$$

长煤柱：

$$P_{实,长}=10\gamma\left[Ha+\frac{b}{2}\left(2H-\frac{b}{0.6}\right)\right] \tag{3-14}$$

式中　$P_{极}$——保留煤柱能承受的极限载荷，kN 或 kN/m；

b——保留煤柱的长度，m；

$P_{实}$——保留煤柱实际承受的荷载值，kN 或 kN/m。

当 $P_{极} = P_{实}$，可求出 a（此时 a 为最小值）。

以长煤柱为例，可得：

$$a = \frac{b}{3} - \frac{b^2}{3.6H} + 6.56 \times 10^{-3} mH \tag{3-15}$$

为保证煤柱有足够强度，必须满足：

$$K = \frac{P_{极}}{P_{实}} > 1 \tag{3-16}$$

式中　K——安全系数。

（五）条带开采的开采沉陷预计方法

分析条带开采的实测资料得出，条采的地表移动和变形规律与全采的近似。验算表明，条采的地表移动和变形值可用概率积分法计算，但它的下沉系数、主要影响角正切、水平移动系数比全采的小，活跃期和移动持续时间比全采的短。

(1) 下沉系数 $q_{条}$

得出的条采地表下沉系数及全采地表下沉系数之比（$q_{条}/q_{全}$）与采深（H）和采留比（$a : b$）的关系为：

当垮落条带法开采，$2a \geqslant b$ 和 $b < 1/3H$ 时：

$$\frac{q_{条}}{q_{全}} = \frac{H - 30}{5\,000\,\frac{a}{b} - 2\,000} \tag{3-17}$$

式中　H——开采深度，m；

$q_{条}$，$q_{全}$——垮落条采法和垮落全采法的地表下沉系数。

当充填条带法开采，$2a > b$ 时：

$$\frac{q_{条充}}{q_{全充}} = \frac{H + 100}{5\,000\,\frac{a}{b} - 2\,000} \tag{3-18}$$

式中　$q_{条充}$，$q_{全充}$——充填条采法和充填全采法的地表下沉系数。

相似材料模型试验得到的条采下沉系数和全采下沉系数的比值与采出率[$\rho = b/(a+b)$]的关系，见表 3-3 所示。

表 3-3　$q_{条}/q_{全}$ 与采出率的关系

采出率 ρ	0.2	0.3	0.4	0.5	0.6	0.7
$q_{条}/q_{全}$	0	0.01	0.04	0.12	0.21	0.33

(2) 拐点偏距 $s_{条}$

条带法开采的拐点偏距，随采深和采出率的增加而增大。根据我国煤矿条采的实测资料，当采深 $H_0 > 75$ m 时，拐点偏距为：

$$s_{条} = \frac{1.56bH}{a(0.01H_0 + 30)} \tag{3-19}$$

式中　H_0——平均开采深度，m；

H——采深，m；实际计算时，根据上下山、走向方向，相应地取 H_2、H_t 和 H_0 值。

条采的拐点偏距小于全采的拐点偏距。用有限元法计算得到的条采拐点偏距和全采拐点偏距的比值与采出率的关系见表 3-4。

表 3-4　　$s_{条}/s_{全}$ 与采出率 ρ 的关系

采出率 ρ	0.5	0.6	0.7
$S_{条}/S_{全}$	0.1	0.17	0.37

(3) 主要影响角正切 $\tan\beta$

条带法开采的主要影响角正切 $\tan\beta_{条}$ 主要随采深的不同而变化。主要影响角正切 $\tan\beta_{条}$ 为：

$$\tan\beta_{条} = (1.076 - 0.0014H)\tan\beta_{全} \tag{3-20}$$

式中　$\tan\beta_{条}$、$\tan\beta_{全}$——条采和全采的主要影响角正切；

H——开采深度，m。

(4) 水平移动系数 $b_{条}$

条带法开采的水平移动系数主要随采深的增加而减小。其他因素如采出率、采宽等对水平移动系数影响较小。根据实测资料得到：

$$b_{条} = (1.29 - 0.0026H)b_{全} \tag{3-21}$$

式中　$b_{全}$、$b_{条}$——全采和条带开采的水平移动系数。

二、房柱式开采

房柱式开采以天然支护为基础的矿柱法沉陷控制技术，利用留下的矿柱来支撑顶板，控制整个采矿影响区域内的岩体位移，来达到减小地表移动和变形的目的。

房柱式开采是从矿房或巷道中开挖矿，而在各矿房或巷道之间保留部分残留矿体作为矿柱，以控制直接顶板岩石的局部工作性能和围岩的整体反应(图 3-7)。直接顶板可能不支护，或者进行人工加固或支护。它不仅具有矿井开拓准备工程量小、出煤快、设备投资少、工作面搬迁灵活等优点，而且巷道压力小、上覆岩体破坏程度低、地表沉陷量小。尤其是采

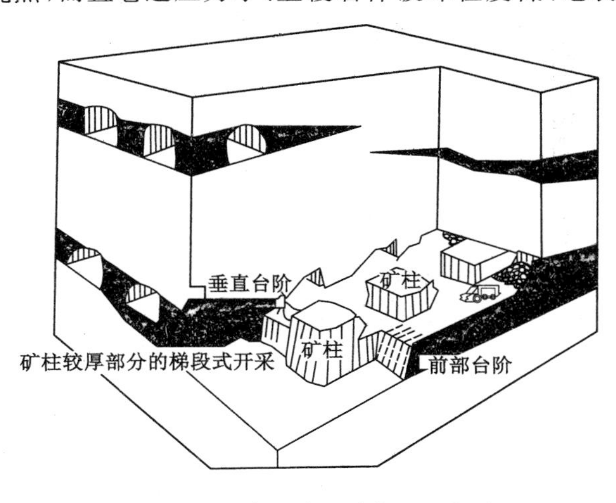

图 3-7　房柱式开采布置示意图

用房柱式连续采矿工艺时，采用采煤机、装载机、梭车和锚杆机协调作业时，也具有很高的生产效率。

房柱式开采在美国、加拿大、澳大利亚、印度和南非等国家应用广泛。美国井工开采的煤量中，采用房柱式开采的煤量占一半以上，回采率一般为 50%～60%，地表下沉系数为 0.35～0.68。英国、南非等国针对房柱式开采时煤柱的稳定性、尺寸留设方法进行了大量研究。

在我国房柱法采煤工艺应用较少。西山矿务局西曲煤矿为回收高压输电线塔下的压煤，采用连续式采矿设备（LN800 采煤机、IOSC－40B 梭车、TDl—4S 锚杆机）成功地回采了 2.2 m 厚的近水平煤层。陕西黄陵矿是我国第一个完全采用连续采煤机房柱式采煤法设计的大型矿井，设计采出率达到 75%以上。总体上来说，我国由于缺乏配套技术与设备以及地质采矿条件的限制较少采用房柱式开采方法。

房柱式开采法一般适用于以下条件：

① 倾角在 30°以下的水平或缓倾斜层状（或扁豆状）矿体。

② 矿体及其顶底板岩层比较坚硬，直接顶板上只有少量的横向节理。

③ 矿体的埋藏深度较小，一般在 300～400 m 以下。

④ 矿层厚度为 3.0～3.5 m。

在进行房柱式开采设计时，如果开采区范围较大，则应通过隔离矿柱把矿体划分为几个开采区或盘区，以避免矿柱的大面积破坏。如图 3-8 所示，由于隔离矿柱的尺寸较大，可视为不可破坏的，因此，每个盘区是一个独立的开采区，矿柱破坏仅限于本盘区内。

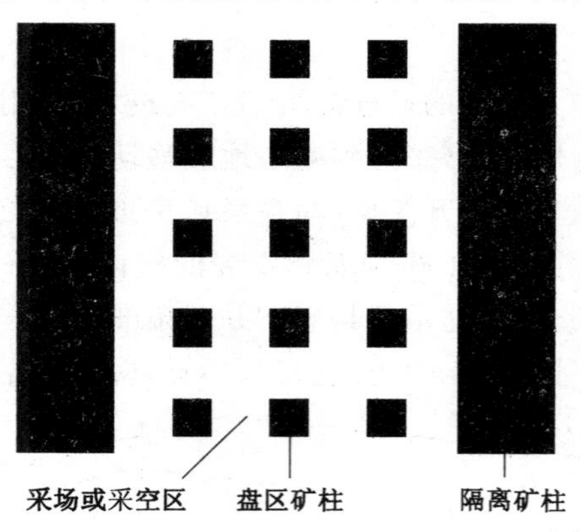

图 3-8　盘区矿柱与隔离矿柱

矿体开采将引起应力的重新分布（图 3-9），若矿柱中的应力低于其强度，则矿柱对增加的应力呈弹性反应，并保持其完整性，应力的峰值出现在矿柱的边缘。当采矿后的应力超过其强度，则矿柱的边缘出现屈服，应力峰值向矿柱内部转移。

三、限厚开采

分层限厚开采可以减少地表一次下沉对地表建筑物的影响，其方法是控制每一分层的开采厚度，使其在开采后所造成的地表变形不超过允许地表变形值。其实质就是限制地下厚煤层的开采厚度，达到保护地表及其建筑物或其他需要保护目标的目的，它也是国内外进

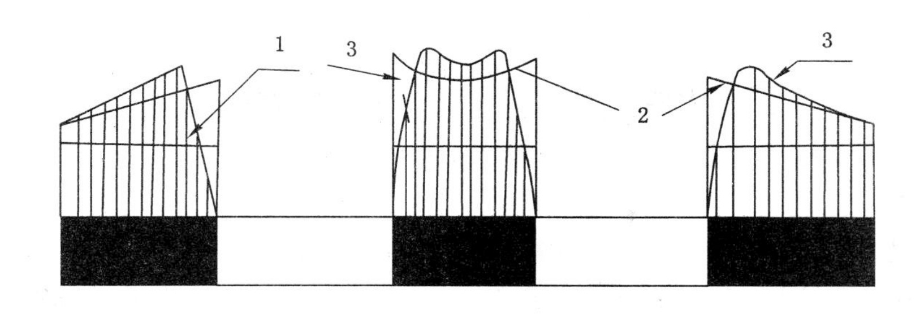

图 3-9　矿柱的应力分布

1——采前原岩应力；2——开采初期应力分布；3——开采稳定后矿柱上的应力分布

行“三下”开采厚煤层时常用的一种方法。

对于缓倾斜及倾斜厚煤层，可以采用倾斜分层开采方案。根据概率积分法（地表最大水平变形公式），可以计算出分层限厚开采的允许开采厚度 M_d：

$$M_d \leqslant \frac{\varepsilon_{允} H}{1.52bq\tan\beta} \tag{3-22}$$

式中　$\varepsilon_{允}$——建筑物允许水平变形值，mm/m；

H——开采深度，m；

q——下沉系数；

b——水平移动系数；

$\tan\beta$——主要影响角正切。

若用被采动房屋的总变形指标 Δl 来表示采动损害程度，当开采煤层厚度 M 过大，房屋损害程度超过允许级别时，可以通过减小采出厚度，使总变形指标不超过设计要求的数值 Δl_d。煤层的限定开采厚度 M_d，根据下式计算：

$$M_d = \frac{M\Delta l_d}{\Delta l_m} \tag{3-23}$$

第五节　煤矿充填开采技术

一、充填开采的发展过程及分类

1. 基本概念与发展过程

充填开采法是指在井下或地面用尾矿、矸石、粉煤灰、砂、碎石、矿渣等废弃物料充填采空区，借以支撑采场围岩，减少或防止围岩变形和垮落的一种岩层移动控制方法。

充填开采最早应用于金属矿山，1915 年澳大利亚的塔斯马尼亚芒特莱尔和北莱尔矿首次采用废石充填矿房进行充填开采。其后 60 多年，充填开采技术在重金属和非金属矿山的应用研究中取得了长足的进步，先后经历了早期的固体废弃物干式充填阶段、水砂充填阶段和细砂胶结充填阶段。21 世纪以来，进入到高浓度介质的膏体充填、碎石砂浆胶结充填和全尾矿充填等现代充填采矿方法。近 10 余年高水充填材料的研究，促进了高水充填采矿的发展。2008 年在邯郸矿业集团陶一煤矿进行了首次高水材料充填开采试验。

国外(如波兰、德国、法国等)煤矿都曾采用过充填法采煤。充填开采在波兰、德国发展应用效果好且广泛。波兰在城镇及工业建筑物下采煤时采用水砂充填的采煤量占全国建筑物下采煤量的 80%左右。国外使用的充填料通常是河砂、煤矸石和电厂粉煤灰等。英国、法国、比利时等国都不同程度地采用了风力充填方法。我国在抚顺用废油母页岩充填采空区,下沉系数为 0.12。蛟河煤矿将矸石破碎作为充填材料,其下沉系数为 0.21。矿山充填技术是为了满足采矿工业的需要发展起来的,矿山充填虽然已达数百年的历史,但早期的充填是从矿山排弃的废料开始的,最早有计划地进行矿山充填是 1915 年澳大利亚的塔斯马尼亚芒特莱尔矿和北莱尔矿应用废石充填。

总体来看,矿山充填技术经历了四个发展阶段:

第一阶段:20 世纪 40 年代前,以处理废弃物为目的,在不完全了解充填物料性质和使用效果的情况下,将矿山废料送入井下采空区。

第二阶段:20 世纪 40～50 年代,澳大利亚和加拿大等国的一些矿山开发应用了水砂充填技术。从此真正将矿山充填纳入了采矿计划,成为采矿系统的一个组成部分,并且对充填料及充填工艺展开研究。

第三阶段:20 世纪 60～70 年代,开始研发和应用尾矿胶结充填技术。由于非胶结充填体无自立能力,难以满足采矿工艺高回采率和低贫化率的需要,因而在水砂充填工艺得以发展并推广应用后,就开始采用胶结充填技术。

第四阶段:20 世纪 80～90 年代,随着采矿工业的发展,原充填工艺已不能满足回采工艺的要求和进一步降低采矿成本和环境保护的需要,因而发展了高浓度充填技术、膏体充填、块石砂浆胶结充填和全尾矿胶结充填等新技术。

2. 充填开采的分类

充填开采是煤矿绿色开采技术体系的主要内容之一,因其对岩层扰动小,具有控制岩层移动与地表沉陷的作用,是解决煤矿开采环境问题和建筑物下、水体下和承压含水层上压煤开采问题的有效途径。

在煤矿充填开采中,常以充填位置、充填动力、充填材料以及充填范围的差异来划分充填方式。

① 按充填介质类型及其运送时的物相状态,可以分为水砂充填、膏体充填、矸石充填、高水材料充填。

② 按照运送充填材料动力不同,可分为自溜充填、风力充填、机械充填、水力充填。

③ 按充填料浆是否胶结,可分为胶结充填和非胶结充填。

④ 按充填位置,可分为采空区充填、垮落区充填和离层区充填。一般情况下,采空区充填宜采用高浓度或膏体的胶结充填,离层区充填和垮落区充填宜采用低浓度充填。

⑤ 按充填量和充填范围占采出煤层的比例,分为全部充填和部分充填。

充填采煤方法的分类如图 3-10 所示。

从我国煤矿充填发展过程来看,充填采煤技术可分为传统煤矿充填技术和现代煤矿充填技术。

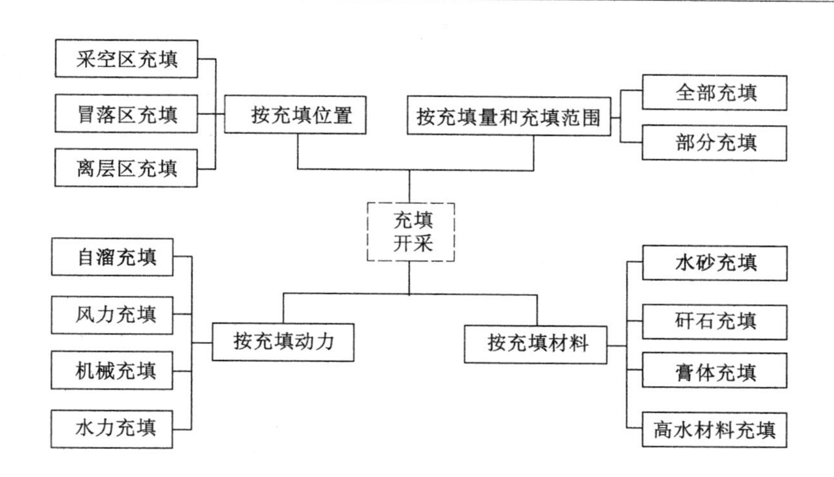

图 3-10　充填采煤方法的分类

二、传统煤矿采空区充填技术

1. 水力充填

水力充填是采用水力输送方式进行的采空区充填工艺。水力充填由于采用管道输送，故对充填材料的最大粒径有所限制，否则管道易被堵塞。同时要求充填材料遇水后不发生崩解，能够迅速沉淀，细料不能过多。常用的水力充填材料有碎石、砂卵石、山砂、河砂和工业废渣。水力充填采煤法在阜新、辽源、鹤岗、鸡西、淮南等矿区得到应用。

2. 粉煤灰充填

我国从 1978～1979 年在山东新汶矿务局张庄煤矿（现华源煤矿）进行了高浓度粉煤灰胶结充填随采随充试验，解决了粉煤灰脱水、流失、压缩沉降等关键技术问题，系统充填能力与河砂充填相比提高 50%，无堵管事故。

3. 风力充填

风力充填采煤法是利用压缩空气的风压，将充填材料通过垂直管路输送到井下储料仓，然后由普通输送机输送到采空区风力充填机，风力充填机利用风压，通过充填管道将充填材料输送到采空区进行充填。风力充填的主要设备是风力充填机、空气压缩机、充填管和供水管等。

充填机一般设于距工作面 50～100 m 处。工作面风力充填的关键设备是与其相匹配的液压支架。该液压支架后部没有后梁和尾梁，用以维护充填空间和悬挂风力充填管。充填工作一般是从充填管出口端开始，后退进行。充填时，充填体被挡板式掩护板隔离。充填前移后，充填体塌落并堆积成自然安息角，由此形成的空间在下次充填时，再予以充满。

4. 矸石自重充填

当煤层倾角较大时，采用矸石自重充填法对采空区进行充填。该充填工艺是用单轨吊车、齿轨车或卡轨车等辅助运输工具把矸石由掘进工作面直接运输、倾卸到采空区。

煤田以倾斜或急倾斜煤层状态赋存，故当矸石置于采场上部煤层底板时，均不同程度地产生向下的滑动和滚动效应，且其趋势随煤层倾角的增大而增加。因而，从静力学的角度看，矸石自重充填要求煤层的最小倾角为：

$$\alpha = \arctan f \tag{3-24}$$

式中 α——煤层倾角；

f——物体与斜面间摩擦系数。

实际上，硬度不同的岩石与岩层面间的摩擦系数是不同的，对于中硬岩石，摩擦系数的取值范围为0.8～1.0。当煤层倾角$\alpha \geqslant 45°$时，即可满足自重充填的条件。由于充填材料在自重过程中滚动效应的增强，满足自重充填条件的倾角随之减小，为了取得较好的充填效果，煤层倾角要求不小于30°。

5. 矸石带状充填

矸石带状充填是沿工作面开切眼或推进方向，每隔一定距离垒砌一个矸石带来支撑顶板，以达到减少地表下沉的目的。矸石带状充填有人工砌筑矸石带和矸石袋充填两种。其减沉效果取决于垒砌的矸石带能否承受住上覆岩石的压力。矸石带的长轴方向尽量避免与地面建筑物的长轴方向正交，以避免地表扭曲变形对建筑物的影响。

在特定条件下，如薄煤层且夹矸较厚时，可采用矸石带状充填法，该方法可以减少矸石外运量，提高煤质和改善顶板控制。采用炮采工艺的薄煤层工作面、交通不便的边远地区，以及缺煤地区或煤厚小于0.8 m的缓倾斜煤层及不稳定煤层均可采用此法。

6. 传统煤矿采空区充填工艺特点

① 水力充填控制顶板、处理采空区的方法在我国有着广泛应用条件，地表减沉效果好于风力充填和矸石自重充填。水力充填采煤工作面，空气湿润且煤尘少，是特厚煤层开采、“三下”开采、极易自燃煤层开采的较好方法，可以减轻煤炭开采对地面建筑和设施的损害。但由于水力充填需要有专门的充填设备及足够的充填材料，从而使井下回采工序复杂、工作强度大及吨煤成本增高。

② 粉煤灰充填存在充填强度低、井下脱水、粉煤灰压缩率较大、井下排水污染环境等问题。

③ 风力充填与水力充填相比，优点是充填系统较为简单，没有排水、排泥系统，利用矿井掘进矸石充填，可做到矸石不出井。缺点是设备(充填与动力)费用高，管路磨损快，耗电量大，充填密度不及水力充填。风力充填成本为水力充填成本的1.7～2.5倍，地表减沉效果不如水力充填。

④ 自重充填改善了急倾斜近距离煤层开采的顶板控制，可以和多种采煤方法配合使用。充填设备简单，不需要专用设备，对充填材料的要求也不高，可就地取材，一般可将井下矸石或地面砂石材料直接送入采空区。充填后，采场压力降低，工作面可不采用密集支柱和木垛支护。可不留护巷煤柱、采区隔离煤柱，并且不因煤厚变化而丢煤。但增加了采、运矸石系统和设备，充填成本高，降低回采工效，充填能力低，减沉效果不明显，不如水力和风力充填。

⑤ 人工砌筑矸石带的带状充填，充填过程中如有运矸石料不足的情况，需要挑顶取料。挑顶取料减弱了顶板岩层的稳定性，增加了岩梁显著运动的空间，易造成直接顶、基本顶离层下沉。矸石袋充填的带状充填，可采用宽工作面掘进，将掘进后的岩石装袋后砌在巷旁，形成局部充填的矸石带。此充填方法可有效减少地表下沉及地表移动变形，但增加了工人的劳动强度，影响工作面的产量和推进速度。

不同煤矿的采空区充填减沉效果不同，水力充填的减沉效果最好，其次为风力充填、矸石自重充填、矸石带状充填，其地表下沉系数统计见表3-5。

表3-5 传统充填方法的地表下沉系数统计

充填方法	地表下沉系数	充填方法	地表下沉系数
密实水力充填	0.05～0.08	矸石自重充填	0.45～0.55
水力充填	0.10～0.22	矸石带状充填	0.55～0.7
风力充填	0.4～0.5	条带开采充填	0.01～0.04

三、现代煤矿充填开采技术

1. 膏体充填采煤技术

膏体充填采煤技术就是把煤矿附近的煤矸石、粉煤灰、河砂、风积砂、工业炉渣、劣质土、城市固体垃圾等在地面加工制作成不需要脱水处理的牙膏状浆体，采用充填泵或重力加压，通过管道输送到井下，适时充填采空区的开采方法。

与金属矿山膏体充填相比，煤矿膏体充填开采具有如下特点：

① 充填与采煤在同一个工作面。充填体构筑方法不同于金属矿山，煤矿需要发展专门膏体充填隔离支架；充填材料强度性能要求不同，煤矿充填数小时后就要求充填体承载；煤矿膏体充填原料主要是煤矸石、坑口电厂低质粉煤灰等，材料品质差，质量波动大。

② 典型的膏体充填系统由以下三部分组成：配料制浆系统、泵送系统和工作面充填子系统。配料制浆系统把煤矸石、粉煤灰、工业炉渣、胶结料和水配制成膏体充填料浆；泵送系统采用充填泵把膏体充填料浆通过充填管路由地面输送到井下采煤工作面；工作面充填子系统将膏体材料充填到后方采空区。典型的膏体充填系统如图3-11和图3-12所示。

③ 膏体充填具有料浆流动性好、密实度高、充填体强度高的优势，故其对岩层移动与地表沉陷的控制效果较好。但其充填系统初期投资较高，一般达3 000万元左右；吨煤充填成本相对较高，一般达60～100元。膏体充填技术在金属矿山已经有近30年的发展历史，在煤矿应用最早始于德国，我国于2004年开始在峰峰、焦作、淄博等矿区开展膏体充填采煤的试验研究和应用。

2. 机械化矸石充填采煤技术

机械化矸石充填根据工作面采煤工艺不同分为普通机械化矸石充填和综合机械化矸石充填两种类型。前者主要应用于炮采、普采工作面，后者应用于综采工作面。

(1) 普通机械化矸石充填采煤技术

普通机械化矸石充填工艺特点是多采用专门的机具(如抛矸机等)将矸石抛射向采空区进行充填。新汶矿业集团泉沟煤矿于2006年最早开始试验和使用这种充填采煤法。

该法利用井下矸石充填采空区，充填系统简单，装备投资少，多用于薄及中厚煤层普采或炮采工作面回收井筒煤柱、工业广场煤柱，煤层有一定倾角有利于充填矸石密实。工作面布置如图3-13所示。

(2) 综合机械化矸石充填采煤技术

综合机械化矸石充填采煤，是指在综合机械化采煤作业面上同时实现综合机械化矸石充填作业，难点是要解决实施充填的充填空间、充填通道和充填动力问题。该技术可实现在

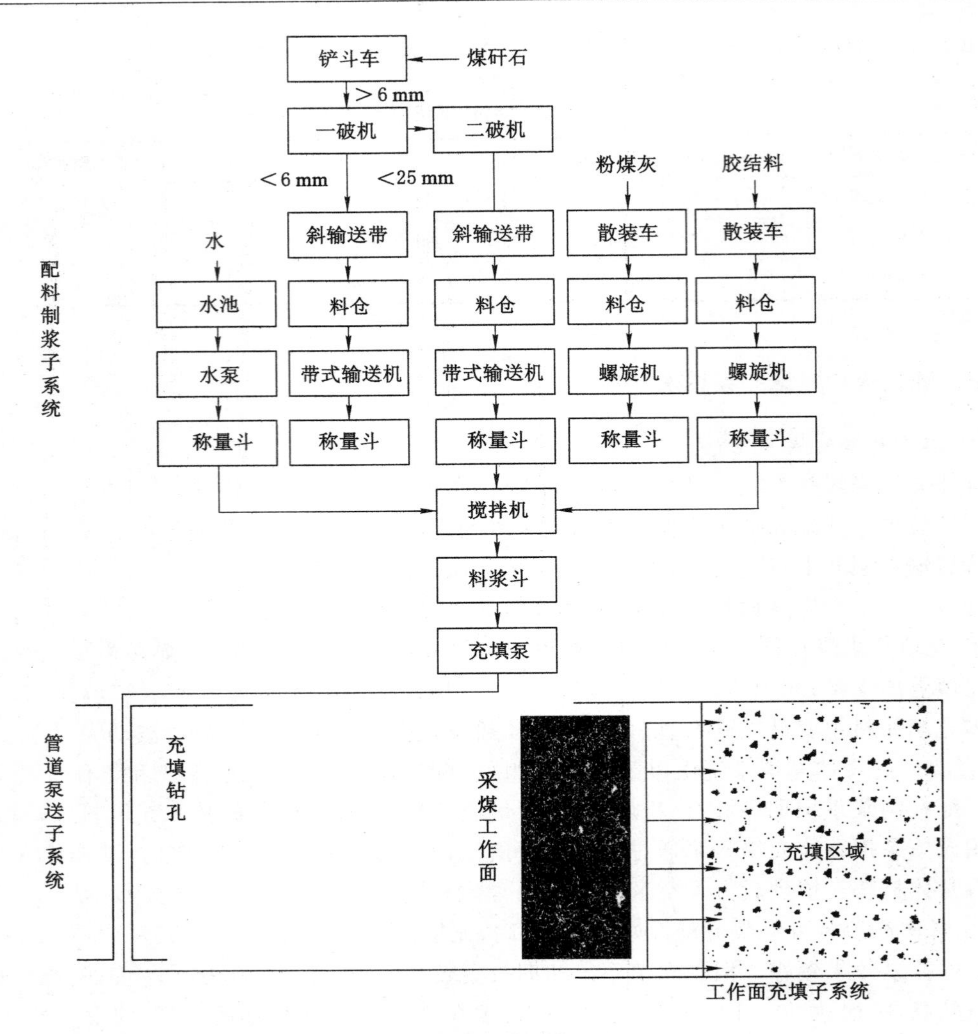

图 3-11　膏体充填系统

同一液压支架掩护下采煤与充填并行作业，且采煤与运煤系统布置与传统综采完全相同。为实现矸石从地面运至充填工作面的高效连续充填，需布置 1 个充填运输系统。

充填装备由后端带悬梁的自移式液压支架和充填刮板输送机组成。充填输送机中部槽内设置有漏矸孔，漏矸孔开在中部槽的小板上，在溜矸帮上增设带插板的插格，以控制矸石的充填顺序和范围。刮板输送机上链运输矸石充填，下链推平矸石。进行充填时，每次打开 2 个漏矸孔，自下而上地进行充填，采空区充填完毕后，随工作面采煤机割煤及支架推移进入下一个循环。为了减少充填矸石的压缩量以实现更好的沉降效果，支架后部增设了液压夯实装置，如图 3-14 所示。

该充填系统相对简单，机械化程度高，充填系统的初期投资较膏体充填低，一般小于 1 000 万元，吨煤充填成本相对较低，一般为 40～80 元，但矸石充填的密实度相对较低，对岩层移动与地表沉陷的控制效果不如膏体充填。目前，综合机械化充填采煤技术已在新汶、淮北、皖北、平顶山等矿区开展试验和推广应用。

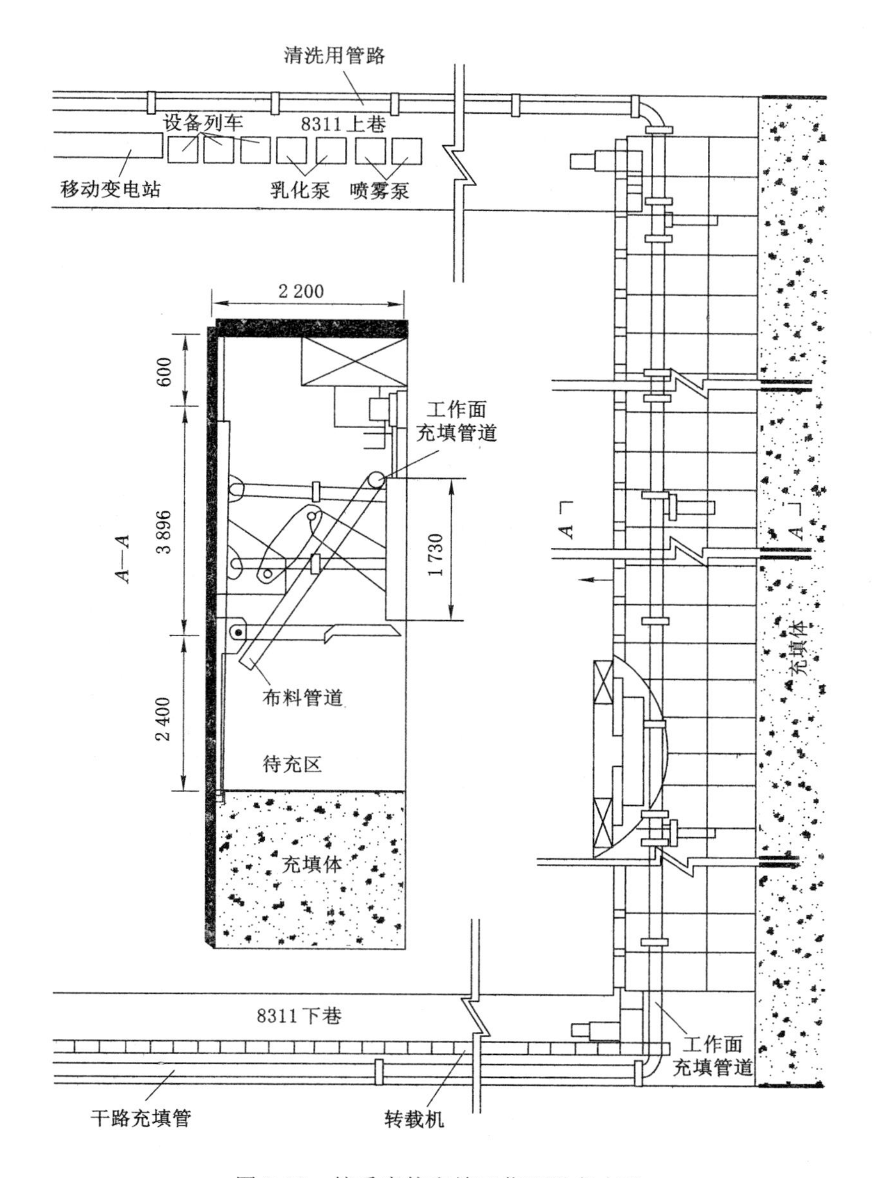

图 3-12　综采膏体充填工作面设备布置

3. 高水材料充填采煤技术

高水速凝固结材料(简称高水材料)是一种胶凝材料,由 A、B 两种材料构成,主要包括高铝水泥、石灰、石膏、速凝剂、解凝剂、悬浮剂等组分。其具有固水能力强、单浆悬浮性和流动性强、凝固速度快、强度增长速度快等特点,可以将高比例的水迅速凝固成具有一定承载能力的固体。使用时,A、B 料以 1∶1 比例混合配制成浆液,体积含水率选 85%～97%,在 5～30 min 内凝固、硬化,最终形成坚固的高含水固体。

典型的高水材料充填采煤系统如图 3-15 所示。该系统可置于井下或者地面。使用时,A、B 浆液分别进行配制,配制的单浆液分别进入缓冲池。待 A、B 缓冲池分别储存一定量的单浆液后,通过专用管路同时将 A、B 浆液输送到工作面,然后进行混合并随工作面推进,将

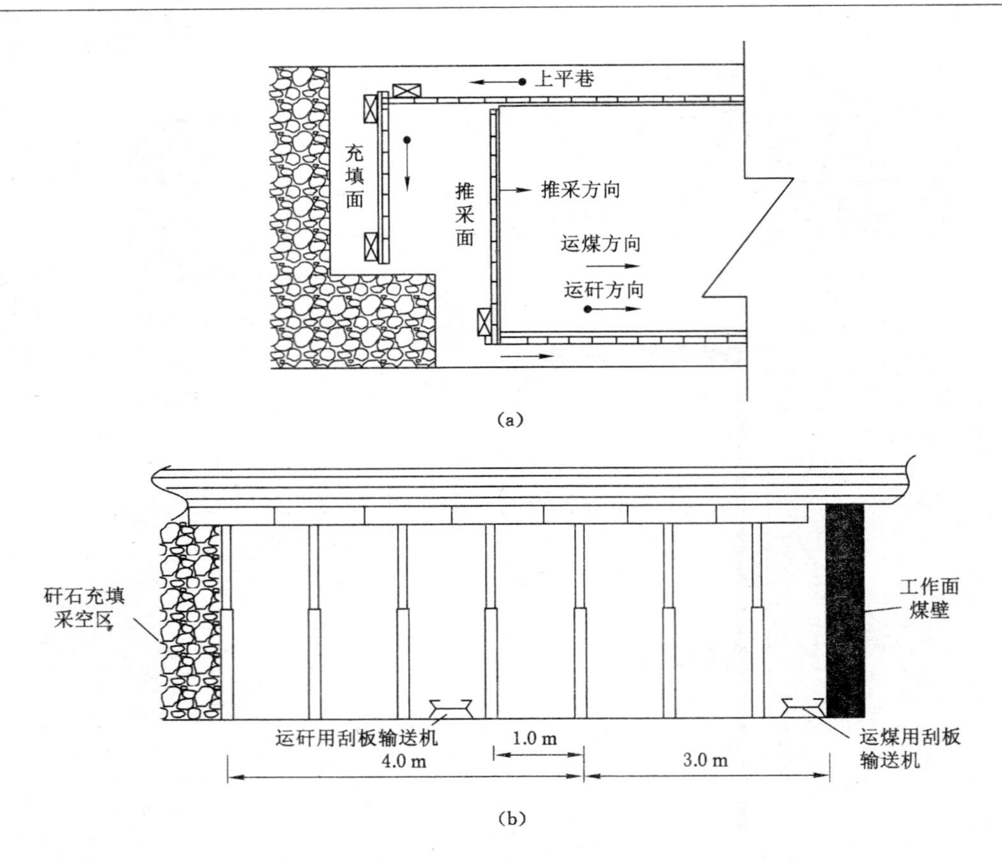

图 3-13 普通机械化矸石充填工作面布置

(a) 剖面图;(b) 平面图

混合浆液注入采空区。

与其他充填技术相比,高水材料充填采煤具有以下优点:由于其用水量最高,故所需固体材料少,一方面克服了煤矿固体充填材料缺乏的问题,另一方面,简化了其他充填技术所需的庞大充填系统;由于所需固体材料少,对矿井辅助运输基本没有影响;充填系统简单且初期投资少,一般小于 500 万元,充填料浆流动性好,不易堵管,工作面不涌水。但该技术最大的缺点是高水材料抗风化及抗高温性能差,充填材料长期稳定性差。

4. 部分充填采煤技术

部分充填开采,是相对全部充填开采而言的,其充填量和充填范围仅是采出煤量的一部分,仅对采空区的局部或离层区与垮落区进行充填,靠覆岩结构、充填体及部分煤柱共同支撑覆岩控制开采沉陷。全部充填的位置只能是采空区,而部分充填的位置可以是采空区、离层区或垮落区。

部分充填采煤法与全部充填采煤法的本质区别在于:后者完全靠采空区充填体支撑上覆岩层,控制开采沉陷,而前者则靠覆岩结构、充填体及部分煤柱共同支撑覆岩来控制开采沉陷。部分充填采煤法的特点在于充分利用了覆岩结构的自承载能力,减少了充填量,降低了充填开采成本。部分充填开采技术的优势是降低了充填成本,提高了充填采煤效益。

按部分充填的位置与充填时机不同,煤矿部分充填开采分为采空区条带充填开采技术、

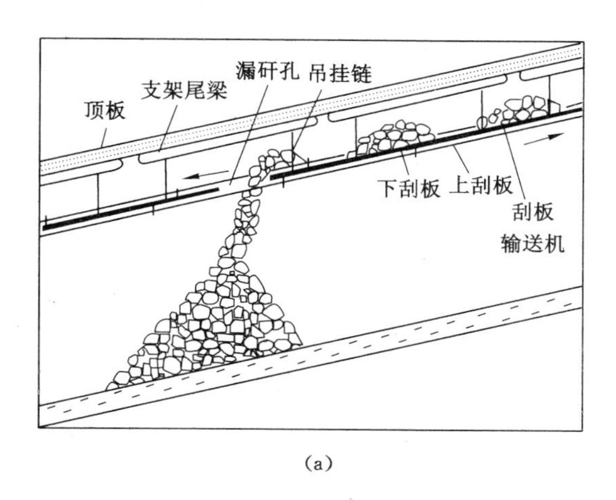

(a)

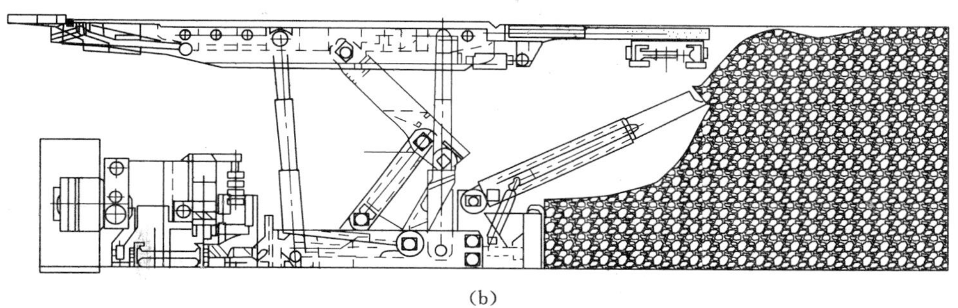

(b)

图 3-14　综合机械化矸石充填工作面布置

(a) 充填过程;(b) 自夯式液压充填支架

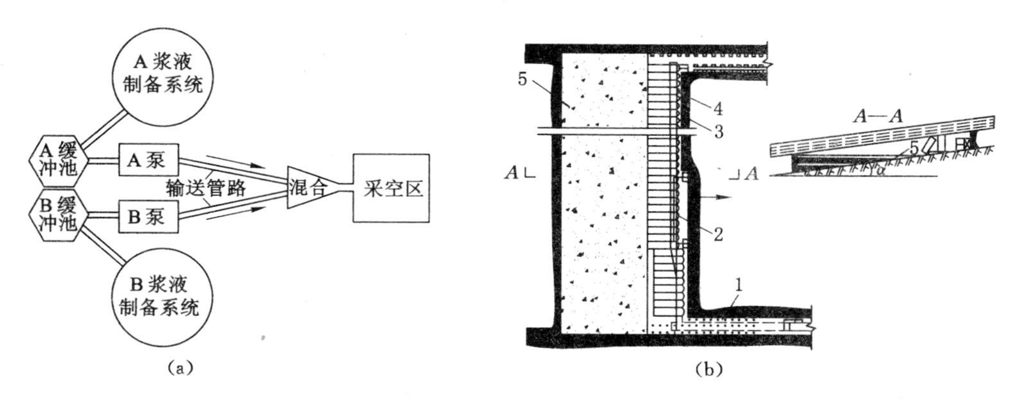

(a)　　(b)

图 3-15　高水材料充填系统及开放式充填工艺

(a) 充填系统示意图;(b) 开放式充填工艺

1——转载机;2——采煤机;3——液压支架;4——刮板输送机;5——充填体

“采—充—留”耦合协调开采技术、垮落区注浆充填开采技术、离层区注浆充填开采技术。

(1) 采空区条带充填开采技术

采空区条带充填就是在煤层采出后顶板垮落前,采用胶结材料对采空区的一部分空间进行充填,构筑相间的充填条带,靠充填条带支撑覆岩控制地表沉陷。其技术原理是:采用条带充填体置换条带开采留设的煤柱，只要保证未充填采空区的宽度小于覆岩关键层的初次破断跨距，覆岩关键层保持稳定不破断，且充填条带能保持长期稳定，就可有效控制地表沉陷。采空区条带充填开采技术有两种模式：长壁条带充填和短壁间隔条带充填。

(2)“采—充—留”耦合协调开采技术

针对全采全充成本较高、可靠性较低、条带充填效果难于控制的问题，提出了一种“采—充—留”相结合的部分垮落、部分充填、部分煤柱的协调开采方法。

“采—充—留”耦合协调开采的布置方法是：以地面受护对象为中心划定保护煤柱，并确定采区，在采区内布置多组“采—充—留”单元，如图 3-16 所示。“采—充—留”有单侧充填和双侧充填布置模式。煤柱最小宽度依据煤柱基本稳定原则确定；充填工作面最大宽度按充填材料、工艺以及开采充分性来确定；垮落工作面宽度的确定按极不充分开采要求确定。

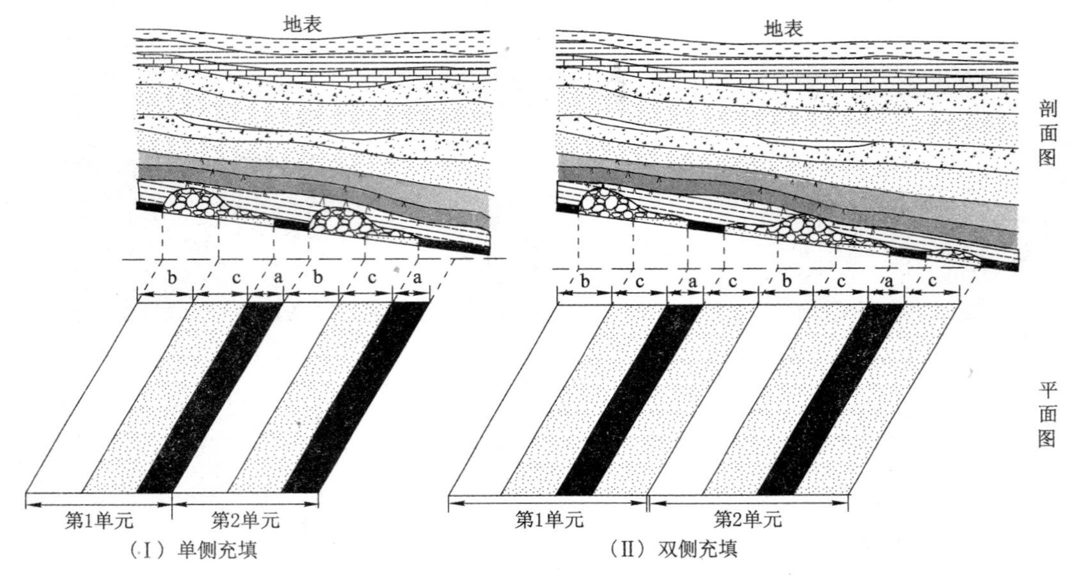

图 3-16 “采—充—留”耦合协调开采示意图

a——煤柱宽度；b——垮落面宽度；c——充填面宽度

为了保证充填面的充填效果，应采取先充后采顺序安排。对于单侧充填模式，一组工作面的采留顺序为留→充→采；对于双侧充填模式，一组工作面的采留顺序为留→充→采→充→采。

针对具体的地质采矿条件，根据充留联合柱体的变形稳定性和开采充分性，对留设煤柱、充填开采工作面、垮落法开采工作面的布置方式进行设计，确定采充留尺寸。该开采方法具有良好的减沉效果，为提高滞压资源的采出率、降低充填成本、减缓地表损害，提供了新的手段。

(3) 垮落区注浆充填开采技术

垮落区充填技术是指在采空区垮落矸石之间的空隙未被压实之前及时地注入浆液进行充填，充填浆与垮落矸石共同支撑上覆岩层。该技术可分为长壁开采垮落区注浆充填、房柱式垮落区注浆充填和条带开采垮落区注浆充填三种形式。

长壁开采垮落区注浆充填技术主要应用于德国、波兰，在我国尚未使用。根据波兰经验，长壁开采垮落区注浆充填率为 20%～30%，地表下沉系数由不充填的 0.7～0.8 减少为 0.4～0.5，充填增加吨煤成本 24～32 元。

房柱式垮落区注浆充填技术主要应用于美国、加拿大等国，房柱式开采后，对垮落的矿房进行注浆充填加固，最后回采部分煤柱，使采出率得到提高。

条带开采垮落区注浆充填技术是在条带开采情况下，对采出条带垮落区实施注浆充填，加固破碎岩石，使得采出条带垮落区重新发挥承载作用，有效减轻留设条带煤柱及其上方岩柱所承受的载荷，减小其压缩变形，从而减缓覆岩移动向地表的传播，减小地表移动变形值；充填材料与垮落矸石形成共同承载体后，可以减小留设条带宽度，达到提高资源采出率的目的。该技术常用的模式有随采随充、垮落条带封闭集中充填。

随采随充工艺方案是把充填管道布置到采煤工作面垮落区底板，充填管随工作面推进拖动前移，在顶板垮落矸石未压实之前把非胶结性粉煤灰充填料浆压入矸石空隙。垮落条带封闭集中充填工艺是条带开采顺序由低向高开采，先采完较低条带，然后对较低条带进行封闭，再利用较高的相邻条带机巷施工充填钻孔，往已开采条带垮落区充填粉煤灰料浆。

（4）离层区注浆充填开采技术

覆岩离层区注浆充填的基本原理是利用岩层移动过程中覆岩内形成的离层空隙，从地面布置钻孔将充填料浆液高压注入离层空间，由于高压浆体对下部岩层的压实作用，从而增加离层空间，经脱水压实后的充填体对上覆岩层的支撑作用从而减缓岩层移动向地表的传播。

根据各矿区离层区注浆充填开采实践来看，该方法仅在非充分开采时减沉效果较好；若开采区域达到充分采动时，即使充填效果较好，其减沉率也仅为 30％～50％，仍无法满足建筑物下采煤的减沉要求。覆岩离层分区隔离注浆充填开采技术，其基本原理如图 3-17 所示，即依据关键层初次破断前允许的极限跨距确定工作面合理长度，通过留设一定宽度自身稳定的分区隔离煤柱来隔离各个工作面，使工作面上方的关键层保持稳定并使关键层下形

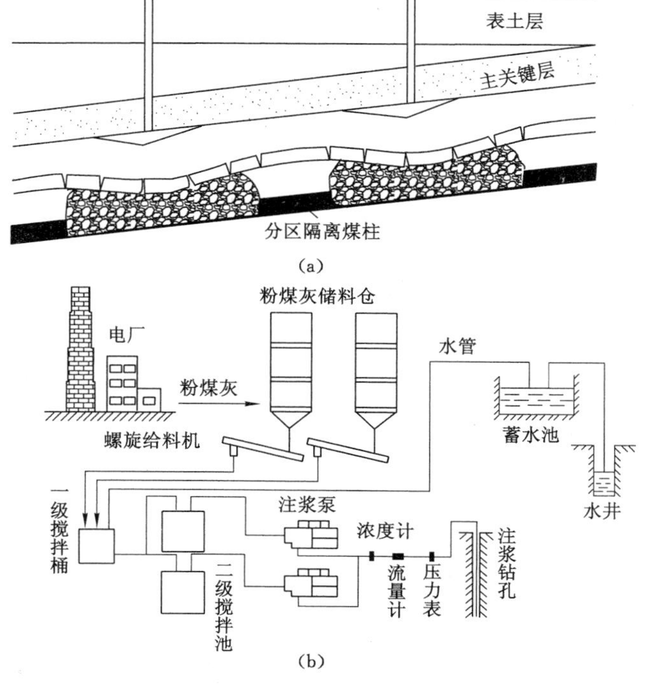

图 3-17　覆岩离层分区隔离注浆充填原理与充填系统

(a) 充填原理；(b) 充填系统

成各自独立封闭的离层空间，从而保证充填材料注满离层区，使充填体对关键层起到有效的支撑作用。分区隔离煤柱与条带开采留设煤柱不同之处在于，对分区隔离煤柱的宽度设计要求较低，只要能起到隔离离层空间作用并保持稳定就行。离层区充填后的充填体能够起到支撑作用，此时离层区充填体承载了上覆岩层的部分载荷，“离层区充填体＋关键层＋分区隔离煤柱”构成共同承载体。

覆岩离层分区隔离注浆充填开采技术的理想适用条件是在分区隔离工作面采宽较大的情况下，既能保证关键层下的离层盆地达到充分采动，又能保证覆岩关键层不破断失稳。

四、充填法采煤覆岩移动变形规律

采用充填体来支撑采空区顶板岩层，原来的岩层移动变形规律适用条件就发生了变化。为了得到充填法采煤顶板岩层的移动变形规律，下面就充填采煤工作面顶板移动变形规律进行系统论述。

1. 充填法采煤覆岩移动特征

与垮落法采煤直接顶随采随垮不同，充填法采煤采空区的充填体抑制直接顶的变形和移动，直接顶可以发生变形和移动的空间大大减小。因此，直接顶悬顶跨度比较大时才会破断，如图 3-18 所示。

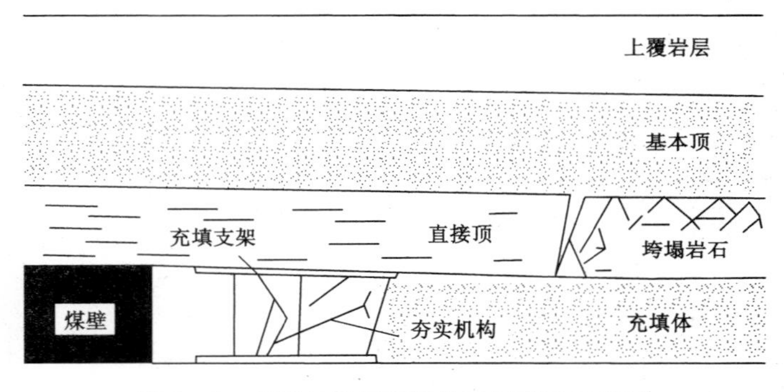

图 3-18　支架与煤层覆岩关系及移动示意图

随着直接顶的下沉、破断，基本顶在自重及覆岩载荷作用下随直接顶发生缓慢弯曲变形，此过程没有明显的来压现象，覆岩移动特征如图 3-19 所示。

2. 充填法采煤上覆岩层移动“三带”分布

为了揭示覆岩移动规律，在某矿充填开采试验工作面顶板中的不同部位采取深孔、浅孔

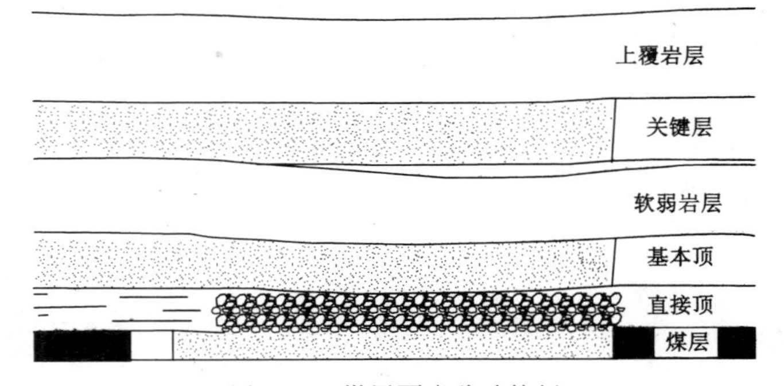

图 3-19　煤层覆岩移动特征

布置顶板离层仪进行顶板移动规律监测(深孔深 7 m,浅孔深 3 m),得到顶板各岩层的移动变形规律,如图 3-20 所示。

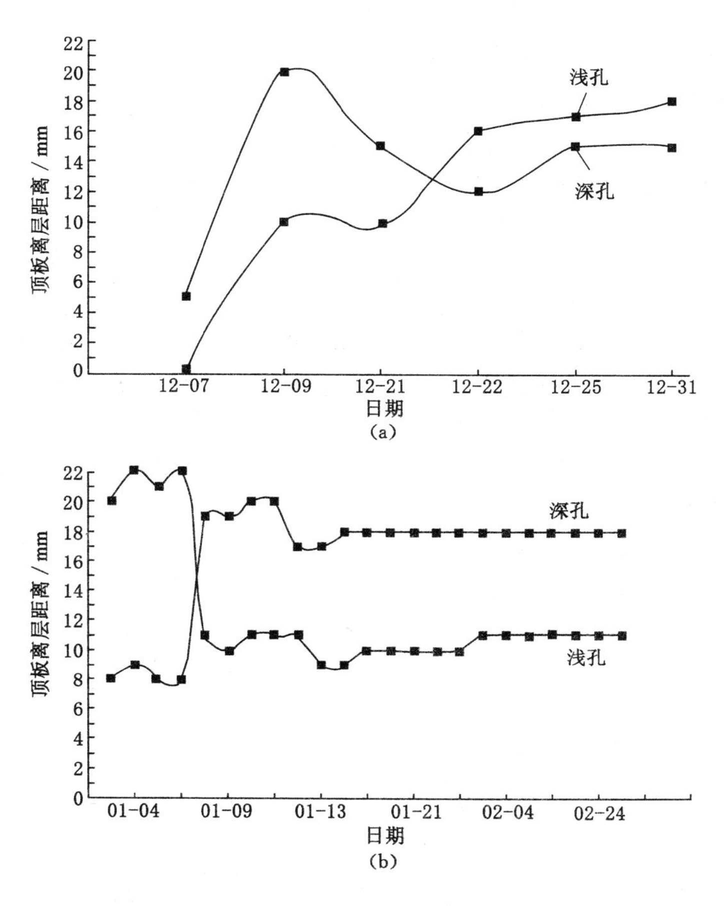

图 3-20　顶板各岩层的移动变形规律

(a) 测点Ⅰ;(b) 测点Ⅱ

由图 3-20 可知:

① 随着采面推进,直接顶岩层移动量较小,且呈现较快增加,达到一定量后基本保持不变。顶板深孔岩层移动变形量为 20 mm,浅孔最大移动变形量为 22 mm。这是因为充填体形成强度后,矿山压力作用于充填体,充填体发生压缩变形,导致直接顶发生离层;当充填体达到一定强度后,充填体不再发生压缩变形,因而直接顶不再发生离层变形。

② 充填越久的区城,直接顶离层量越小。因为充填体形成强度后,在矿山压力作用下,内部形成较稳定的应力场,即使在较大矿山压力作用下,变形仍然较小。随着充填区域不断增大,支撑顶板压力的区域随之增大,导致直接顶离层量不断下降,直至为零。

③ 充填越久的区域,基本顶发生的离层量越小。充填法采煤时,采空区基本顶运移速度先呈现缓慢增加,又小幅降低,再基本保持稳定。这是由于完成对采空区充填后的一段时间内,充填体形成的强度与矿山压力的大小相比较小,导致充填材料在矿山压力的作用下被压实,直接顶随着充填体被压实逐渐发生离层,在上覆岩层的作用下,基本顶发生缓慢的、幅

度较小的弯曲下沉；当充填体达到最终强度后，即可承载直接顶的重量，并对部分矿山压力起到承载作用。基本顶由于弯曲下沉形成的断裂带将在其自重和充填体、直接顶形成的承重结构的双重作用下被压密实，从而使基本顶离层量表现出减小的趋势。随着上述过程的完成，充填体、直接顶和基本顶在矿山压力作用下逐渐形成稳固的承载结构，并达到平衡，最终基本顶变形量呈现出维持在某一恒定值的状态。

④ 采用充填法采煤时，顶板岩层移动无明显的“三带”分布。顶板深孔和浅孔监测到的移动变形量为 25 mm 左右，移动变形最大差值为 20 mm，且随着充填后时间的延长呈下降趋势。这说明顶板岩层整体移动变形量较小，且各层移动量差别较小。从形式上看，断裂带和弯曲下沉带的“两带”分布与垮落法控制顶板相一致，只是断裂带高度降低了，而弯曲下沉带高度增加了。但直接顶弯曲下沉而产生的断裂形成了“镶嵌式”断裂带。例如，邢台矿 7606 充填工作面上部 −210 m 西翼大巷钻孔窥测结果显示，离层和破碎部分全都发生在直接顶范围内；7608 运料巷充填回采后复掘揭示充填体密实且较为完整，没有片帮现象，顶板没有垮落，保持基本稳定。

3. 充填法开采地表变形的主要影响因素

充填法开采地表变形的主要影响因素有 3 个：

① 工作面和待充填区充填前顶板下沉量。

② 由于充填支架顶梁结构厚度和充填工艺造成的充填欠接顶量。

③ 充填体的压缩量。

这三个影响因素主要与充填质量密切相关，而充填质量与支架支撑能力、支架顶梁结构和充填材料及工艺等有关，所以要继续深入研究充填材料，优化支架设计及充填工艺，以期达到理想的充填效果。据经验分析，上述三个主要因素影响地表沉陷的权重在 90%左右，其中充填前顶板下沉量与欠接顶量可以综合成反映充填程度的充填系数，即充填体积与开采体积之比。

一般采煤工作面每米推进度顶板下沉量经验计算公式如下：

$$s = 200 \times \frac{[(1-K_f)M]^{\frac{1}{4}}\left(\frac{340}{P}+0.30\right)}{H^{\frac{1}{4}}} \tag{3-25}$$

式中 s——每米推进度顶板下沉量，mm/m；

K_f——充填系数，垮落法开采 $K_f=0$；风力充填法开采 $K_f=0.5$；水砂充填法开采 $K_f=0.8$；膏体充填 $K_f=0.80\sim0.98$；

M——采高，公式适用范围 $0.8\ \text{m}<M<3.0\ \text{m}$；

H——开采深度，公式适用范围 $100\ \text{m}<H<1\ 000\ \text{m}$；

P——每延米支护阻力，公式适用范围 $200\ \text{kN/m}<P<2\ 600\ \text{kN/m}$。

五、充填法采煤对底板的影响

由于充填法采煤采空区顶板由充填体支撑，对底板的影响也与传统垮落法采煤有显著不同。垮落法采煤时，根据弹塑性理论，工作面底板一定范围内的岩体，当作用于其上的支承压力达到或超过其支撑强度时，岩体产生塑性变形，形成塑性区；当支承压力达到导致部分岩体完全破坏的最大载荷时，支承压力作用区域的围岩塑性区将连成一片，致使采空区内底板隆起，并形成一个连续的滑移面。

工作面前方煤体屈服区宽度 X_a 可以通过现场实际测量获得，也可以通过 A. H. Wilson 提出的煤层屈服区宽度计算公式获得，计算公式如下：

$$\begin{cases} X_a = \dfrac{M}{F}\ln(10c^k) \\ F = \dfrac{K_1 - 1}{K_1} + \left[\dfrac{K_1 - 1}{\overline{K_1}}\right]\arctan\overline{K_1} \end{cases} \tag{3-26}$$

式中　M——煤层采高，m；

K_1——应力集中系数；

$\overline{K_1}$——应力集中系数均值，一般取 3.0。

底板最大破坏深度可根据魏西克提出的塑性滑移时岩土层极限承载力的综合计算公式计算，其中最大破坏深度计算公式为：

$$h_1 = \frac{X_a\cos\varphi_0}{2\cos\left(\dfrac{\pi}{4} + \dfrac{\varphi_0}{2}\right)}e^{\left(\frac{\pi}{4}+\varphi_0\right)\tan\varphi_0} \tag{3-27}$$

式中　φ_0——底板岩层内摩擦角，(°)。

煤层底板岩体最大破坏深度距工作面端部的最大水平距离 L_1 为：

$$L_1 = h_1\tan\varphi_0 \tag{3-28}$$

采空区内底板破坏区沿工作面推进方向的最大长度 L_2 为：

$$L_2 = X_a\tan\left(\frac{\pi}{2} + \frac{\varphi_0}{2}\right)e^{\tan\varphi_0} \tag{3-29}$$

底板各区域破坏范围如图 3-21 所示。

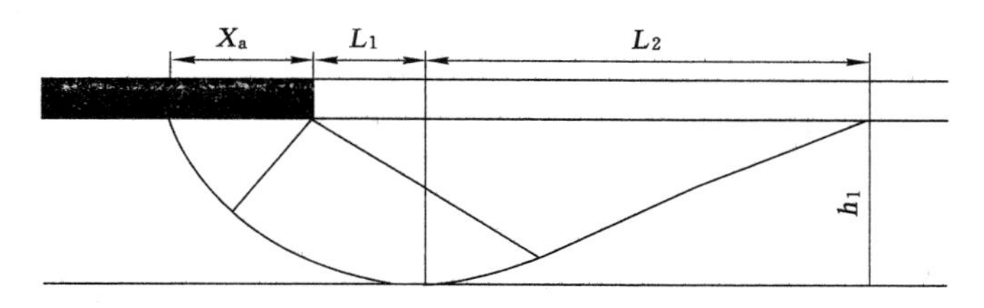

图 3-21　底板各区域破坏范围

第六节　建筑物下采煤的地面保护措施

建筑物下采煤时，在地面采取的保护建筑物的措施有两类：第一类是提高建筑物抵抗地表变形的能力；第二类是提高建筑物适应地表变形的能力，减小地表变形传递给建筑物的附加应力。

一、钢筋混凝土圈梁加固

为了增强建筑物基础抵抗地表水平和垂直变形能力，一般采用钢筋混凝土圈梁加固基础。对于重要的或较高的建筑物，为了增强上部抵抗地表垂直变形的能力，除设基础圈梁外，还应在楼板或檐口水平设置墙壁圈梁。

为了不影响房间的正常使用，圈梁要设在基础和墙的外侧，基础圈梁要设在基础最上一个台阶上[图 3-22(d)]，墙壁圈梁要设在楼板及檐口下面[图 3-22(c)]，每道圈梁都要设在同一水平上，并以闭合形式将整个建筑物箍起来[图 3-22(a)]。设置圈梁时，要保证圈梁与基础或墙壁紧密结合，为此，每隔 100～150 cm 在基础与墙壁上凿深度不小于二分之一墙厚的洞，并在洞内设置直径为 6 mm 的构造钢筋，该洞与圈梁浇注成一体。钢筋混凝土圈梁由现浇混凝土捣固而成，其截面为矩形，一般采用 200 号混凝土，一级钢筋。圈梁受力钢筋宜采用焊接，在房角处的圈梁内钢筋应伸入邻边 $32d$(d 为钢筋的直径)，如图 3-22(b)所示。圈梁的受力钢筋应对称布置在截面的上部和下部。

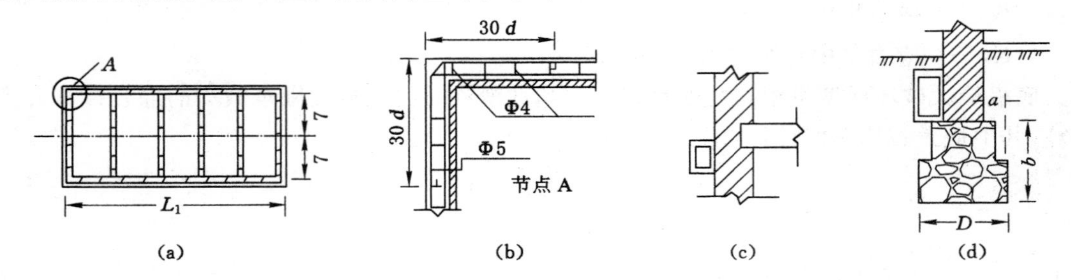

图 3-22　钢筋混凝土圈梁加固示意图

一般基础圈梁的宽度为 25～40 cm，高度为 25～50 cm；墙壁圈梁的宽度为 15～20 cm，高度为 15～30 cm；混凝土保护层厚度为 3～4 cm。

对于有地下室的楼房，底部圈梁也可设在地下室墙的内侧，这样不需要在建筑物四周挖沟，可以节省工作量。

二、钢拉杆加固

钢拉杆通常是设在楼板和檐口水平，用以承受地表正曲率变形所产生的拉应力。用钢拉杆加固具有施工简便、钢材易于回收等优点。

设于墙外侧钢拉杆，如图 3-23 所示。纵墙与横墙的钢拉杆均和设在墙角处的角钢壁板相连接，对建筑物构成一个闭合箍。角钢垫板长度一般为 60 cm，当地表变形值较大或者对较重要的建筑物进行加固时，最好在整个角设通长的角钢垫板加固墙壁。

设置的钢拉杆较长时，为防止出现驰垂现象，沿墙壁隔 3～5 m 距离埋设一个钩钉，将钢拉杆钩住托平。

钢拉杆也可设在墙的内侧，亦可在墙壁内外两侧同时设置。当在墙壁两侧同时设置时，其直径应相同。钢拉杆截面积按下式计算：

$$A_j \geqslant \frac{N_c}{[\sigma]} \tag{3-30}$$

式中　A_j——钢拉杆截面积，cm²；

N_c——算得的钢拉杆内力，kN；

$[\sigma]$——钢筋允许应力，kN/cm²。

钢拉杆安装完毕，应采取防锈措施，一般可涂两道丹红，表面加一道防锈漆。

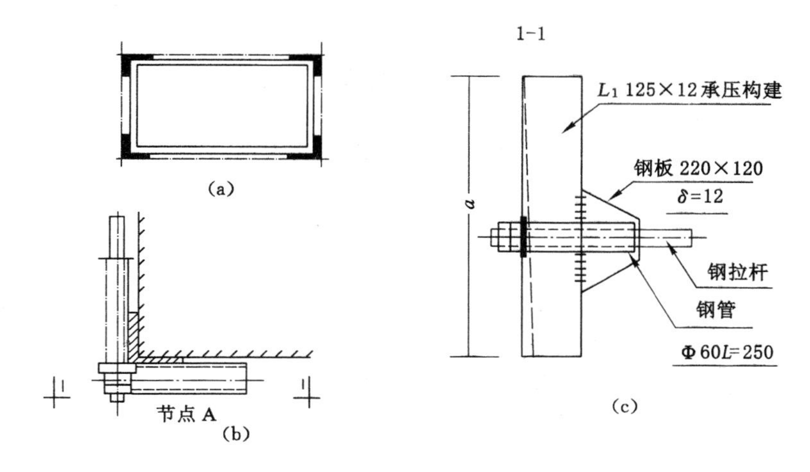

图 3-23　钢拉杆加固示意图

三、切割变形缝

建筑物较长，或平面形状不规则，或各部分高度相差较大时，于开采前在建筑物上切割变形缝，将建筑物分成几个独立的单体，各单体可以自由变位，较好地适应地表移动与变形，从而减小了地表变形对建筑物产生的附加应力，达到保护建筑物的目的。

较长的建筑物，一般可隔 15～20 m 设置一条变形缝。变形缝最好设在已有的横墙附近，设置变形缝时须将建筑物自基础底部至屋顶完全切开，形成一道通缝。切开之后，再砌筑一道新横墙，如图 3-24 所示，以保证建筑物的空间刚度和整体性，并用以支承被切断的楼板和屋面。新砌筑的横墙与原纵墙需咬茬砌筑，并可用直径为 6 mm 的钢筋拉结。若变形缝需设置在无横墙的地方，则应在变形缝两侧新砌筑两道横墙。

建筑物平面形状不规则或各部分高度相差较大，应在平面形状和高度变化的部位切割变形缝，如图 3-25 与图 3-26 所示。

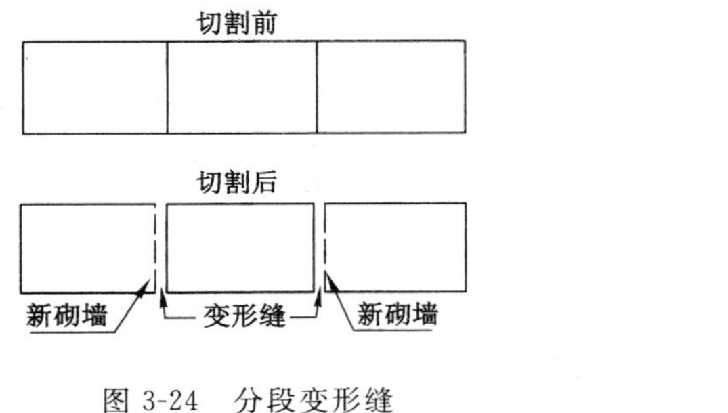

图 3-24　分段变形缝

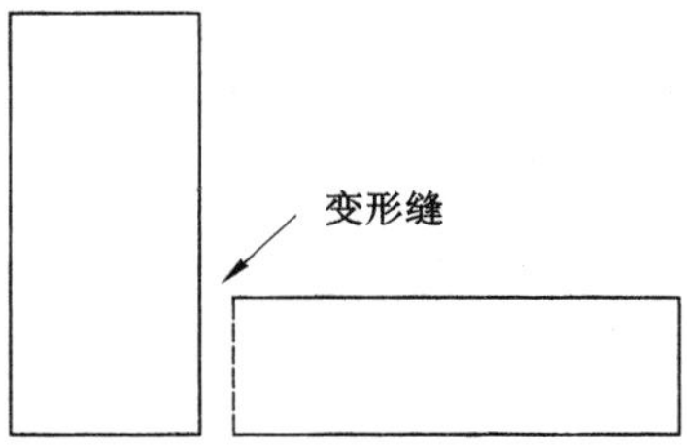

变形缝

图 3-25　分栋变形缝

地表为压缩和负曲率变形时，变形缝最小宽度 a 可按下式计算：

$$a = (\varepsilon + KH)\frac{l_1 + l_2}{2} \tag{3-31}$$

式中　ε——预计的建筑物所在位置的地表压缩变形值；

K——预计的建筑物所在位置的地表负曲率变形值，$10^{-3}/\mathrm{m}$；

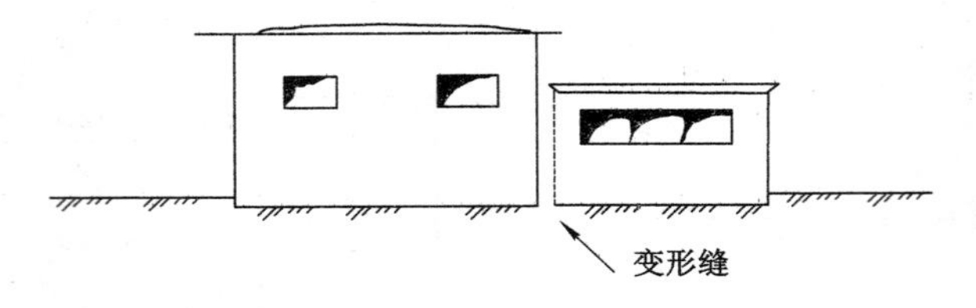

图 3-26 分房变形缝示意图

H——建筑物单体的高度，m；

l_1、l_2——变形缝两侧单体的长度，m。

这里应该指出：在设置变形缝新砌横墙时，要防止砖石、砂浆等杂物落入缝内将变形缝底部填实，避免失去设置变形缝的作用。

四、挖补偿沟

建筑物位于地表压缩变形区时，在建筑物基础附近挖补偿沟，就是在建筑物周围挖一定深度的槽沟，用以吸收地表压缩变形，减小地表压缩变形传递给建筑物基础的侧压力，达到保护建筑物的目的。

建筑物只纵向受较大的压缩变形时，补偿沟的位置和方向如图 3-27 所示；建筑物只横向受较大压缩变形时，补偿沟的位置和方向如图 3-28 所示；建筑物的纵向与横向受的压缩变形都较大时，可在建筑物四周挖补偿沟。

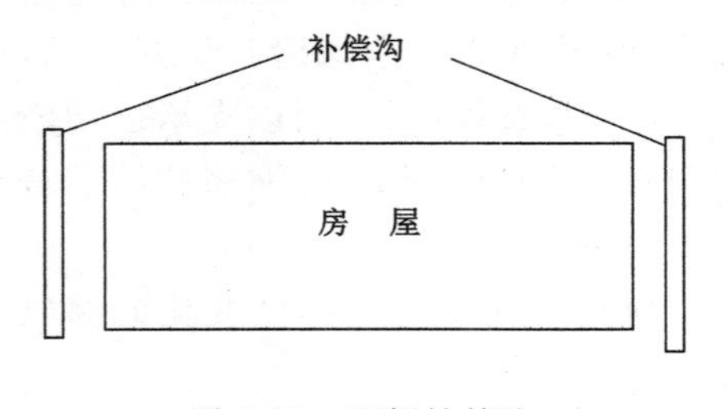

图 3-27 两侧补偿沟

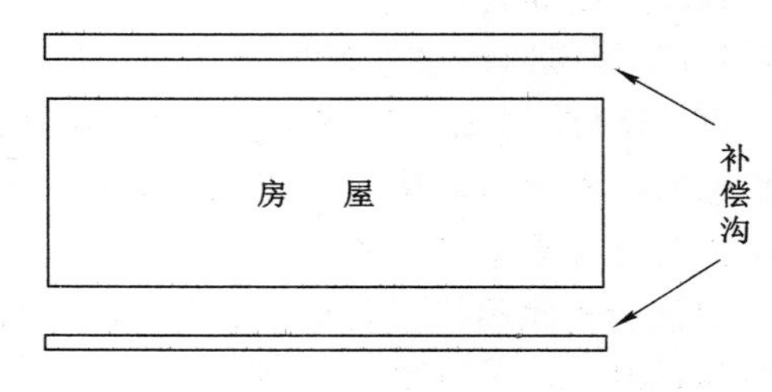

图 3-28 前后补偿沟

补偿沟内充填炉渣等松散材料(图 3-29)，上面盖混凝土预制板，预制板上面回填土并捣实。补偿沟的底面要比建筑物基础底面深 200～300 mm，沟底宽根据预计的吸收压缩变形值而定，即要考虑到不要因充填物的压实而丧失其作用，一般情况下补偿沟底宽为 500～

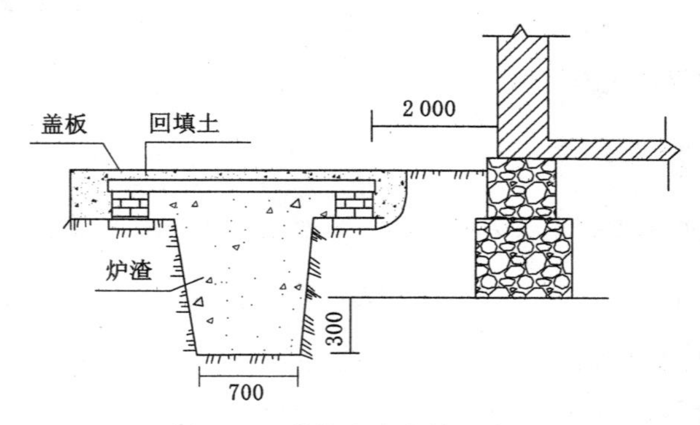

图 3-29 补偿沟内充填示意图

700 mm，补偿沟边缘到建筑物基础外边缘的距离为 1.5～3.0 m。

补偿沟内充填物的松散程度，应定期进行检查，如发现被压实时，应及时松动或更换充填物，以保证补偿沟的作用。

思考题

1. 特级建筑物的保护煤柱留设，是采用边界角还是移动角？
2. 简述条带开采的概念和种类以及对地表减沉的作用。
3. 简述充填开采的概念、分类及发展过程。
4. 建筑物下采煤的地面保护措施有哪些？

第四章　线性构筑物下采煤

矿区内线性构筑物是指建于地表、或浅埋地下、或架空而建的延伸长度较大的构筑物，包括铁路、公路、管线、高压输电线等。在我国，线性构筑物下滞压煤炭量较大，据不完全统计，仅铁路下压煤总量达到 18.91 亿 t。随着社会经济的快速发展，高速铁路、高速公路、长输油气管线、特高压/超高压输电线、南水北调工程建设的实施，又带来了新的压煤问题。如何解决资源回收与构筑物安全使用的矛盾，已成为需要研究解决的新课题。因此，研究线性构筑物下采煤具有重要的理论和实践意义。

线性构筑物下压煤呈长带状分布，煤柱范围可以跨越多个工作面、多个采区，甚至跨越多个矿区。因此，煤柱开采影响范围大，开采时间长，技术难度也较大。

第一节　构筑物保护煤(岩)柱

一、构筑物保护等级

按“三下采煤规范”，构筑物的重要性、用途以及受开采影响引起的不同后果，铁路保护等级划分见表 4-1。矿区范围内的构筑物保护等级分为五级(表 4-2)。

表 4-1　　铁路保护等级

保护等级	铁路等级
特	国家高速铁路、设计速度 200 km/h 的城际铁路和客货共线铁路等
Ⅰ	国家Ⅰ级铁路、设计速度 160 km/h 及以下的城际铁路等
Ⅱ	国家Ⅱ级铁路等
Ⅲ	Ⅲ级铁路等
Ⅳ	Ⅳ级铁路等

注：为某一地区或者企业服务具有地方运输性质、近期年客货运量小于 10 Mt 且大于或等于 5 Mt 的铁路属于Ⅲ级铁路；为某一地区或者企业服务具有地方运输性质、近期年客货运量小于 5 Mt 的铁路属于Ⅳ级铁路。铁路车站按其相应铁路保护等级保护。

表 4-2　　矿区构筑物保护等级划分

保护等级	主要构筑物
特	高速公路特大型桥梁、落差超过 100 m 的水电站坝体、大型电厂主厂房、机场跑道、重要港口、国防工程设施、大型水库大坝等
Ⅰ	高速公路、特高压输电线塔、大型隧道、输油(气)管道干线、矿井主要通风机房等

续表 4-2

保护等级	主要构筑物
Ⅱ	一级公路、220 kV 及以上高压线塔、架空索道塔架、输水管道干线、重要河（湖、海）堤、库（河）坝、船闸等
Ⅲ	110 kV 高压输电杆（塔）、移动通信基站、二级公路等
Ⅳ	三级及以下公路等

注：凡未列入表 4-2 的构筑物，可依据其重要性、用途类比确定。对于不易确定者，可进行专门论证审定。

二、保护煤柱留设规定

1. 保护煤柱要求

在矿井、水平、采区设计时，对特级、Ⅰ级、Ⅱ级构筑物须划定保护煤柱。特级构筑物保护煤柱应当采用边界角留设，其他保护煤柱按移动角留设。

2. 围护带宽度

围护带宽度根据受护对象的保护等级确定，应当按表 4-3 规定的数值选用。构筑物保护煤柱设计宜采用垂线法或者垂直剖面法设计。

表 4-3　各保护等级构筑物煤柱的围护带宽度

铁路、构筑物保护等级	特	Ⅰ	Ⅱ	Ⅲ	Ⅳ
围护带宽度/m	50	20	15	10	5

3. 保护边界的确定

（1）构筑物保护煤柱设计宜采用垂线法或者垂直剖面法设计。

（2）铁路保护煤柱受护范围：

① 路堤应当以两侧路堤坡脚外 1 m 为界。

② 路堑应当以两侧堑顶边缘外 1 m 为界。

（3）留设高速公路保护煤柱时，受护对象边界按以下要求确定：

① 路基路面：路堤以两侧排水沟外边缘（无排水沟时以路堤或者护坡道坡脚）为界，路堑以坡顶截水沟外边缘（无截水沟以坡顶）为界。

② 桥梁及涵洞：桥台、桥墩和涵洞以各自基础最外边缘为界。

③ 隧道：以建筑界线为界。

（4）留设高压输电线路下保护煤柱时，受护对象边界以线塔基础外边缘为界。

（5）留设水工构筑物保护煤柱时，受护对象边界按以下要求确定：

① 河堤堤防：以堤基两侧的外边缘为界。

② 各级坝、泵站、水闸等：以其基础的外边缘为界。

（6）留设长输管线保护煤柱时，受护对象边界按以下要求确定：

① 地埋管线：以埋线开挖沟外边缘为界。

② 架空管线：以架空管线基础的外边缘为界。

例 4-1　铁路保护煤柱设计

某矿区有国家一级铁路线通过。铁路下方的煤层埋藏深度为 120～310 m，厚度 $M=2.0$ m，倾角 $\alpha=15°$。煤系岩层为中等硬度，以砂岩、砂质页岩互层为主。铁路线路位置及煤层底板等高线详见图 4-1。松散层厚度 $h=20$ m，为正常湿度的砂质黏土，地面平均标高为 +70 m。用垂直剖面法设计铁路保护煤柱。其具体步骤如下：

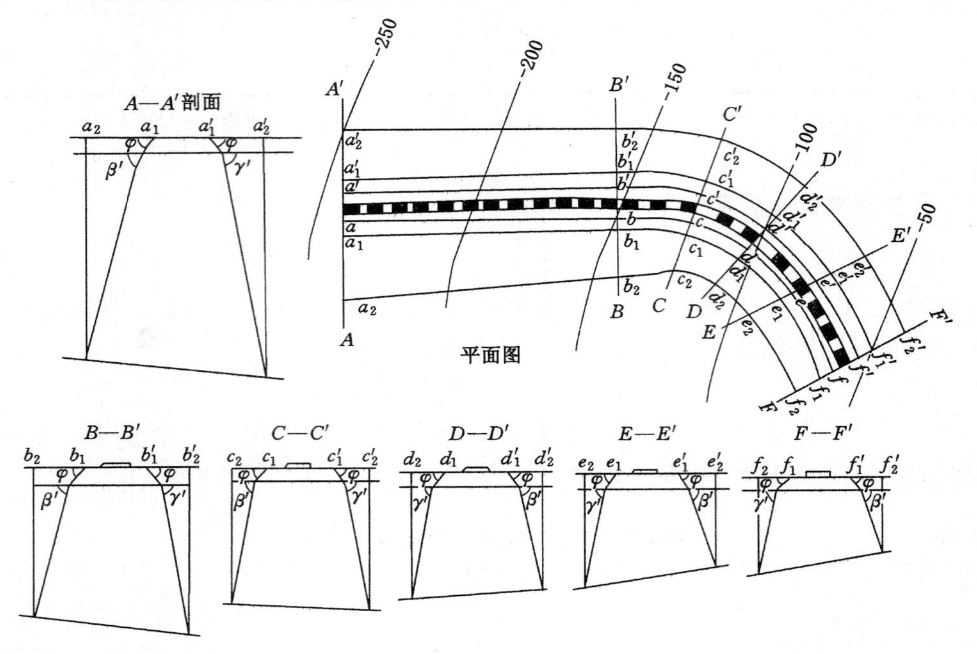

图 4-1　铁路保护煤柱留设

① 受护面积的确定。在平面图(图 4-1)上，按规定在路堤部分以路堤坡脚外 1 m 为受护边界。由此得 $abcdeff'e'd'c'b'a'$，其围护带宽度为 20 m。在受护边界外围划出围护带，则得 $a_1b_1c_1d_1e_1f_1f'_1e'_1d'_1c'_1b'_1a'_1$ 为受护面积。

② 移动角选定：

$$\varphi=45°,\delta=\gamma=80°,\beta=80°-0.8\alpha=68°$$

③ 根据线路特征，作 6 个横向竖直剖面：$A—A'$、$B—B'$、$C—C'$、$D—D'$、$E—E'$、$F—F'$。

④ 在平面图上，根据煤层底板等高线求出各剖面上受护面积边界点下方煤层埋藏深度(各点处的煤层底板标高减去地表标高)，列于表 4-4 中。

表 4-4　　**铁路线路各剖面特征表**

剖面	H_1/m	H_2/m	θ/(°)	β'/(°)	γ'/(°)
$A-A'$	309	314.5	67	77	80
$B-B'$	219	227	67	77	80
$C-C'$	195.5	199	86	80	80
$D-D'$	176	170	73	78	80
$E-E'$	157	145	51	74	80
$F-F'$	133	120	51	74	80

⑤ 在平面图上量出各剖面处受护边界与煤层走向的夹角 θ，并列于表 4-4。计算各剖面上的斜交剖面移动角 β'、γ' 值，列于表 4-4。

⑥ 作 $A—A'$ 横向竖直剖面图，由受护边界点 a_1、a'_1 以 $\varphi=45°$ 作直线到基岩面，然后从该两交点分别以 $\beta'=77°$、$\gamma'=80°$ 作直线与煤层底板相交，得交点。在 $A—A'$ 剖面图上，将交点投影到地面上得 a_2、a'_2 点，a_2、a'_2 为该剖面上铁路保护煤柱边界在地表的投影。

⑦ 用同样方法求出 $B—B'$、$C—C'$、$D—D'$、$E—E'$、$F—F'$ 剖面上的铁路保护煤柱边界在地表的投影 $b_2b'_2$、$c_2c'_2$、$d_2d'_2$、$e_2e'_2$、$f_2f'_2$。

⑧ 将所求各点转绘到平面图上，用圆滑曲线连接各点，得曲线 $a_2b_2c_2d_2e_2f_2$ 和 $a'_2b'_2c'_2d'_2e'_2f'_2$，两曲线以内的煤层为铁路保护煤柱。

第二节　铁路下采煤

一、铁路受采动影响的特点

铁路受采动影响具有以下一些特点：

① 区段采动影响，影响全线运营。铁路是延伸性线性构筑物，具有运行上的整体性，如果某一区段出了问题，必然会影响全线正常通车。必须全盘考虑。

② 铁路影响具有可修复性。铁路在不中断线路营运条件下，通过起道、拨道、调整轨缝等措施消除线路的移动变形。只要残余移动变形不超过有关规定值，线路就能保证列车安全运行。铁路运输不能中断，必须保证采动过程中列车行车的安全，这就要求在短时间维修的条件下，保证铁路维修的质量。

③ 突发沉陷，风险很大。铁路段遭遇突然的、局部的陷落，对列车运行危害极大，可能导致列车行车事故，必须加以防止。

④ 地表移动与列车动载共同影响。铁路线路是在承受列车的动荷载作用下工作的，列车速度快、重量大、线路受力复杂。

在我国，煤矿区开采影响的铁路主要分为矿区（或厂区、林区等）专用线、铁路支线（国家三级铁路）、铁路干线（国家一、二级铁路）和高速铁路 4 种。

矿区专用线服务对象是矿区本身，地下开采的影响只涉及矿区的利益，加之铁路行车速度慢、技术质量要求低，因此矿区铁路专用线下采矿较易开展。目前我国的铁路下采煤主要是在矿区专用线下开展的。

铁路支线的技术标准和重要程度要比专用线高，但它与铁路干线相比，其重要程度、行车速度都较低，车次也较少。铁路支线下采煤在我国已进行了多次试验。

铁路干线是国家的交通命脉，列车行车速度快、车次多、线路技术标准高、线路间歇时间短，维修工作不易进行，因此在铁路干线下采煤是非常困难的。我国已在铁路干线下进行了试采，但是近十余年没有进行过铁路干线下采煤。

高速铁路为特级保护留设保护煤柱，按照有关规程要求，高速铁路煤柱禁止开采。

铁路下采矿除线路外，还包括桥涵、隧道、车站等构筑物下采矿问题。

二、路基移动变形特征

铁路线路主要由路基、道床、轨枕和钢轨组成（图 4-2）。

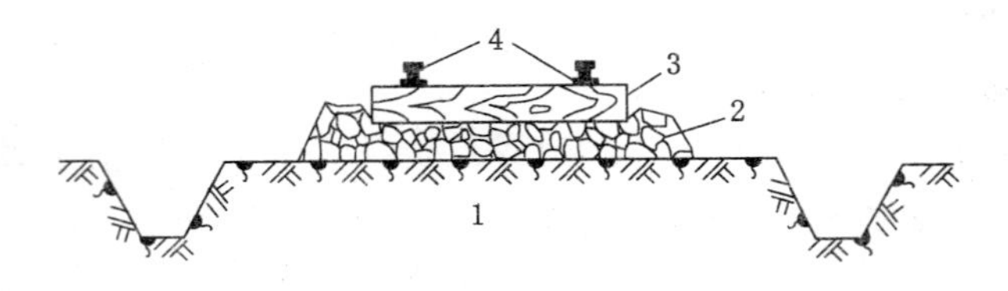

图 4-2　铁路横断面

1——路基；2——道床；3——轨枕；4——钢轨

路基是线路的基础，它承受和传播着列车的动应力。因此，路基必须保证足够的强度和稳定性。地下开采引起路基移动变形，从而导致线路的上部构筑物（道床、轨道等）产生移动变形，造成线路行车事故。

1. 路基的下沉特性

地下开采的影响传播到路基，引起路基移动变形。当采深与采厚之比（深厚比）大于 20 时，路基的移动是连续、渐变的，一般不会出现突然和局部下陷。只有地质采矿条件满足出现塌陷坑的条件时，路基才有可能出现塌陷坑，此时进行铁路下采煤时应采取特别的安全措施。

路基在竖直方向上的移动是连续、渐变的，不存在松动、脱层等现象。采动过程中地表的倾斜、拉伸变形对路基的稳定性都会产生一定的影响。影响程度的大小可根据地表移动变形预计结果评价。对稳定性较差的高路堤、陡坡路堤和深路堑应进行滑坡的可能性验算。

从以上分析可以看出，通常采动影响下铁路路基的移动变形在空间上是连续分布的，在时间上是连续渐变的，可以通过维修消除开采的影响，保证铁路行车的安全，这是铁路下采矿的基础。

2. 路基的水平移动特性

路基在下沉的同时，还将产生水平移动。垂直于线路方向的水平移动将改变线路的原有方向。沿线路方向的水平移动，将使路基受到拉伸和压缩变形。在拉伸区，路基的密实度降低，但在列车动荷载的作用下，路基在竖向上再压缩，使其在采动过程中始终保持足够的强度。在压缩区，路基的密实度将增大。由于路基土体有一定的空隙，能吸收一部分压缩变形，不会对路基造成影响。

与下沉一样，一般情况下路基的水平移动在时间和空间上是连续渐变的。

三、线路上部构件的移动变形

铁路的上部构件是指钢轨、轨枕、道床、联结部件、道岔、防爬设备等，其中钢轨是主要部分。地下开采将引起线路产生如下变化：

1. 线路坡度的变化

由于路基下沉得不均匀，使路基产生倾斜，从而导致线路原有坡度变化。当地表倾斜方向和线路的方向一致时，线路坡度增大；反之，线路坡度减小或形成反坡。线路坡度的增减将使列车运行阻力增减。铁路下采矿时，必须保证线路在开采后的坡度满足列车运行允许的坡度。《铁路技术管理规程》中规定线路的最大允许坡度为：国家Ⅰ级铁路，一般地段为 6‰，在困难地段为 12‰；国家Ⅱ级铁路为 12‰；国家Ⅲ级铁路为 15‰。上述各级铁路在双机牵引时最大坡度可为20‰。当车站必须设在坡道上时，最大坡度为2.5‰。

2. 竖曲线半径的变化

线路倾斜的不均匀变化，会导致线路竖曲线半径的变化。地表移动的正曲率可导致线路的凸竖曲线半径减小，原有凹竖曲线半径增大，长坡道变成凸竖曲线。地表移动的负曲率可导致线路的凸竖曲线半径增大，原有凹竖曲线半径减小，长坡道变成凹竖曲线。实际进行铁路下采矿时，由于地表曲率变化缓慢，只要及时采取相应措施，可以消除曲率的影响，保证行车的安全。

3. 钢轨下沉差的影响

两条钢轨下沉不等，使两条钢轨出现下沉差，改变了两条钢轨原有的超高。当超高超过允许值或出现反超高时，对列车运行将产生极为不利的影响，甚至导致列车翻车事故。

《铁路工务规则》规定：曲线超高度的最大限度不得超过150 mm。单线上、下行列车速度相差悬殊时不得超过125 mm，两轨面的实际超高与设计超高相比较，其差值不得超过±4 mm。我国铁路的标准轨距为1 435 mm，为使两轨超高变化量小于4 mm，垂直于线路方向的地表倾斜值应小于2.8‰。

4. 横向移动变形对线路的影响

线路的横向移动与线路相对于工作面的位置有关。

① 当线路的方向与工作面推进方向平行且位于地表移动盆地主断面上时，线路的横向移动量较小（图4-3）。

② 线路方向与工作面推进方向垂直且位于移动盆地主断面上时，线路的横向移动规律为：当工作面向线路推进时，线路的移动方向与工作面推进方向相反，横向移动量由小到大；当工作面推过线路并逐渐远离时，线路横向移动方向逐渐转向工作面推进方向，其横向移动值由原来的最大值逐渐减小，最终将越过原来的位置而稳定在停采线一侧（参见图4-3）。

③ 当线路的方向与工作面推进方向平行或垂直，但不位于移动盆地的主断面上时，线路的移动方向总是指向采空区方向。结果是增大或减小线路的平面曲线半径或使直线变为曲线（参见图4-3）。

④ 当线路的方向与采煤工作面斜交（图4-4），线路的横向移动将使线路形成"S"形，出现两个反向的曲线。

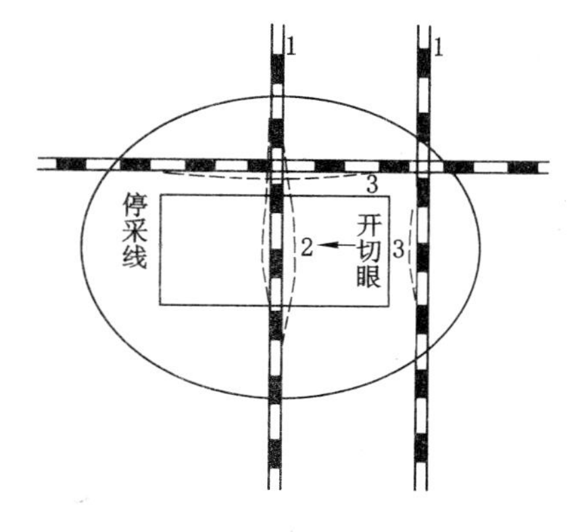

图4-3　线路横向移动示意图

1——线路；2——开采区；3——线路横向移动

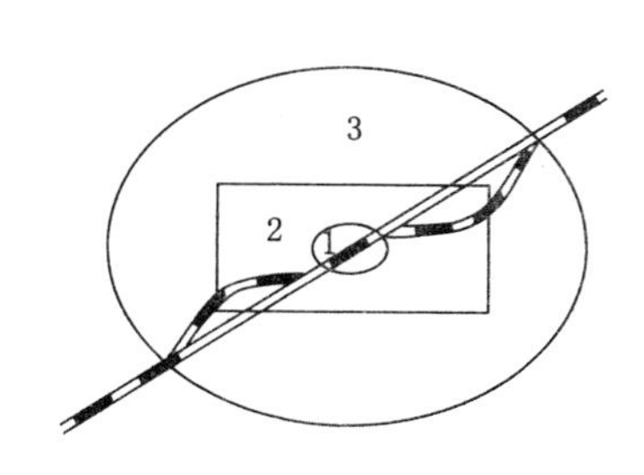

图4-4　线路方向与工作面方向斜交

1——线路反向位移过渡区；2——开采区；3——下沉区

从理论上讲，线路的横向移动还将引起曲线正矢、轨距的变化，但这种变化较小，且线路处在维修之中，可通过维修加以调整。

5. 线路纵向移动变形的影响

线路的纵向移动变形主要表现为线路的爬行和轨缝的变化。线路的爬行量一般小于地表水平移动量，出现爬行的范围要大于地表移动的范围。线路爬行的方向、大小与地表水平移动的方向和大小有关，此外还受线路的坡度、重车运行方向和线路锁定状况的影响。

轨缝的变化与地表水平变形有关。在地表拉伸区，轨缝增大，如果变形太大，能使轨缝达到或超过线路的允许值，并能将鱼尾板拉断或将螺栓切断。在地表压缩变形区，轨缝减小，如果压缩变形值太大，轨缝挤死，出现瞎缝，使接头和钢轨内产生很大的应力，甚至出现“涨轨”现象，导致脱轨事故。《铁路工务规则》规定，线路上大轨缝(超过下列标准的轨缝为大轨缝：对 12.5 m 钢轨，夏季为 8 mm，冬季为 16 mm；对于 25 m 钢轨，夏季为 12 mm，冬季为 17 mm)不得超过 5%。在钢轨未达到最高轨温情况下，不允许有连续 3 个以上的瞎缝。

四、铁路下开采技术措施

铁路下采矿的技术措施主要有开采措施和维修措施两类。开采措施是减小地表的移动变形和下沉速度。维修措施是消除开采对铁路线路的影响，保证铁路的安全运行。

1. 开采技术措施

开采措施包括：采用充填开采、柱式开采减小地表移动变形；选取合理的开采方法和顶板管理方法防止地表突然下沉；合理地布置工作面，尽量不使线路与工作面斜交，使线路位于地表移动盆地的有利位置，减小线路的移动变形和维修工作量；控制工作面推进速度，减小地表下沉速度，以便及时维修。

2. 维修技术措施

铁路下采矿的维修技术主要有：① 加宽、加高路基，保证路基的稳定性；② 用起道和顺顶坡的方法消除地表下沉对线路的影响；③ 用拨道、改道的方法消除横向水平移动对线路的影响；④ 用串道的方法消除纵向水平移动变形对线路的影响，以调整轨缝。在采取以上措施后铁路下采矿是安全的。有关车站、隧道、桥梁等下的采矿问题可归结为建筑物下采矿问题，其方法同建筑物下采矿。

第三节　公路下采煤

公路是国民经济的基础设施，是交通体系的重要组成部分。地下开采将对公路运营安全性造成一定程度的影响，使公路路面损坏、坡度改变等，必须采取相应的保护措施。特别是近年来发展起来的高速公路，路面结构特殊、行车速度快、对地表变形敏感、造价高等，需要对高速公路下采煤进行研究。

一、地下开采对公路的影响

1. 公路等级的划分

我国将公路划分为汽车专用公路和一般公路两大类。汽车专用公路又分为高速公路、一级公路、二级公路。一般公路又分为二级公路、三级公路和四级公路。各级公路主要技术指标见表 4-5。从表 4-5 中可以看出，公路对地表变形的要求不是太高。

表 4-5　　各级公路主要技术指标

公路等级		地形	计算行车速度/(km/h)	行车道宽度/m	路基宽度		极限最小半径/m	停车视距/m	最大纵坡/%
					一般值	变化值			
汽车专用公路	高速公路	平原微丘	120	2×7.5	26.0	24.5	650	210	3
		重丘	100	2×7.5	24.5	23.0	400	160	4
		山岭	80	2×7.5	23.0	21.5	250	110	5
			60	2×7.0	21.5	20.0	125	75	5
	一	平原微丘	100	2×7.5	24.5	23.0	400	160	4
		山岭重丘	60	2×7.0	21.5	20.0	125	75	6
	二	平原微丘	80	8.0	11.0	12.0	250	110	5
		山岭重丘	40	7.5	9.0		60	40	7
一般公路	二	平原微丘	80	9.0	12.0		250	110	5
		山岭重丘	40	7.0	8.5		60	40	7
	三	平原微丘	60	7.0	8.5		125	75	6
		山岭重丘	30	6.0	7.5		30	30	8
	四	平原微丘	40	3.5	6.5	7.5	60	40	6
		山岭重丘	20			4.5	15	20	9

2. 地下开采对公路的影响

地下开采对公路的影响可分为垂直移动变形影响和水平移动变形影响。

(1) 垂直移动变形对公路的影响

地表下沉差导致公路倾斜，使公路的坡度发生变化。当公路坡度的倾向与地表倾斜一致时，可增大公路的坡度，可能使公路超标；当公路坡度的倾向与地表倾斜相反时，可减小公路的坡度，对公路有利。另外，倾斜有可能加大坡长。公路对坡长有一定的限制，主要原因是：当坡度达到一定后，汽车上坡时为发挥最大的牵引力，大多采用低速挡。如坡长过长，长时间使用低速挡会使发动机过分发热而使效率降低、水箱沸腾、行驶无力；汽车下坡时，则因坡度过陡、坡段过长而使刹车频繁，影响行车安全。《公路工程技术标准》(JTG B01—2014)规定，高速公路、一级公路纵坡小于表 4-6 所列数据时，坡长不受限制。高速公路、一级公路最大纵坡长度应不大于表 4-6 的规定。

表 4-6　　高速公路、一级公路纵坡坡长限制

计算行车速度/(km/h)	120		100		80		60		
坡度/%	3	4	4	5	5	6	5	6	7
坡长限制/m	900	700	800	600	700	500	800	600	400

从表中可见，当地表倾斜值使原有公路的坡度增加规定的值时，地表倾斜使坡长的变化

对公路将产生一定的影响，这种影响与对铁路的影响相比是较小的，也容易消除。

地表倾斜还会改变排水沟的坡度，形成反坡，导致排水不畅等。地表曲率对公路的竖曲线有一定的影响，可改变竖曲线的曲率半径。从行车安全、舒适以及视距的要求，对竖曲线的曲率半径提出了要求(表4-7)。

表4-7　　竖曲线最小曲率半径和最小长度

公路等级			汽车专用公路								一般公路					
			高速公路				一		二		二		三		四	
地形			平原微丘	重丘	山岭		平原微丘	山岭重丘	平原微丘	山岭重丘	平原微丘	山岭重丘	平原微丘	山岭重丘	平原微丘	山岭重丘
竖曲线半径/m	凸形	极限最小值	11 000	6 500	3 000	1 400	6 500	1 400	3 000	450	3 000	450	1 400	250	450	100
		一般最小值	17 000	10 000	4 500	2 000	10 000	2 000	4 500	700	4 500	700	2 000	400	700	200
	凹形	极限最小值	4 000	3 000	2 000	1 000	3 000	1 000	2 000	450	2 000	450	1 000	250	450	100
		一般最小值	6 000	4 500	3 000	1 500	4 500	1 500	3 000	700	3 000	700	1 500	400	700	200
竖曲最小长度/m			100	85	70	50	85	50	70	35	70	35	50	25	35	20

沿公路横断面的倾斜可改变公路路拱的坡度，导致公路排水不畅，使弯道处的超高发生变化，对行车造成隐患。我国规定高速公路、一级公路的最大超高值为10%，其他公路为8%，在积雪、严寒地区，由于汽车启动、刹车时会产生打滑现象，因此规定各级公路的最大超高值不宜大于6%。

沿公路横断面的倾斜可改变公路涵洞的坡度，使排水不畅，导致洪水时淹没、冲毁公路。

(2) 水平移动变形对公路的影响

均匀水平移动对公路的影响较小，不均匀水平移动产生的水平变形对公路的影响较大。拉伸变形使公路路面拉坏、产生裂缝。当大的裂缝出现时，往往伴随着台阶，影响行车的速度和安全，特别是对高速公路的影响较大。压缩变形使公路路面受压，当压缩变形较大时，可能使路面压坏，甚至使路面上鼓，导致行车不畅。

不均匀的水平移动可改变线路的方向和圆曲线的半径，使行车安全出现隐患，但这种影响与对铁路的影响相比是较小的，可通过汽车行驶来调整。

水平变形可使公路桥梁、涵洞拉坏或压坏，导致交通中断，使涵洞排水不畅，在洪水时淹没公路。

二、公路下采矿技术措施

公路下采矿与铁路下采矿一样，可采用的技术措施有地面维修措施和井下开采措施两种，根据实际情况可以采用其中一种或两种联合使用。

地面维修措施主要有:加高、加宽路基;灌浆处理采动裂缝;调整超限的坡度、竖曲线、平面圆曲线和超高;修理不平整的路面和损坏的涵洞等。在采动前,为减小采动的损坏,增加路面抗变形能力,在混凝土路面上设置变形缝,减小混凝土路面单体的长度,以增大抵抗水平变形的能力。对重要的涵洞进行采前加固或改为管涵,以增加涵洞抗变形的能力。对下沉的桥梁抬高、加大加高桥墩,以满足洪水时的过水断面。

井下开采措施主要有:为减小地表沉陷,可采用柱式开采、充填开采和离层注浆减沉等措施;为减小地表变形,可适当地调整工作面布置,使公路、桥、涵所受变形最小,以减小采动的损害;对特别重要的桥、涵留设保护煤柱等等。

总的来说,与铁路相比,公路对采动变形的要求较低,维修更方便。只要采取一定的措施,在公路下采煤是安全和可行的。

对管道等其他线状构筑物,可分地表浮设和地下埋设,两者都要进行地表下沉和变形预计,并要考虑材料性质,对埋设类还要考虑埋设介质的影响。前已述及,总的原则是不能超过各自的允许变形值,否则应从开采和构筑物本身(材料、工艺、介质等)共同采取措施,把变形值降低至允许范围以下。

第四节　高压输电线下采煤

一、地表移动变形对高压输电线路的影响

矿区生产电量需求大,且近年为降低煤炭运输压力,许多矿区附近建有发电厂或坑口电厂,致使许多架空输电线路经过煤矿塌陷区或压覆煤炭资源,架空输电线路可能受到地下开采或老采区残余变形的影响。常见的损害形式有线路档距、近地距离的变化,悬垂绝缘子串偏斜,线塔倾倒、断线等。由于高压输电线路空间展布的特殊性,若留设保护煤柱,势必造成大量煤炭资源损失,影响采区及工作面的布局及生产。而采用线路绕行的措施,投资大、涉及面广,且可能存在重复压煤、改线周期长、新线路规划选择困难等问题。目前国内外在建筑物、水体、铁路下的压煤开采方面取得丰硕成果,但对高压输电线路等特殊线性结构物下压煤开采研究较少,一般通过分析地表水平及垂直方向的移动变形,来分析采动对高压输电线路的影响。

1. 地表下沉对高压线塔的影响

实测表明,高压输电线塔基础的下沉量与该处地表下沉量基本一致。在潜水位较高矿区,塔基下沉使得潜水位相对升高,塔基被水浸泡或淹没时,塔基土浸水软化,冬季或寒冷气候条件下,塔基土冻胀,这些情况下均会造成塔基应力的改变,从而引起线塔倾斜或破坏。根据相关经验,根开为 4～7 m 的自立式直线塔的不均匀沉降需控制在 12.7～25.4 mm,才能保证线塔的稳定。相邻铁塔的下沉差,可能造成导线近地距离的变化,这主要取决于沿线地形特征与相邻线塔下沉差的大小。线塔位于下沉盆地中部时,一般造成塔基下沉、内收、塔身变形;位于下沉盆地边缘时,一般会引起线塔基础向下沉盆地中部倾斜并滑动,塔身发生倾斜变形。

2. 地表倾斜对高压线塔的影响

高压线塔属于特殊的高耸构筑物,基础面积小、高度大,对倾斜变形敏感。倾斜变形通

过地基与高压线塔基础影响整个塔身，线塔的倾斜引起倾覆力矩增加，档距和高差发生变化，从而引起悬垂串倾斜、横担变形、导线弧垂超标等问题。地表倾斜变形影响输电线路的对象主要包括铁塔及其基础、悬垂串、线路档距等，主要体现在以下三个方面：

① 影响高压线塔及其基础。线塔基础倾斜引起铁塔产生倾覆力矩，从而影响铁塔与基础的倾覆稳定。若基础为阶梯形，还会增加基础台阶间的剪应力。

② 影响档距、弧垂和悬垂串。“档距”指相邻两高压线塔中心线（或导线悬挂点）之间的水平距离；弧垂指导线两悬挂点连接线上任意一点至线间的垂直距离，一般所说的弧垂是指档距中央的弧垂。铁塔倾斜后档距即为相邻铁塔端点在水平面上投影间的距离，由于高压线塔倾斜的不一致，必然导致档距增大或减小。档距变化相应地引起线路弧垂、近地距离发生变化。铁塔倾斜引起导线中的应力重新分布，为了保持各档之间的应力平衡，悬垂串将发生偏移，以平衡各档间不平衡张力，悬垂串向张力大的一侧偏斜，甚至引起导线对塔头放电事故。

③ 影响近地距离。线塔倾斜导致的导线松弛和倾斜后铁塔实际高度的减小，可能引起导线近地距离的不足。

3. 地表水平移动对高压线塔的影响

地表水平移动使铁塔基础发生相应的平移。两塔间移动量及移动方向的差异，会造成档距增大或减小，档距变化使相邻档产生不平衡张力，从而导致悬垂串偏向导线绷紧的一侧。移动方向的不一致，还可使线塔及横担产生扭矩，从而引起铁塔转角超限或横担变形。

4. 地表水平变形对高压线塔的影响

地表水平变形使塔基受到附加的拉伸应力或压缩应力，对塔基的破坏作用很大，尤其是拉伸变形的影响。塔基抵抗拉伸变形能力远小于抵抗压缩变形，即便较小的拉伸变形也可使塔基产生开裂性破坏。

5. 地表曲率变形对塔基的影响

地表曲率变形使原来平面塔基变成曲面形状，破坏了塔基荷载与土壤反力之间的平衡状态。地表曲率使塔基产生附加的弯矩和剪力作用。正曲率作用下，塔基两端悬空，塔基中央产生应力大于初始应力；负曲率作用下，塔基中部悬空，塔基两端地表应力增大，塔基底部中央易产生裂缝。一般情况下，地表的拉伸变形和正曲率变形同时出现，压缩变形和负曲率变形也同时出现。

二、高压输电线塔保护煤柱的留设与开采

1. 高压输电线塔保护煤柱的留设

我国高压类输电设施按电压大小分为三类：高压 10 kV、35 kV、110 kV、220 kV；超高压 330 kV、500 kV、750 kV；特高压 1 000 kV。煤炭开采设计时，应以高压类铁塔作为主要保护对象，进行高压输电线煤柱留设。留设保护煤柱的目标是，使煤柱外开采引起的地表变形不大于铁塔地基允许的地表变形值。高压类铁塔地基允许的地表变形值指标见表 4-8。

表 4-8　　高压铁塔地表允许变形、可调变形、极限变形表

高压类别		高压	超高压	特高压
电压/kV		10、35、110、220	330、500、750	1 000
允许变形	i/(mm/m)	10.0	6.0	3.0
	ε/(mm/m)	6.0	4.0	2.0
可调变形	i/(mm/m)	20.0	10.0	6.0
	ε/(mm/m)	10.0	6.0	4.0
极限变形	i/(mm/m)	30.0	20.0	10.0
	ε/(mm/m)	16.0	12.0	8.0

另外，地表变形值指标可按塔高给出：

倾斜变形允许值 i 与塔高 H_g 有关：① $H_g \leqslant 100$ m，$i=5$ mm/m；② 100 m$<H_g \leqslant 200$ m，$i=3$ mm/m；③ $H_g>200$ m，$i=2$ mm/m。水平变形允许值为 $\varepsilon=2$ mm/m。

高压类铁塔的地表可调变形值(安全警示)，倾斜变形为：① $H_g \leqslant 100$ m，$i=15$ mm/m；② 100 m$<H_g \leqslant 200$ m，$i=10$ mm/m；③ $H_g>200$ m，$i=6$ mm/m。水平变形允许值为 $\varepsilon=6$ mm/m。

2. 高压输电线塔保护煤柱的开采

高压线塔是一种特殊的构筑物，安全性要求较高。在满足有关的安全、技术、经济要求的情况下，高压线压煤应科学设计、合理开采、稳妥实施。高压输电线保护煤柱开采需要遵循一定的安全原则，满足相关的技术要求和保障措施。安全原则是：① 铁塔基础地表变形不超过其极限变形，地表变形可控制；② 铁塔下沉过程中及沉陷稳定后，通过塔基调整后，高压线弧垂高度、对地距离应达到高压线运行安全要求；③ 避免地表变形累计带来的塔体结构损伤；④ 避免突发性地表移动变形。

高压线塔下采煤的基本技术途径有："采"(通过开采技术控制塔基地表的移动变形)、"迁"(迁移铁塔，避开地表有害变形)、"抗"(针对铁塔地基和基础的抗采动变形措施)。

控制地表移动的开采技术途径，包括部分开采(条带开采、限厚开采、柱式开采)、充填开采、协调开采等技术方法，以及其他创新扩展的新技术。

合理布置工作面和协调开采、对称开采措施，减少铁塔处的地表倾斜和水平移动，减小高压输电线路的采动变形程度。工作面布置应尽可能使线路走向位于下沉盆地主断面内，减少直线杆塔受到的扭矩。

控制工作面推进速度，可抑制地表剧烈变形，可防止杆塔的急剧变形，以便可以通过及时维修来释放铁塔、横担等构件中的附加应力，保障线路安全运行。

根据开采区的埋深、规模及当地水文地质情况，进行地质加固、巷道回填、设计充填式开采方案，以减缓地表的变形。

迁移措施分为塔线往沉陷区外迁移、往已采区迁移、就近临时迁移。

塔基抗变形技术措施包括铁塔地基变形沟，铁塔基础可抬升、抗采动变形技术等。

对于已有铁塔，可采用的基础抗采动变形措施有：

① 井字可调基础：在铁塔基础加装上下两层混凝土基础横梁，形成井字形基础。塔体坐落于上层横梁，通过调整上层横梁的状态来消减塔基倾斜和水平变形。

② 液压可调可提升基础：在高压线塔原基础上加装套帽，再逐步安装可变向平移支座、竖向升降支架。竖向升降支架上端连接在高压线塔塔腿处，进行液压支架升降和纠倾微调。装置具有提升塔体高度和抗采动变形功能，从而解决煤矿开采地表沉陷对高压线塔的影响问题，保证线塔安全和实现高压线塔下的资源回收。

③ 可调可提升外扩基础：当塔基地表下沉量较大（一般大于 3 m）时，需要同时进行基础扩大和塔体提升。一种基础外扩的可提升且抗采动变形的做法是，在铁塔原基础外侧开挖施工外基础，在内、外基础上安装基座和协同调整的平移支座和竖向升降支架，塔体可通过液压升降支架在外基座框架内提升。采用外扩基础模式可增加塔体的可提升幅度。

3. 煤矿区新建高压输电线塔保护

新建高压输电线通过煤矿区时，在设计选线、铁塔建设、建成监测等环节，相关的煤炭、电力部门需要充分会商，专业论证，科学规划。按照有利于资源回收、有利于线路安全、总体效益最大的原则，建设线路走向优化、塔位优化、塔型结构可靠、抗变形结构合理的煤矿区高压线路。线路经过的煤矿区可分为四种类型：采空区、正在开采区、规划开采区、压煤区。在确定高压线路径之后，应分区进行采动影响评价和地基处理方案、塔型方案、抗变形基础方案设计。

煤矿区新建线塔设计原则：

① 尽可能减少耐张塔在采空区的数量，减小转角度数，优选直线塔。

② 为防止地基沉降引起的导线对地距离不足问题，杆塔排位时应预留一定高度，避免此类问题。

③ 建议铁塔的水平档距减小 10%，保证安全可靠。

④ 为了抵抗由于地基沉降和基础位移给铁塔带来的附加内力，底脚螺栓要留有一定的调整储备。

⑤ 塔位应选择在地形相对平坦、地势开阔、山坡的坡顶部位，尽量减少岩土体的开方。

在煤矿区进行高压线选线、塔位优化的过程包括：图上初选，现场踏勘，优选分析，确定线路走向和塔位。线路路径选择的顺序是：采空区、正在开采区、规划开采区、压煤区，尽量减少沉陷影响，尽量减少线塔压煤。对压煤区塔位，其保护尽量选择与其他永久煤柱合并。

选线定塔的“六选六避”原则：

① 选择沉陷稳定区，其次为采空区，尽量避开压矿区。

② 选择采动区中央，避开断层露头、陷落柱、边坡地形。

③ 选择采深采厚比大于 100 的地段，其次为大于 50 的地段，尽量避开小于 50 的地段。

④ 选择地表倾斜小的地段，尽量避开地表变形大的地段。

⑤ 选择地质情况比较清楚的大矿采空区，尽量避开地质情况不明的小煤窑采空区。

⑥ 选择相关方协议落实的地段，尽量避开协议未落实的地段。

思考题

1. 论述铁路、公路、高压线路下采煤的主要特点。
2. 简述铁路、公路、高压线路的移动变形特点。
3. 简述铁路、公路、高压线路下开采的主要技术措施。

第五章　水体下采煤

第一节　概　　述

一、水体下采煤技术发展概述

煤炭是我国的主要能源，占能源消耗的70%左右，然而我国重点煤矿受水害威胁的煤炭储量大约为250亿t，其中受顶板水体威胁的煤炭储量近百亿吨。顶板水体类型主要有：地表水(包括江、河、湖、海、水库、池沼、地面积水)，松散含水层水，顶板基岩含水层水(包括风化带、砂岩、砂砾岩和灰岩水)，还有开采上方煤层所形成的采空区积水，因此今后水体下采煤不可避免。

在水体下采煤技术方面，以刘天泉院士为主的科研人员通过大量的研究和实践，提出了覆岩破坏的"上三带"理论(垮落带、导水裂缝带和弯曲下沉带)和露头煤(岩)柱优化设计理论，形成了特殊采煤技术的框架，领衔编制了《建筑物、水体、铁路及主要井巷煤柱留设与压煤开采规范》。武强等提出了"三图双预测法"顶板水害评价方法。康永华、许延春在兖州、淮北、大屯、陕西和内蒙古等矿区观测研究了综放开采条件下的覆岩破坏特征；许延春、滕永海等提出了综放开采及一次采全高的安全保护煤(岩)柱的留设方法。杨本水、桂和荣等在淮北、皖北和淮南矿区进行了大量的松散含水层下采煤的研究与实践，进行了芦岭矿留设防塌安全煤(岩)柱开采。兖州、淮北、大屯、淮南、枣庄、邢台、焦作等矿区的技术人员进行了大量的现场实测研究工作。

松散含水层特性方面，隋旺华提出了采掘溃砂机理与预防措施，注重研究了近松散含水层采煤水砂突涌临界水力坡度。许延春对深厚饱和松散层的工程特性及变形特征进行了深入的研究，提出了深厚松散层工程特性对"三下"采煤的影响。国内主要代表单位——清华大学水利系、河海大学、北京水利水电科学研究总院、南京水利水电研究院等在土力学研究领域成果丰富，著作众多，难以枚举。但一般研究对象是埋深较浅的土层，很少对埋深大于80 m的土层进行研究和试验。国外自1925年太沙基发表《土力学》以来，土力学就成为一门独立而完整的学科。土力学的研究内容之一是土在力的作用下的应力—应变或应力—应变—时间关系，目标是分析黏性土和砂土等松散体对工程的影响。在土力学中对砂土的研究主要是土的工程分类、强度、渗流以及地基的稳定性问题。

二、水体类型及其对采矿的威胁

1. 地表水体

(1) 地表水体类型

地表水包括江、河、湖、海、池沼、水库和地表沉陷区积水等(图 5-1)。

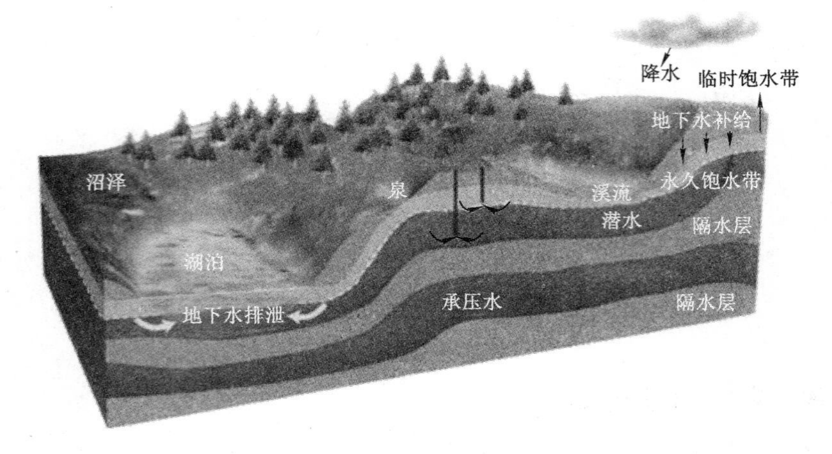

图 5-1　地表水、松散层水体示意图

(2) 地表水体对采矿的威胁

地表水体一旦直接溃入矿井,则峰值水量大、水流速度快,对井下破坏性强、对人员威胁很大,因此应当严防此类水灾事故的发生。

(3) 地表水体的涌水规律

其涌水规律一般有以下几点:

① 受季节流量变化大的河流补给的矿床,其涌水强度亦呈季节性周期变化。有常年性大水体补给时,可造成定水头补给稳定的大量涌水,并难于疏干。

② 矿井涌水强度还与采掘工作面到地表水体间的距离、岩性与构造条件有关。一般情况下,其间距愈小,则涌水强度愈大。岩层的渗透性愈强,涌水强度也愈大。当其间分布有厚度大而完整的隔水层时,则涌水甚微,甚至无影响。其间地层受构造破坏愈严重,工作面涌水强度亦愈大。

③ 涌水受采煤方法的影响。依据煤矿水文地质条件选用正确的采煤方法,开采近地表水体的煤层,其涌水强度虽可能增加,一般不会严重影响生产;如选用的方法不当,可造成导水裂缝与地表水体相通,发生突水和溃砂事故。

2. 松散含水层水体

(1) 松散含水层水体的特点

松散含水层水体为孔隙水体,赋存于第四系与新近系(或第三系)未胶结或半胶结的松散沉积物的粗粒地层(如砂层和砂砾层等)。

(2) 松散含水层水体对采矿的影响

松散含水层对采矿的影响,取决于含水层的富水性、渗溃性、安全煤(岩)柱的厚度和采矿影响的程度。当含水层富水性中等或强而安全煤(岩)柱过小时,工作面可能发生水灾;岩柱越小,富水性越强,则矿井突水量越大;当含水层富水性弱并且安全煤(岩)柱厚度过小时,可能发生溃砂事故。

在我国黄淮地区,普遍存在着深厚的松散含水地层。由于多旋回沉积和沉积环境的差异,松散含水层的水文地质特征主要表现在岩性的多层复合结构,具有区域结构的持续性和局部岩性结构的多变性，松散含水层即是对矿井威胁的主要含水层，往往也是防治地表水体突入的保护地层。

3. 顶板岩体含水层水体

（1）顶板岩体水的特点

顶板岩体水体主要是煤系地层（基岩）砂岩裂隙含水层水体和砂砾或石灰岩的裂隙、溶洞水体。顶板岩体含水层普遍具有富水性不均匀的特点。

（2）顶板岩体水体对采矿的影响

顶板裂隙水水源的一般涌水特点是：水量较小，但水压较大。当裂隙水与其他水源无水力联系时，在多数情况下，峰值水量较大，一段时间后涌水量会逐渐减少，甚至干涸；如果裂隙水和其他水源有联系时，涌水量便会增加，甚至造成突水事故。

4. 采空区积水

（1）采空区积水的特点

按位置分类：上层煤采空区积水，本煤层上阶段或上水平工作面的采空区积水。

按时间分类：新中国成立以前形成的采空区及废弃巷道的积水，称为古空或古窑积水；已经废弃矿井形成采空区及废弃巷道的积水，称为老空或老窑积水；本矿井形成的采空区及废弃巷道的积水，称为采空区积水。

（2）采空区水体对采矿的影响

这种水成为突水水源时，来势猛，易造成严重事故；另外水质为酸性，具有腐蚀性，对井下设备破坏性很大。当与其他水源无联系时，易于疏干，若与其他水源有联系时，则可造成量大而稳定的涌水，危害性极大。

老窑采空区积水往往由于生产时间长，技术资料缺乏，违法越层、越界开采严重，导致其具体位置的不确定性，是一些煤矿安全开采的严重隐患，是煤矿水灾的首要水源。

5. 复合含水层水体

两种及以上上述类型对矿井有影响的水体，包括：地表水体和松散含水层构成的水体，指松散含水层与地表水有密切水力联系的水体；松散含水层和基岩含水层构成的水体，指基岩含水层与松散含水层有密切水力联系的水体；地表水体和基岩含水层二者构成的水体，指基岩含水层直接接受地表水补给的水体；地表水体、松散含水层和基岩含水层三者构成的水体。复合含水层水体对采矿的影响更复杂，对矿井的威胁根据具体情况而定。

第二节　松散地层的性质及覆岩分类

一、松散含水地层的性质

第四、三系（又称“新近系”）松散含水地层一般需留设露头区安全煤（岩）柱，但压滞大量煤炭资源。松散地层的结构性质对安全煤（岩）柱的尺寸有重要影响，常用到如下土的性质及判断指标。

1. 松散层土的分类

（1）土的粒组划分

松散地层由土构成，土的粒组划分见表 5-1。由表 5-1 可见，松散地层由透水性的粗粒土和透水性小的细粒土组成。在矿区砂砾含水层是涌水和溃砂的危险源，而黏土具有隔水性，则是阻隔水的主要地层。

表 5-1　　　　土的粒组划分

粒组划分				主要特征
粗粒土	砾石	粗	60～20 mm	无黏性，透水性很大，不能保持水分，毛细管上升高度很小
		中	20～5 mm	
		细	5～2 mm	
	砂粒	粗	2～0.5 mm	无黏性，易透水，有一定毛细管上升高度
		中	0.5～0.25 mm	
		细	0.25～0.10 mm	
细粒土		极细	0.10～0.05 mm	
	粉粒	—	0.05～0.005 mm	湿时有微黏性，透水性小，毛细管上升高度大
	黏粒	—	<0.005 mm	有黏性和可塑性，透水性极微，其性质随含水量有较大变化
	胶粒	—	<0.002 mm	

（2）砂类土的分类

砂土一般指粒径大于 2 mm 的颗粒含量不超过全重的 50%，而粒径大于 0.075 mm 的颗粒含量超过全重的 50%的土。砂土根据粒组含量不同又细分为砾砂、粗砂、中砂、细砂和粉砂五类，见表 5-2。分类时应根据粒组含量由大到小以最佳符合者确定。研究水体下采煤问题，除对水体本身要进行分析外，还要对采动影响内的岩层和土层的隔水性进行分析。地层中完全隔水的岩层和土层是很少的，通常是把透水性很弱的岩层和土层当作隔水层。组成岩层和土层的颗粒越小，隔水性能就越好；颗粒越大，隔水性能就越差，由直径小于 0.005 mm 的颗粒组成的黏土，其隔水性能好。但是当黏土层含水量大到一定程度时，黏土层强度会大大降低，甚至具有流动性，不仅自身可溃入矿井，其上面的含水砂层甚至地表水也可随之溃入矿井，形成严重水灾。因此，对于松散地层不仅应认识其富水性和隔水性，还应认识其稠度状态和流动性。

表 5-2　　　　砂土的分类

土的名称	粒组含量
砾砂	粒径大于 2 mm 的颗粒占全重 25%～50%
粗砂	粒径大于 0.5 mm 的颗粒超过全重 50%
中砂	粒径大于 0.25 mm 的颗粒超过全重 50%
细砂	粒径大于 0.075 mm 的颗粒超过全重 85%
粉砂	粒径大于 0.075 mm 的颗粒超过全重 50%

2．细粒土的性质

（1）黏土的稠度

当土粒之间只有强结合水时，土表现为固态或半固态（液性指数 $I_{l}<0$）；当含水量（w）

增加有除强结合水外还有弱结合水时，土体可捏成任意形状而不破裂，为塑态，进入塑态的含水量为塑限(w_p)；当含水量继续增加除结合水外还有自由水时，土体不能承受任何剪应力而呈流动状态，呈液态，进入液态的含水量为液限(w_l)。

(2) 液性指数

表征天然含水量与分界含水量之间相对关系的指标，表示黏土的稠度状态，见表 5-3，表达式如下：

$$I_l = \frac{w - w_p}{w_l - w_p} \tag{5-1}$$

式中　I_l——液性指数；

w——含水量；

w_p——塑限；

w_l——液限。

表 5-3　黏土的状态分类

液性指数	状态	强度	固结量	溃入矿井的危险性
$I_l \leqslant 0$	半固态	高	无	低
$0 < I_l \leqslant 0.25$	硬塑	较高	很小	低
$0.25 < I_l \leqslant 0.75$	可塑	中等	中等	中等
$0.75 < I_l \leqslant 1$	软塑	较小	较大	大
$I_l > 1$	流塑	很小	大	大

(3) 塑性指数

该指标表示土表现出塑性的含水量的范围，等于液限与塑限之差。塑性指数综合反映土的颗粒大小和矿物成分。表达式为：

$$I_p = w_l - w_p \tag{5-2}$$

式中　I_p——塑性指数；

w_l——液限；

w_p——塑限。

I_p越大，土的吸水能力越强。由于塑性指数在一定程度上综合反映了影响黏性土特征的各种重要因素，因此在工程上常按此值对黏性土进行分类。黏性土按塑性指数值可划分为黏土和粉质黏土。$10 < I_p \leqslant 17$，称为粉质黏土；$I_p > 17$ 称为黏土。

经验认识：松散层塑性指数大于 17 具有良好的隔水性，等于 10～17 的当属隔水层。当松散层的黏粒含量大于 30% 的当属隔水层，等于 10%～30% 的应属相对隔水层或弱含水层。

二、覆岩类型划分

1. 覆岩类型

覆岩“两带”高度与覆岩的岩性结构关系密切，通常将覆岩分为极软弱、软弱、中等和坚硬四类。划分的依据主要根据软岩与硬岩的比例和岩石强度。一般情况下，可将煤系地层岩石主要分为砂类岩和泥类岩。其中砂类岩为硬岩，包括细、中、粗砂岩、砂砾岩和石灰岩；泥类岩为软岩，包括泥岩、页岩、砂质泥岩、粉粒岩和煤层。

2. 按组成比例划分

对于华北地区石炭二叠系煤田，常用泥类岩所占比例进行覆岩分类。一般认为，泥类岩比例大于70%为软弱覆岩，泥类岩比例在30%～70%为中硬覆岩，泥类岩小于30%为坚硬覆岩。但是对于古近纪、白垩纪和侏罗纪煤田则由于岩石力学强度低，不能按上述砂类岩和泥类岩的比例划分。

现以海孜矿为例，其13采区10号煤层覆岩由砂岩和泥岩交互组成，通过对本采区地面钻孔柱状资料整理分析可知，基岩段厚度为27.10～97.32 m，平均为58.78 m。将10号煤上部基岩从煤层顶板往上划分为0～15 m、15～30 m、30～45 m和>45 m四个分段，分别统计各分段内砂类岩、泥类岩厚度以及各自所占比例，得出10号煤上部基岩岩性特征。

① 经统计，10号煤上部基岩由泥类岩和砂类岩组成，0～15 m、15～30 m、30～45 m和>45 m四个分段内泥类岩比例分别为21%、23%、39%和55%，由此表明覆岩为上软下硬类型。覆岩0～30 m为垮落带段，属坚硬类型；0～45 m为导水裂缝带段，属中硬类型。

② 覆岩各分段均有隔水性良好的泥类岩，且各分段内泥类岩比例从10号煤顶板往上逐渐增大，接近松散含水层的泥类岩比例达到最大。

3. 按岩石强度划分

岩石强度即在外载荷作用下岩石抵抗破坏的能力，其大小直接影响着煤层顶板的稳定性。不同岩石承受载荷的能力一般不同，通常是砂岩大于粉砂岩、粉砂岩大于泥岩。按照煤层直接顶板分类指标：砂岩组，抗压强度高，属坚硬岩组，岩体质量好，属中等稳定—稳定顶板；粉砂岩组，属中硬岩类，岩体质量一般，属中等稳定顶板；泥岩，抗压强度低，属软弱岩类，岩体质量差，属不稳定顶板；而在浅部露头风氧化带，岩石强度明显降低，构造岩及风化带岩石，抗压强度均很低，属软弱—极软弱岩类，岩体质量差，属不稳定顶板。

例如淮北海孜矿石炭二叠系基岩岩石力学指标，岩石的单向抗压强度为24.70～93.62 MPa；焦作赵固一矿二叠系基岩岩石力学指标，中细岩石的单向抗压强度为92.4～136.1 MPa，一般砂岩强度大于泥岩，泥岩强度大于煤层。而内蒙古多伦协鑫矿白垩系岩石的单向抗压强度仅为1.4～11.6 MPa，并且有时煤层强度大于泥岩和砂岩的强度。

三、风化带的影响

近松散含水层工作面覆岩风化带岩体占有较大比例，特别是采高较小时，保护层基本由风化岩体组成。风化带影响覆岩的力学性质和富水性。

岩石风化后，根据风化程度的不同，岩性变化差异很大。其中泥岩强风化后强度大幅度降低，有时接近松散层，有良好的隔水性；泥岩可以充填裂缝，阻碍溃砂，但易形成陷落式不连续变形，成为畅通的溃砂通道；风化砂岩，一般块度减小，强度降低，裂缝增多，富水性增强。

在海孜矿09—S1孔取风化带岩芯，由图5-2可见风化砂岩为土黄色，风化裂缝增加，岩芯破碎，导水性增强，强度降低。据淮北朱仙庄矿试验结果，风化砂岩的单向抗压强度低于5 MPa，是未风化时的1/10～1/30，风化细砂岩比未风化降低40%。由图5-3可见，风化泥岩为土黄色，强度降低，极易崩解、碎裂、泥化，可构成隔水性良好的风化岩体。经验表明，风化带可降低“两带”的发育高度，特别是对导水裂缝带高度降低作用明显。

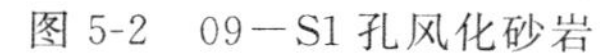

图 5-2　09—S1 孔风化砂岩　　　　图 5-3　09—S1 孔风化泥岩

对赵固矿区风化带取岩样进行点荷载试验，并分析标准点荷载强度变化规律。标准点荷载强度变化曲线见图 5-4 和图 5-5 所示。

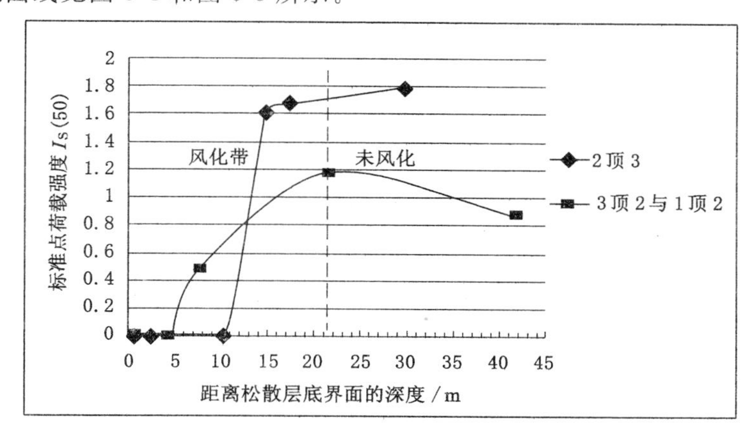

图 5-4　泥类岩点载荷强度随深度的变化曲线

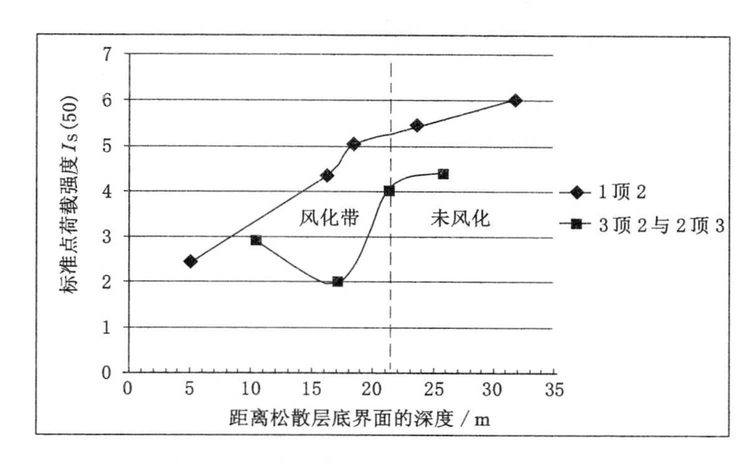

图 5-5　砂岩点载荷强度随深度的变化曲线

由图 5-4 和图 5-5 可以看出，点荷载试验指数 $I_S(50)$ 随着试验深度的增加整体呈增大趋势，且增大的快慢呈现一定的规律性，最后趋于稳定，这种变化规律与风化作用规律有较好的一致性。在距离松散层底界面 0～5 m 范围内，泥类岩强度趋近于 0，表明该阶段岩石颗粒间黏结力破坏严重，风化作用完全；在 5～21.5 m 范围内，随深度增大泥类岩与砂岩的点荷载强度指标明显增大，且增加速率较大，说明风化作用随深度的增加明显减弱，从强风化带到微风化带过渡；当距离松散层底界面深度大于 21.5 m 时，岩石点荷载强度变化缓慢，变化曲线趋于水平，表明该阶段岩层风化作用微弱，可以定义为未风化区。通过以上分析，可以将距离松散层底界面深度 21.5 m 作为风化带界限。

四、岩石隔水性评价

岩石的隔水性对于水体下采煤十分重要。岩石隔水性主要以干燥饱和吸水率和崩解类型为评价指标。

1. 干燥饱和吸水率

干燥饱和吸水率反映了岩石矿物成分的亲水特征和结构连接特征。将岩块在 105 ℃条件下烘干至恒重后再浸泡 24 h，测得其含水量占岩块质量之比即为岩块的干燥饱和吸水率。当岩石的干燥饱和吸水率 W_g＞15％时，表明该岩层有良好的隔水性和再生隔水性；干燥饱和吸水率越大，隔水性越好。

2. 崩解类型

岩石的崩解性一般是指岩石浸水后发生的解体现象，主要是松软岩石所表现出来的特征，尤其是含有大量黏土矿物的软岩，遇水后更易产生膨胀和崩解。对岩石的崩解性进行标准试验，得出岩石的崩解类型有 4 种：混合（Ⅰ）、碎裂（Ⅱ）、开裂（Ⅲ）、整体未变（Ⅳ）。其中，Ⅰ、Ⅱ类崩解的岩石具有隔水性；Ⅰ类崩解的岩石隔水性最好。

以兖州矿区兴隆庄矿放 2 孔为例，自基岩面向下采集岩石系列样，进行干燥—饱和吸水率和崩解试验，结果见表 5-4。

表 5-4　　兖州矿区岩石干燥—饱和吸水率

序号	样号	取样深度/m	岩石名称	W_g/％	浸水后变化姿态	崩解类型
1	放 2-1	184	粉砂岩	25.48	5 min 崩解成泥粉，渣状	Ⅱ
2	放 2-3	88	细砂岩	4.02	2 h 未变化，24 h 保持整块，易砸开	Ⅳ
3	补放 2-4	198	砂质泥岩	9.17	2 h 开裂成块，可捻成泥沙	Ⅲ
4	放 2-5	199	泥岩	20.51	2 h 呈泥渣状，可捻成泥	Ⅱ
5	放 2-6	201	泥岩	37.88	30 min 崩解成渣，可捻成泥，24 h 以泥为主	Ⅰ
6	放 2-7	203.5	泥岩	8.94	2 h 呈泥渣状，可捻成泥	Ⅱ

由表 5-4 可见，放 2 孔 4 个泥岩样的 W_g 介于 8.94％～37.89％之间，崩解类型以Ⅰ、Ⅱ型为主，原岩均有隔水性，大多数有良好的再生隔水性。粉砂岩多为泥质胶结，W_g＝25.48％，崩解类型为Ⅱ型，浸水崩解碎裂生成岩渣、岩泥、岩片，可捻成泥，膨胀性较好，隔水性及再生隔水性均较好。细砂岩崩解类型为Ⅳ型，无膨胀，亦不碎裂，无再生隔水性。

第三节　煤层露头区安全煤(岩)柱的留设

一、水体下允许采动程度

1. 水体下采动等级的划分

近水体采煤时必须严格控制对水体的采动影响程度。按水体的类型、富水性、流态、规模、赋存条件及允许采动影响程度，将受开采影响的水体分为不同的采动等级（表5-5）。对不同采动等级的水体，必须留设相应的安全煤（岩）柱。

表5-5　水体采动等级及允许采动程度

煤层位置	水体采动等级	水体类型	允许采动程度	要求留设的安全煤（岩）柱类型
水体下	Ⅰ	1. 直接位于基岩上方或底界面下无稳定的黏性土隔水层的各类地表水体； 2. 直接位于基岩上方或底界面下无稳定的黏性土隔水层的松散孔隙强、中含水层水体； 3. 底界面下无稳定的泥质岩类隔水层的基岩强、中含水层水体； 4. 急倾斜煤层上方的各类地表水体和松散中强、中含水层水体； 5. 要求作为重要水源和旅游地保护的水体	不允许导水裂缝带波及到水体	顶板防水安全煤（岩）柱
	Ⅱ	1. 松散层底部为具有多层结构、厚度大、弱含水的松散层或松散层中、上部为强含水层，下部为弱含水层的地表中、小型水体； 2. 松散层底部为稳定的厚黏性土隔水层或松散弱含水层的松散层中、上部孔隙强、中含水层水体； 3. 有疏降条件的松散层和基岩弱含水层水体	允许导水裂缝带波及松散孔隙弱含水层水体，但不允许垮落带波及该水体	顶板防砂安全煤（岩）柱
	Ⅲ	1. 松散层底部为稳定的厚黏性土隔水层的松散层中、上部孔隙弱含水层水体； 2. 已经或者接近疏干的松散层或基岩水体	允许导水裂缝带进入松散孔隙弱含水层，同时允许垮落带波及该弱含水层	顶板防塌安全煤（岩）柱

含水层的富水性按单位涌水量(q)划分：

$q<0.1\ L^3/(s\cdot m)$，为弱富水性；

$0.1\ L^3/(s\cdot m)\leqslant q\leqslant 1.0\ L^3/(s\cdot m)$，为中等富水性；

$q>1.0\ L^3/(s\cdot m)$，为强富水性。

2. 必须划定安全煤（岩）柱的水体

在矿井、水平、采区设计时必须划定安全煤（岩）柱的水体主要有：

① 水体与设计开采界限之间的最小距离，既不符合表5-5中各采动等级水体要求的相应安全煤（岩）柱尺寸，又不能采用可靠的开采技术措施以保证安全生产的。

② 在目前技术条件下，只能采用河流改道、水库放空、含水层疏干改造或者堵截水源等办法处理，但在经济上又属严重不合理的水体。

③ 位于预计顶板导水裂缝带内，且无疏放水条件的松散地层强含水层，采空区积水，砂岩裂隙、石灰岩岩溶强含水层，岩溶地下暗河，有突水危险的含水断层与陷落柱等水体。

④ 预计采后矿井涌水量会急剧增加，超过矿井正常排水能力，或者水量长期稳定不变，增加排水能力难以实现，排水费用不经济的。

⑤ 煤层开采后，地表和岩层有可能产生抽冒、切冒型塌陷，地质弱面活化和突然下沉而引起溃砂、溃水灾害的。

⑥ 对国民经济、人民生活和环境有重大影响的河流、湖泊、水库及旅游景点的水体。

3. 保护煤（岩）柱参数的确定

（1）水体边界

水体的边界应当区分平面边界和深度边界。如果地表水体底界面直接与隔水层接触，最高洪水位线应当为水体的平面边界，而水体底界面即为水体的深度边界。如果地表水体底界面直接与含水层接触或者二者有水力联系，则最高洪水位线或者上述含水层边界应当为水体的平面边界，含水层底界面为水体的深度边界。如果仅为地下含水层水体，则含水层边界应当为水体的平面边界，含水层的顶或者底界面为水体的深度边界。在确定水体边界时，必须考虑由于受开采引起的岩层破坏和地表下沉或者受水压力作用以及地质构造等影响而导致水体边界变化的因素。

（2）裂缝角的确定

水体下安全煤（岩）柱水平方向按裂缝角留设，垂直方向按水体采动等级（表 5-5）要求的安全煤（岩）柱类型留设。裂缝角应当根据本矿区取得的参数选取，如无本矿区裂缝角资料时，可以用移动角加大 5°代替。

（3）地质构造的影响

水体安全煤（岩）柱范围内有地质构造时，应当根据其地质构造类型、导水性等，酌情加大其尺寸。

二、安全煤（岩）柱的留设方法

各类型水体下采煤的安全煤（岩）柱的留设方法如下。

1. 防水安全煤（岩）柱

留设防水安全煤（岩）柱的目的是不允许导水裂缝带波及水体。防水安全煤（岩）柱的垂高（H_{sh}）应当大于或者等于导水裂缝带的最大高度（H_{li}）加上保护层厚度（H_{b}）（图 5-6），即：

$$H_{sh} \geqslant H_{li} + H_{b}$$

如果煤系地层无松散层覆盖和采深较小，则应当考虑地表裂缝深度（H_{dili}）（图 5-7），此时：

$$H_{sh} \geqslant H_{li} + H_{b} + H_{dili}$$

如果松散含水层为强或者中等含水层，且直接与基岩接触，而基岩风化带亦含水，则应当考虑基岩风化含水层带深度（H_{fe}）（图 5-8），此时：

$$H_{sh} \geqslant H_{li} + H_{b} + H_{fe}$$

或者将水体底界面下移至基岩风化带底界面。

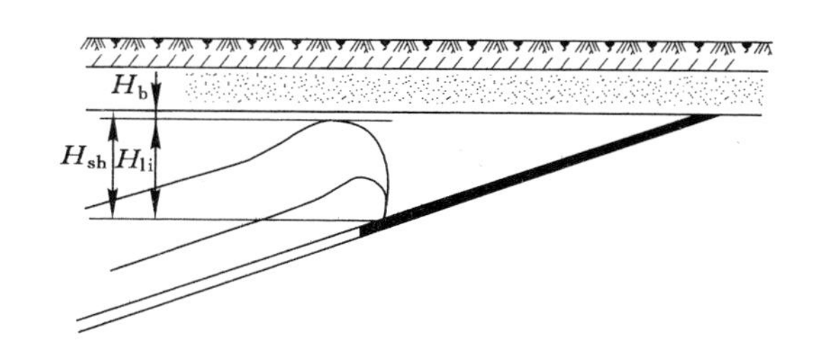

图 5-6　防水安全煤(岩)柱的设计

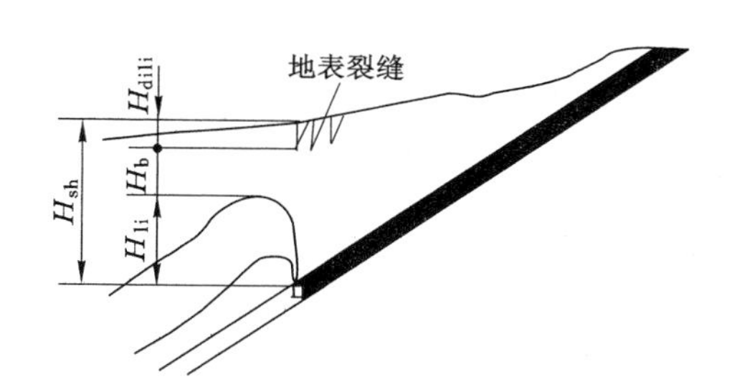

图 5-7　煤系地层无松散层覆盖时防水安全煤(岩)柱的设计

2. 防砂安全煤(岩)柱

留设防砂安全煤(岩)柱的目的是允许导水裂缝带波及松散弱含水层或者已疏降的松散强含水层,但不允许垮落带接近松散层底部。防砂安全煤(岩)柱垂高(H_s)应当大于或者等于垮落带的最大高度(H_k)加上保护层厚度(H_b)(图 5-9):

$$H_s \geqslant H_k + H_b$$

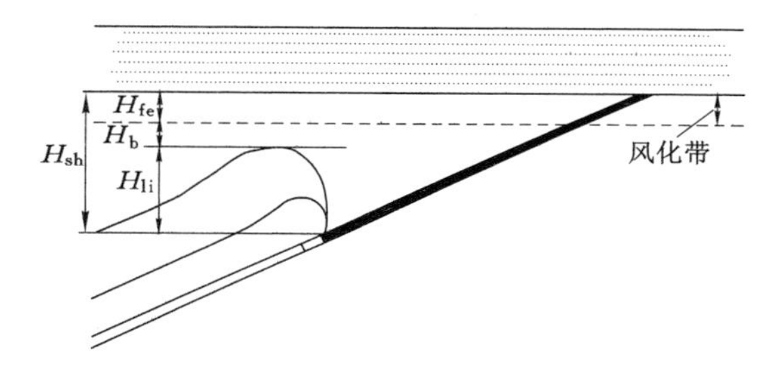

图 5-8　基岩风化带含水时防水安全煤(岩)柱的设计

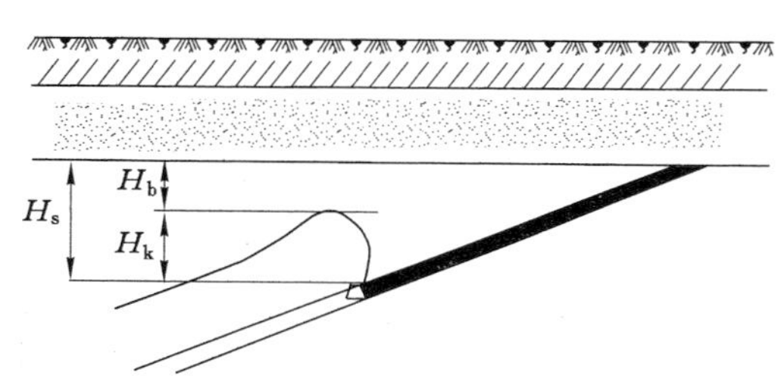

图 5-9　防砂安全煤(岩)柱的设计

3. 防塌安全煤(岩)柱

留设防塌安全煤(岩)柱的目的是不仅允许导水裂缝带波及松散弱含水层或者已疏干的松散含水层,同时允许垮落带接近松散层底部。防塌安全煤(岩)柱垂高(H_t)应当等于或者接近于垮落带的最大高度(H_k)(图 5-10),即 $H_t \approx H_k$。

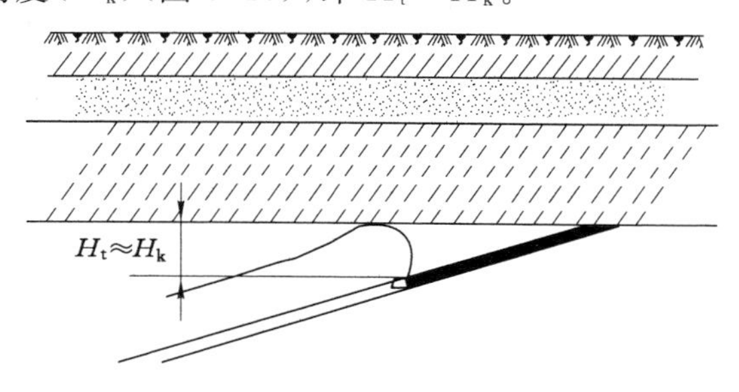

图 5-10　防塌安全煤(岩)柱的设计

4. 急倾斜煤层(55°~90°)

由于急倾斜煤层安全煤(岩)柱有时不稳定,因此中等和强富水性含水层下不适用上述留设方法。

三、垮落带和导水裂缝带高度的计算

覆岩垮落带和导水裂缝带高度应当依据开采区域的地质采矿条件和实测数据分析确定;对无实测数据的矿区,可以参考水体下开采成功经验,按下面各表选取。

1. 垮落带高度

① 如果煤层顶板覆岩内有极坚硬岩层,采后能形成悬顶时,其下方的垮落带最大高度可采用下式计算:

$$H_k = \frac{M}{(K-1)\cos\alpha}$$

式中 M——煤层采厚;

K——垮落岩石碎胀系数;

α——煤层倾角。

② 当煤层顶板覆岩内为坚硬、中硬、软弱、极软弱岩层或互层时,开采单一煤层的垮落带最大高度可采用下式计算:

$$H_k = \frac{M-W}{(K-1)\cos\alpha}$$

式中 W——垮落过程中顶板的下沉值。

③ 薄、中厚煤层和厚煤层分层开采的垮落带最大高度可采用表 5-6 中的公式计算。

表 5-6 薄、中厚煤层和厚煤层分层开采的垮落带高度计算公式

覆岩岩性(单向抗压强度及主要岩石名称)/MPa	计算公式/m
坚硬(40~80,石英砂岩、石灰岩、砾岩)	$H_k = \frac{100\sum M}{2.1\sum M + 16} \pm 2.5$
中硬(20~40,砂岩、泥质灰岩、砂质页岩、页岩)	$H_k = \frac{100\sum M}{4.7\sum M + 19} \pm 2.2$
软弱(10~20,泥岩、泥质砂岩)	$H_k = \frac{100\sum M}{6.2\sum M + 32} \pm 1.5$
极软弱(<10,铝土岩、风化泥岩、黏土、砂质黏土)	$H_k = \frac{100\sum M}{7.0\sum M + 63} \pm 1.2$

注:$\sum M$—— 累计采厚;公式应用范围:单层采厚 1~3 m,累计采厚不超过 15 m。

④ 厚煤层放顶煤和大采高开采的垮落带最大高度可采用表 5-7 中的公式计算。

表 5-7 厚煤层放顶煤和大采高开采的垮落带高度计算公式

覆岩岩性	坚硬	中硬	软弱
计算公式/m	$H_k = 7M + 5$	$H_k = 6M + 5$	$H_k = 5M + 5$

注:M——采厚;公式应用范围:采厚 3.0~10 m。

2. 导水裂缝带高度

① 薄、中厚煤层和厚煤层分层开采的导水裂缝带最大高度可选用表 5-8 中的公式

计算。

表 5-8　　薄、中厚煤层和厚煤层分层开采的导水裂缝带高度计算公式

覆岩岩性	计算公式之一/m	计算公式之二/m
坚硬	$H_{li}=\dfrac{100\sum M}{1.2\sum M+2.0}\pm 8.9$	$H_{li}=30\sqrt{\sum M}+10$
中硬	$H_{li}=\dfrac{100\sum M}{1.6\sum M+3.6}\pm 5.6$	$H_{li}=20\sqrt{\sum M}+10$
软弱	$H_{li}=\dfrac{100\sum M}{3.1\sum M+5.0}\pm 4.0$	$H_{li}=10\sqrt{\sum M}+5$
极软弱	$H_{li}=\dfrac{100\sum M}{5.0\sum M+8.0}\pm 3.0$	

注：$\sum M$—— 累计采厚；公式应用范围：单层采厚 1～3 m，累计采厚不超过 15 m。

② 厚煤层放顶煤和大采高开采的导水裂缝带最大高度可选用表 5-9 中的公式计算。

表 5-9　　厚煤层放顶煤和大采高开采的导水裂缝带高度计算公式

覆岩岩性	计算公式之一/m	计算公式之二/m
坚硬	$H_{li}=\dfrac{100M}{0.15M+3.12}\pm 11.18$	$H_{li}=30M+10$
中硬	$H_{li}=\dfrac{100M}{0.23M+6.1}\pm 10.42$	$H_{li}=20M+10$
软弱	$H_{li}=\dfrac{100M}{0.31M+8.81}\pm 8.21$	$H_{li}=10M+10$

注：M——采厚；公式应用范围：采厚 3.0～10 m。

3. 倾角大于或等于 55°的煤层

由于急倾斜煤层（55°～90°）安全煤（岩）柱有时不稳定，受重复采动影响下“两带”高度也有不确定性。垮落带和导水裂缝带高度应当采用各矿区的实测数据。

四、保护层厚度的选取

1. 薄、中厚煤层和厚煤层分层开采

(1) 防水安全煤（岩）柱保护层厚度留设方法

防水安全煤（岩）柱的保护层厚度，可根据有无松散层及其中黏性土层厚度根据表 5-10 所列的数值选取。

表 5-10　　防水安全煤(岩)柱保护层厚度(A 不大于 3.0 m)

覆岩岩性	松散层底部黏性土层厚度大于累计采厚/m	松散层底部黏性土层厚度小于累计采厚/m	松散层全厚小于累计采厚/m	松散层底部无黏性土层/m
坚硬	$4A$	$5A$	$6A$	$7A$
中硬	$3A$	$4A$	$5A$	$6A$
软弱	$2A$	$3A$	$4A$	$5A$
极软弱	$2A$	$2A$	$3A$	$4A$

注：$A=\frac{\sum M}{n}$；$\sum M$—— 累计采厚；n—— 分层层数。

(2) 防砂安全煤(岩)柱保护层厚度留设方法

防砂安全煤(岩)柱的保护层厚度，可根据表 5-11 所列的数值选取。

表 5-11　　防砂安全煤(岩)柱保护层厚度(A 不大于 3.0 m)

覆岩岩性	松散层底部黏性土层或弱含水层厚度大于累计采厚/m	松散层全厚大于累计采厚/m
坚硬	$4A$	$2A$
中硬	$3A$	$2A$
软弱	$2A$	$2A$
极软弱	$2A$	$2A$

2. 厚煤层放顶煤和大采高开采

(1) 防水安全煤(岩)柱保护层厚度留设方法

根据松散层结构、覆岩岩性和水体对采动工程的威胁程度等因素，各矿区选择保护层厚度为 3～6 倍采厚($H_b=3A\sim6A$)。

(2) 防砂安全煤(岩)柱保护层厚度留设方法

当覆岩岩性为中硬或坚硬时，保护层厚度取 3 倍采厚($H_b=3M$)，但一般不小于 15 m；当覆岩岩性为软弱或极软弱岩性时，保护层厚度取 2 倍的煤层采厚($H_b=2M$)，但一般不小于 10 m。

3. 近距离煤层垮落带和导水裂缝带高度的计算

① 上、下两层煤的最小垂距 h_{1-2} 大于回采下层煤的垮落带高度 H_{xk} 时，上、下煤层的导水裂缝带最大高度可按上、下煤层的厚度分别计算，取其中标高最高者作为两层煤的导水裂缝带最大高度[图 5-11(a)]。

② 下层煤的垮落带接触到或完全进入上层煤范围内时，上层煤的导水裂缝带最大高度采用本层煤的开采厚度计算，下层煤的导水裂缝带最大高度，则应采用上、下煤层的综合开采厚度计算。当下层煤的开采厚度大于上层煤时，还应当同时按照下层煤的开采厚度计算，取其中标高最高者为两层煤的导水裂缝带最大高度[图 5-11(b)]。

上、下煤层的综合开采厚度可按以下公式计算：

$$M_{z1-2}=M_2+(M_1-\frac{h_{1-2}}{y_2})$$

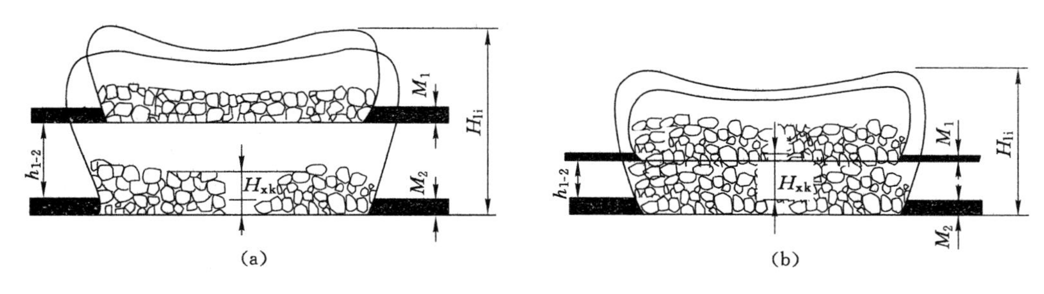

图 5-11　近距离煤层导水裂缝带高度的计算

(a) $h_{1-2}>H_{xk}$；(b) $h_{1-2}<H_{xk}$

式中　M_1——上层煤开采厚度；

M_2——下层煤开采厚度；

h_{1-2}——上、下煤层之间的法线距离；

y_2——下层煤的垮落带高度与下层煤采厚之比：

$$y_2=\frac{H_{xk}}{M_2}$$

③ 如果上、下煤层之间的距离很小时，则综合开采厚度为累计厚度，然后计算垮落带和导水裂缝带高度：

$$M_{z1-2}=M_1+M_2$$

4. 其他参数的计算或确定方法

① 地表裂缝深度(H_{dili})：地表裂缝深度主要通过实测获得本矿区的经验值。地表裂缝深度与岩性及采深与采厚之比(简称"深厚比")等因素有关。

② 基岩风化带厚度(H_{fe})：通过煤矿水文地质勘探获得基岩风化带的厚度和富水性。当风化带富水性达到中等或强时，则需要将该含水层厚度纳入安全煤(岩)柱的计算中。

五、水体下采煤安全性评价

1. "三图双预测"安全评价方法

《煤矿防治水规定》要求水体下采煤工作面应当采用"三图双预测"评价水害的危险性。"三图双预测法"是一种解决煤层顶板充水水源、通道和强度三大关键技术问题的顶板水害预测评价方法。"三图"是指煤层顶板充水含水层富水性分区图、顶板冒裂安全性分区图和顶板涌(突)水条件综合分区图。

① 充水含水层富水性评价：如果含水层富水性强，则发生突水的危险性高。

② 顶板冒裂安全性评价：开采引起的导水裂缝带可能波及含水层，则工作面发生涌水的危险性高。

③ 工作面涌水条件综合评价：根据含水层富水性和导水裂缝带是否可能波及水体，分析预测突水危险程度及涌水量大小。

2. 断层的影响评价

断层受采动影响程度与断层和工作面的位置关系密切相关。现场实测、数值分析及相似材料模拟试验也表明，断层会导致"两带"不同程度的增大。

例如,朱仙庄矿二、四采区涌水规律统计表明,当断层与工作面走向平行,推进方向与断层倾向相同时,工作面出水点占总出水点数的 51.5%;当断层与工作面垂直或斜交,推进方向与断层垂直或斜交时,工作面出水点占总出水点数的 9.1%;当断层与工作面走向平行,推进方向与断层倾向相反时,工作面出水点占总出水点数的 39.4%。当工作面推进到断层密集的地段,而且工作面已揭露了数条断层时,工作面易出现涌水。如工作面在 3 条以上交叉断层地段出水时水量较大,一般在 60 m^3/h 以上;遇单一断层出水量较小,一般为 30～50 m^3/h,而且工作面推过断层以后,涌水量逐渐减小。一对"两带"孔对比观测结果表明:断层段导水裂缝带高度为 44.49 m,正常段裂高为 33.31 m,增大 33%。

第四节 "两带"高度的测定

一、"两带"高度的实测方法

1. 实测方法简述

实测覆岩破坏"两带"高度直接、可靠,是留设露头区安全煤(岩)柱或研究论证提高开采上限的关键参数。尚无实测资料的新矿区、新矿井或采用新采煤法的工作面,均应当进行实测。"两带"高度的观测方法主要分为地面钻孔观测方法、钻孔电视法、井下钻孔法、物探法、工作面直接观测法和覆岩破坏带内部巷道观测法。各方法的主要特点如表 5-12 所列。

表 5-12 "两带"高度观测方法及适用性

方法	内容	优点	缺点	适用条件
地面钻孔法	地面打钻,穿过采空区至煤层底板,采用漏失量法观测"两带"	确定裂高最常用的方法,结果可靠	如果采深大,则钻探费用高,只代表一点的裂高值	埋深较浅的煤层
钻孔电视法	利用地面钻孔,将电视探头放入孔内,观测岩体开裂、垮落和漏水情况	直接观测裂缝和漏水、离层和垮落情况	需要地面钻孔,需要岩层较硬	与地面钻孔法配合使用,确定垮落带
井下钻孔法	井下打上仰孔,穿过"两带",用注水或压风的方法,观测"两带"高度	采深较大时,可节约钻探工程费用	探测垮落带高度难度大	采深大,地表有积水
物探法	采用瞬变电磁法,利用垮落、开裂岩体电阻率的变化,判断"两带"高度	可探测导水裂缝带和垮落带形态	高度解释有难度和一定误差,受地质条件影响大	应当配合钻孔法使用
工作面直接观测法	在工作面,直接观测采空区垮落带高度	直接观测结果可靠	工作量大,有安全隐患,采高大时观测困难	目前很少采用
覆岩破坏带内部巷道法	由采面顶板巷道向下打钻孔,观测"两带"高度	观测直接,结果可靠,可探高度和形态	工程量大,费用高,有安全隐患	一般利用顶板瓦斯治理巷

“两带”高度的观测目前仍以地面和井下钻孔法为主，为研究“两带”形态和采动岩体的开裂、漏水等特征，提高确定“两带”高度的准确性，可与钻孔电视和物探法结合使用。而工作面直接观测法，由于存在一定的安全隐患，观测工作量大，条件要求严格，目前已经很少采用。

2. 地面“两带”孔覆岩破坏高度观测

（1）观测钻孔布置原则

在基本掌握“两带”发育规律的矿区，可布置 2 个采后“两带”观测钻孔，钻孔布置在工作面靠近上顺槽内侧采空区上方地表，钻孔与上顺槽距离应为 20 m 左右。钻孔终孔层位设计为煤层底板。一般工作面采过钻孔位置 1 个月左右施工钻孔。新矿区则按“两带”高度观测的煤炭行业标准进行布孔观测。

（2）钻孔冲洗液漏失量及钻孔水位观测

本着一孔多用的原则，采后观测钻孔的观测工作内容主要有钻孔冲洗液漏失量观测、钻孔水位观测、钻进异常现象观测；其后可以进行数字测井和彩色钻孔电视观测等。

钻孔冲洗液漏失量观测方法（简称钻孔冲洗液法）是通过直接测定钻进过程中的钻孔冲洗液漏失量、钻孔水位、钻进速度、卡钻、掉钻、钻孔吸风、岩芯观察及地质描述等资料来综合判定垮落带和导水裂缝带高度及其破坏特征的一种方法，也是最传统、最可靠的一种方法。用钻孔冲洗液漏失量观测方法测定采动覆岩垮落带和导水裂缝带高度的常规观测项目及相应的观测内容、观测仪器及工具等详见表 5-13。

表 5-13　　观测项目及仪器

观测项目	观测内容	观测仪器及工具	观测精度
冲洗液漏失量	水源箱内原有水量、钻进过程中加入水量、水源箱内剩余水量、测量时间、钻进的进尺数、孔深	浮标尺、秒表、测尺、钻杆	孔深误差＜0.15% 浮标尺读数误差＜5 mm 进尺读数误差＜10 mm 水位深度误差＜100 mm
孔内水位	每次下钻前孔内水位、每次起钻后孔内水位、停钻期间孔内水位、观测时间	测钟、测绳、秒表、电测深仪	
冲洗液循环中断	冲洗液不能返回水源箱时的钻孔深度、时间；如果采用注水使冲洗液循环正常，则应记录注入水量	钻杆、测尺、秒表	
异常现象	向钻孔内吸风、掉钻、卡钻、钻具振动及相应的孔深	钻具、测尺	
岩芯鉴定	全岩取芯、岩层层位、岩性、倾角、破碎状态、风化情况描述等		

（3）观测孔结构及施工技术要求

常规设计钻孔开孔直径为 130 mm（或由施工单位自定），终孔直径为 91 mm。钻孔结构如图 5-12 所示。

止水检查合格后，换 ϕ91 mm 钻头。开始基岩观测段钻进时，必须采用清水作冲洗液，要求冲洗液闭路循环，观测系统见图 5-13。要求水源箱、循环槽、沉淀池不得漏水，水源箱

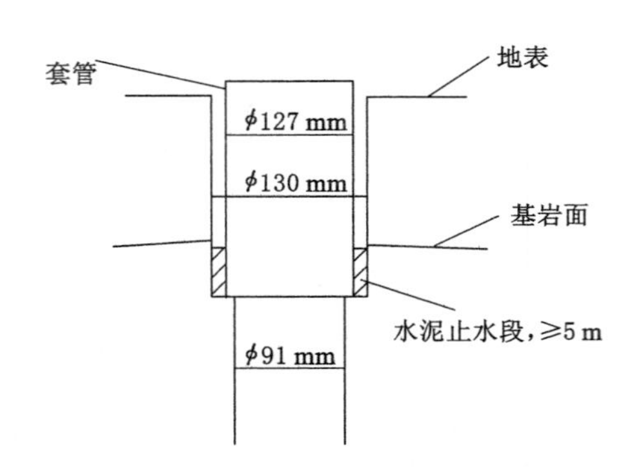

图 5-12　钻孔结构示意图

和沉淀池容积均为不小于 1 m×1 m×1 m 的正方体，水源箱内安设浮标式水位测尺。每个回次的进尺长度不得超过 4 m，在裂缝带不得超过 2 m。为了防止岩粉封堵裂缝，要求每小班至少要清理一次水源箱，并更换清水。每次清理水槽和水源箱或者向水源箱内加水时，必须停止钻进。

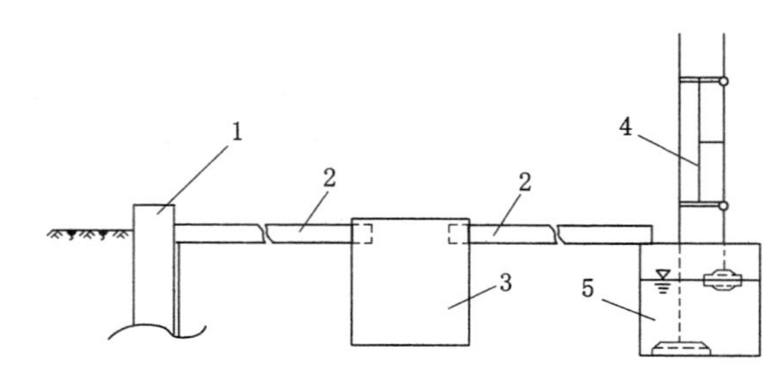

图 5-13　冲洗液漏失量观测系统示意图

1——钻孔；2——循环槽；3——沉淀池；4——浮标式水位测尺；5——水源箱

开始清水钻进时，要求起钻后、下钻前均测定钻孔内水位。当停钻时间较长时，应每隔 5～10 min 观测一次水位。观测水位时要求同时记录孔深、测水位的时间和孔内水位（埋深）数值，水位数值要求准确到小数点后两位（以米为单位）。

钻进过程中还未进入采动影响带而遇到原生裂隙带或含水带等地层常引起钻孔冲洗液漏失量明显变化，则应采取堵漏措施，直到能满足正常观测要求时才能继续钻进。

钻进过程中确定已进入导水裂缝带顶点位置时，要用钢尺重新丈量钻具。此后继续钻进时要安排有经验的人员把钻，记录钻具振动、卡钻、掉钻等情况，每次起钻后观测有无向孔内吸风现象，协助科研观测人员确定垮落带顶点位置，并丈量钻距。

封孔前要进行彩色钻孔电视探测、声速测井和常规电测井等工作。彩色钻孔电视探测要求在孔内无水或清水条件下进行，可在钻孔钻进至终孔层位后马上进行。声速测井则要求孔内必须有井液（水或稀泥浆），为此，可采用在孔内垮落带顶点以上至强裂缝带顶点以下范围内选一合适部位下一段木桩（长度 2 m 左右），再投放少量黄泥并加以捣实，然后向孔内注水或稀泥浆的办法，当孔内保持一定水位（达到套管底口以上）时即可进行声速测井工作，下木桩的位置应在导水裂缝带顶点以下 10 m 左右。

导水裂缝带顶点位置的判别方法如下：

① “两带”孔在基岩采用清水钻孔，采用封闭循环冲洗液，一般每钻进 0.5 m 时，观测冲洗液的漏失量。同时观测提钻后和下钻前钻孔的水位，如果长时间不下钻具，则每隔半小时观测一次钻孔水位。

② 进入导水裂缝带，冲洗液漏失量显著增加，钻孔水位明显下降，直至钻孔不返浆、钻孔水位观测不到。一般采用对比法，在岩石原始渗透性很差的情况下，当漏失量大于 1 L/min或 0.1 L/(min・m)时，即可以认为达到裂缝带。

③ 岩芯破碎，有纵向裂缝。

④ 钻孔有轻微吸风现象。

(4) 垮落带顶点的确定

① 在进入裂缝带后，一般钻孔已经不返水，并且“掉钻”次数频繁。

② 钻进速度时快时慢，有时发生卡钻及钻具振动加剧的现象。

③ 钻孔有明显的吸风现象。

④ 岩芯十分破碎，提取率很低，有交错裂缝，岩芯层理和倾角紊乱。

(5) 导水裂缝带观测实例

海孜矿 1031 工作面“两带”孔(09-SD1)钻孔水文观测结果如图 5-14 所示，当钻进到 264 m 时，冲洗液漏失量显著增加。其后至 270 m 不返水，冲洗液循环终止；观测岩芯有纵向裂缝及轻微吸风现象，纵向裂缝较大，岩芯照片如图 5-15 所示。综合分析，此处进入导水裂缝带。

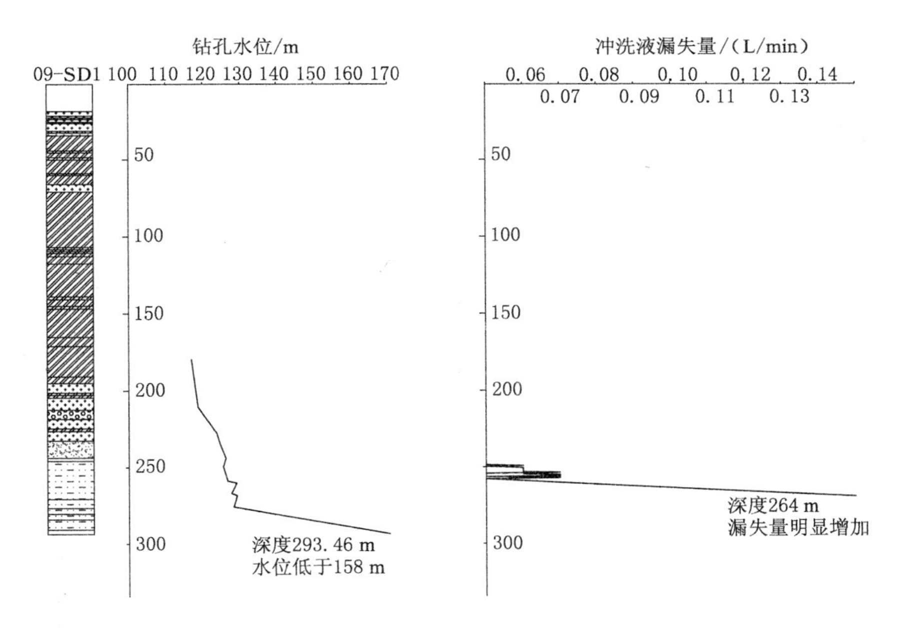

图 5-14　09-SD1 孔冲洗液漏失量及水位变化曲线

工作面 09-SD1 孔位置前后 3 次测量采高的平均值为 2.4 m；由于岩柱厚度薄，并且经过 1 个月后再进行打钻观测，根据经验裂缝带岩层的压缩或伸长值取“0”。

当钻进到 293.46 m 以下时，钻孔水位显著下降，水位低于 158 m；并且此时出现几次小“掉钻”现象；钻进速度时快时慢，有时发生卡钻及钻具震动加剧的现象；钻孔有明显的吸风现象;岩芯十分破碎,岩芯照片如图 5-16 所示;采取率很低,有交错裂缝,岩芯层理和倾角紊乱,分析判断此处已经进入垮落带。

图 5-15　深度 264 m 岩芯破坏情况

图 5-16　深度 293.46 m 岩芯破碎情况

3. 钻孔电视观测

彩色电视系统是把一自带光源的防水摄像探头放入地下钻孔中,在地面的彩色监视器上可直接观测地下钻孔的地质构造,根据图像的形态、颜色及光亮等信息,可用于识别岩性、裂隙、空洞、软弱夹层等情况,并可保存测井资料。通过彩色钻孔电视观测,可以直观地观测到地层的完整情况及裂缝和垮落的发育情况,可以直接观察覆岩尤其是基岩风化带的隔水、透水等情况。对于受采动影响后的岩体通过彩色钻孔电视系统的观测能更进一步了解采动裂缝的发育特征,提高导水裂缝带尤其是垮落带的探测精度。

海孜矿通过钻孔电视录像可以清楚地观察到受采动影响钻孔内壁岩体的开裂和破碎情况,钻孔岩体内窥图片见图 5-17 所示。由图 5-17 可见,钻孔内壁破坏情况可分为 3 段:

① 孔深 246.6～261.01 m,虽然在 255.62 m、258.35 m、258.80 m 和 259.27 m 出现采动或原生的较大裂缝或破碎带,但岩体基本完整,层理构造明显,裂缝多为缓角度。

② 孔深 261.01～287.99 m,孔壁岩体出现多条纵向张裂缝,钻孔滴、淋水增大。在 262.34 m、265.55 m、269.27 m、274.36 m、279.21 m、282.26 m 和 285.36 m 出现大裂缝或破碎带,岩体纵向裂缝随钻孔深度增加而变密集,并且裂缝宽度增大。岩体多呈不规则破断,连通性好,有明显的导水裂缝带特征。因此,判断钻深 261.01 m 为导水裂缝带的顶点。

③ 孔深 287.99～291.6 m,其中 287.99 m 处破碎带岩石不仅破碎,而且节理不一致,说明不在同一层位;289.0～290.73 m 岩体破碎呈块状,至 291.6 m 可清楚观察到孔壁坍塌严重,为垮落岩体的特征。因此,判断 287.99 m 为垮落带的顶点。

综合钻孔电视和钻孔水文观测结果,确定 261.01 m 为导水裂缝带的顶点,287.99 m 为垮落带的顶点。

4. 井下钻孔"双端堵水"覆岩破坏观测系统

(1) 井下仰斜钻孔"两带"观测方法概述

在工作面周边,向采空区上方的覆岩"两带"内打仰斜钻孔,采用双端堵水器观测"两带"高度。与地面打钻孔采用钻孔冲洗液消耗量观测法相比,该方法应用于地面无施工条件、采深大、松散层厚度大的工作面,如图 5-18 所示。

(2) "两带"观测仪结构

整个观测仪器由三部分组成:双端堵水器、连接管路、控制台,如图 5-19 和图 5-20 所示。双端堵水器由两个起胀胶囊和注水探管组成。连接管路有两条:起胀管路和注水管路。控制台也是对应两个:起胀控制台和注水控制台。起胀控制台、起胀管路和双端堵水器的两

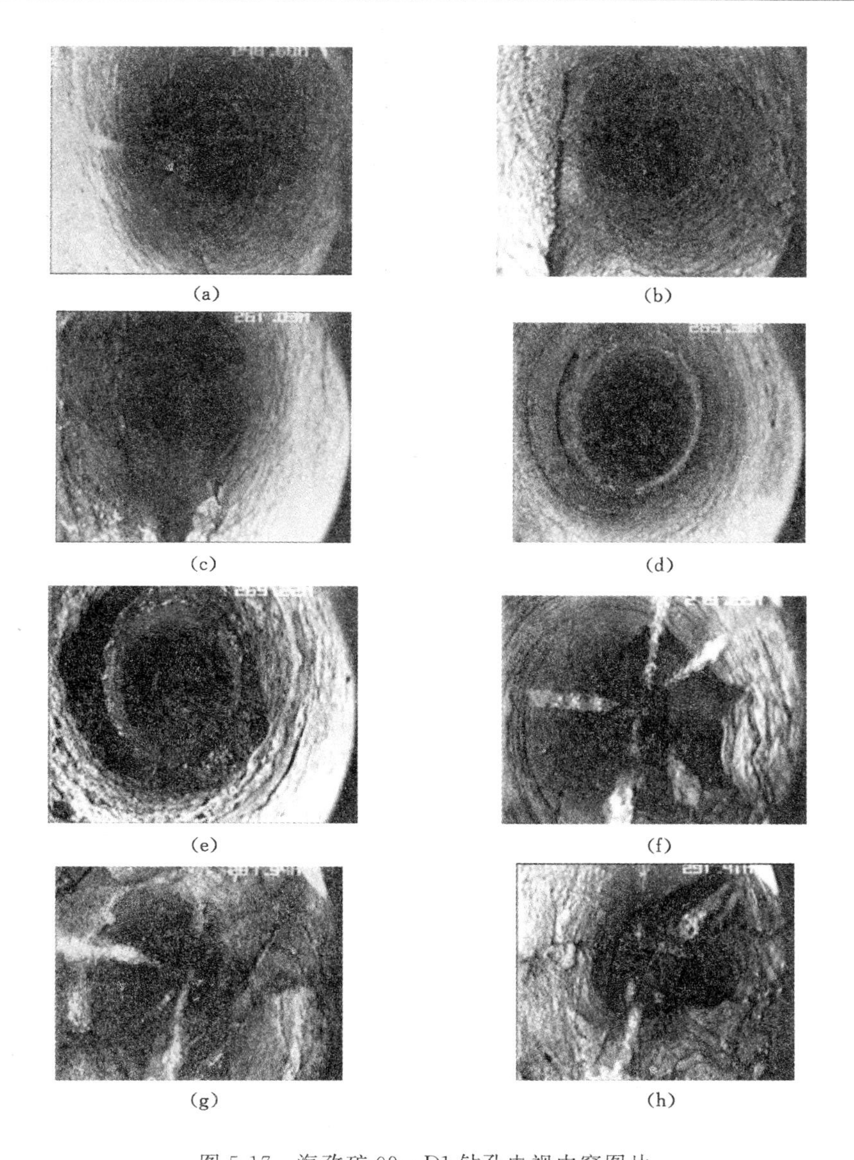

图 5-17　海孜矿 09—D1 钻孔电视内窥图片

(a) 深度 248.60 m 采集图片；(b) 深度 259.12 m 采集图片；(c) 深度 261.03 m 采集图片；
(d) 深度 265.38 m 采集图片(e) 深度 269.22 m 采集图片；(f) 深度 279.28 m 采集图片；
(g) 深度 287.94 m 采集图片；(h) 深度 291.41 m 采集图片

个胶囊相连通，构成控制胶囊膨胀和收缩的控制系统。注水控制台、注水管路和双端堵水器的注水探管相连通，构成一个控制和观测岩层导水性的注水观测系统。

(3) 井下仰斜钻孔"两带"高度观测方法

在采煤工作面周边的适当位置，向采空区上方打仰斜钻孔，该钻孔要穿透覆岩垮落带或导水裂缝带，并进入其上方岩体的一定距离，一般为 5～10 m。

使用双端堵水器，由孔口起自下而上逐段(每段 1 m)测试每段岩层的导水性能，一直测试到孔底。实测到的透水岩层的最大高度以及垮孔情况，就是采场覆岩的"两带"高度。

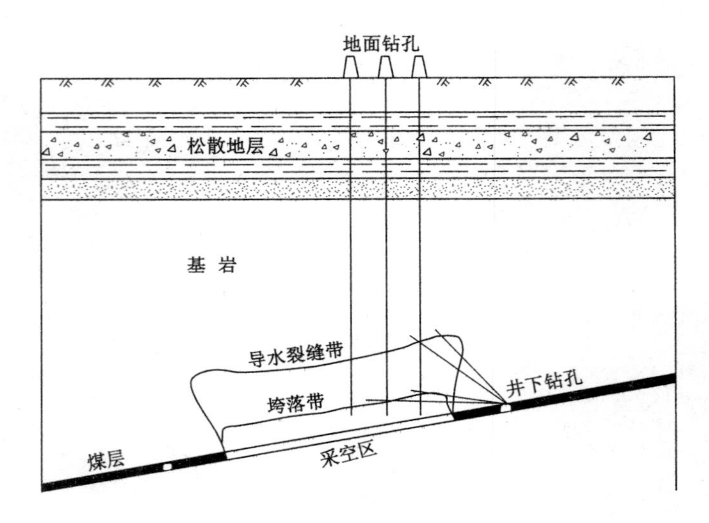

图 5-18 井下仰斜钻孔导水裂缝带高度观测示意图

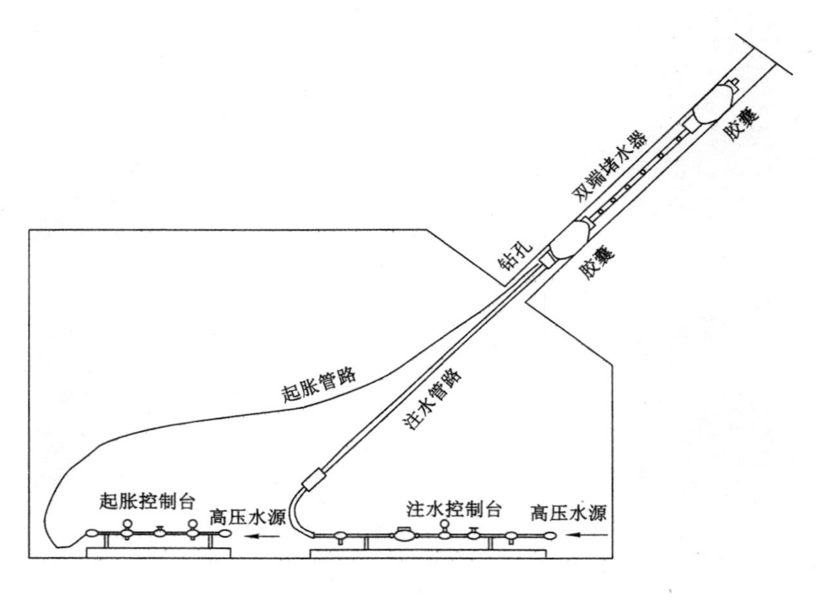

图 5-19 井下仰斜钻孔“两带”高度观测系统图

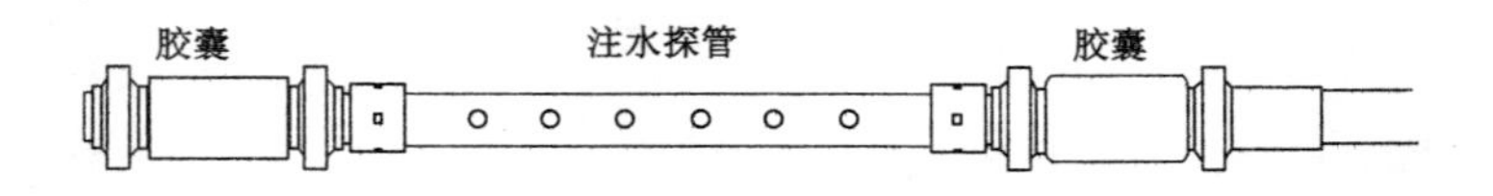

图 5-20 双端堵水器结构示意图

起胀控制台和注水控制台的一端分别连接起胀管路和注水管路，另一端则连着高压水源。要观测某一高度位置的岩层的透水性，就首先操作起胀控制台，使双端堵水器的两个胶囊处于无压收缩状态；第二步使用钻机钻杆（或使用推杆，人力推动）将双端堵水器推移到位；第三步则是操作起胀控制台，对双端堵水器的两个胶囊注水加压，使之处于承压膨胀状态，从而封堵分隔一段钻孔；最后则是操作注水控制台，对分隔出的一段钻孔进行注水观测，通过注水控制台上的流量表，观测出这段岩层单位时间的注水渗流量，从而测试出这段岩层的透水性能。

(4) 观测实例

徐庄煤矿 8172 工作面观测站处 8 煤采厚 4.49 m，7 煤采厚 5.7 m，采用综放开采，顶板为中硬类型。7、8 煤间距为 12.5 m。钻孔的注水漏失量大于 20 L/min，为导水裂缝带内；当钻孔漏失量小于 12 L/min，认为基本处于裂缝带外围位置。8172 工作面也采用了结合钻孔漏失量、钻孔钻探情况和覆岩岩性特征的“三判据综合判别方法”，探测分析导水裂缝带高度(图 5-21)。通过 3 个钻孔分析，1 号钻孔漏失量明显减少的最大高度为 84.74 m。

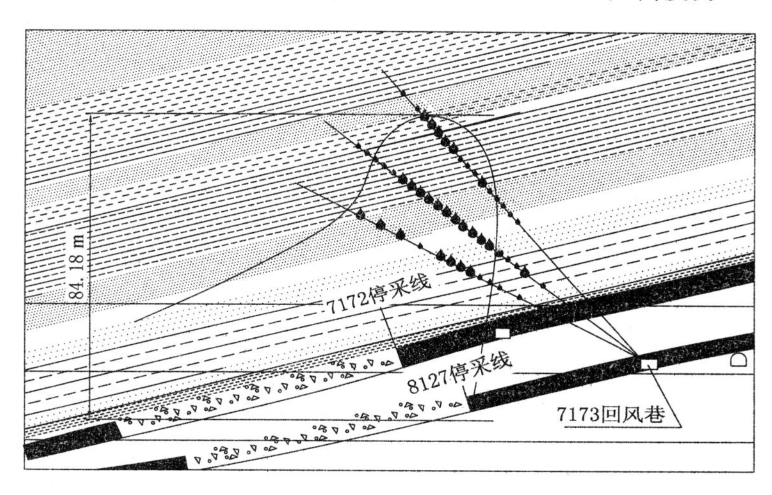

图 5-21　导水裂缝带发育形态

5. 瞬变电磁法探测浅部“两带”特征

(1) 物理探测的特点

物理探测是利用物理探测手段来分析覆岩破坏高度的方法。尽管物理探测手段有较大的提高，对破坏形态有较好的解释，但“两带”高度的探测精度尚未达到工程实际需要。另外，浅部覆岩破坏高度的实测技术是水体下采煤的难题之一。由于导水裂缝带已经波及到基岩风化带甚至松散层，地面“两带”孔在基岩段已经没有保护层可下套管止水，而施工井下仰上“两带”孔在基岩风化带护孔困难。物理探测方法无须破坏地层结构，可取得垮落带、导水裂缝带在浅部发育的实测资料，弥补了钻孔法的不足。物理探测方法主要有瞬变电磁法、连续电导率法和直流电法，其中瞬变电磁法探测效果相对较好，下面主要介绍该方法。

(2) 瞬变电磁法简介

瞬变电磁法三维成像技术(Transient Electromagnetic Method，简称 TEM)是利用大功率的发射装置向铺设在地面的大矩形线圈发送双极性矩形大电流，在电流开启和关断时，由于电磁感应作用产生电压脉冲，进一步产生感应磁场。电磁场在地下传播的速度和幅度的衰弱程度与地下介质的电阻率和介质的深度等有关。通过设置在地表各测点处的分量磁场传感器和数据记录器观测时间变化的磁场，来探测地下介质的结构。

煤层被开采后，覆岩垮落和开裂会显著改变岩体的电阻率，当采空区没有积水时，电阻率一般增高；当采空区有积水时，电阻率一般减小。通过对比未开采区岩体的电阻率，确定“两带”的高度和形态。

（3）探测效果

以杨村矿 301 工作面探测为例。在 301 工作面“两带”高度和形态探测中，使用了 400 m×400 m 的矩形发射框，发射电流 20 A 左右，采用中心式测量方式，使用中频和低频两个频段进行观测，以达到更大的探测深度和更高的分辨率效果。

根据测点的视电阻率随时间的变化曲线，通过一维反演，拟合出分层视电阻率。由视电阻率的变化规律，结合本区采矿地质条件，给出本区地层视电阻率特征值，分别给出采空区、覆岩“两带”和实体煤层区反演得到的模型电阻率和厚度参数的分布范围。在各测点反演的基础上，构制了电性结构剖面图（图 5-22）。由图 5-22 可见，电性结构图反映了工作面不同开采高度“两带”高度随之变化的情况。

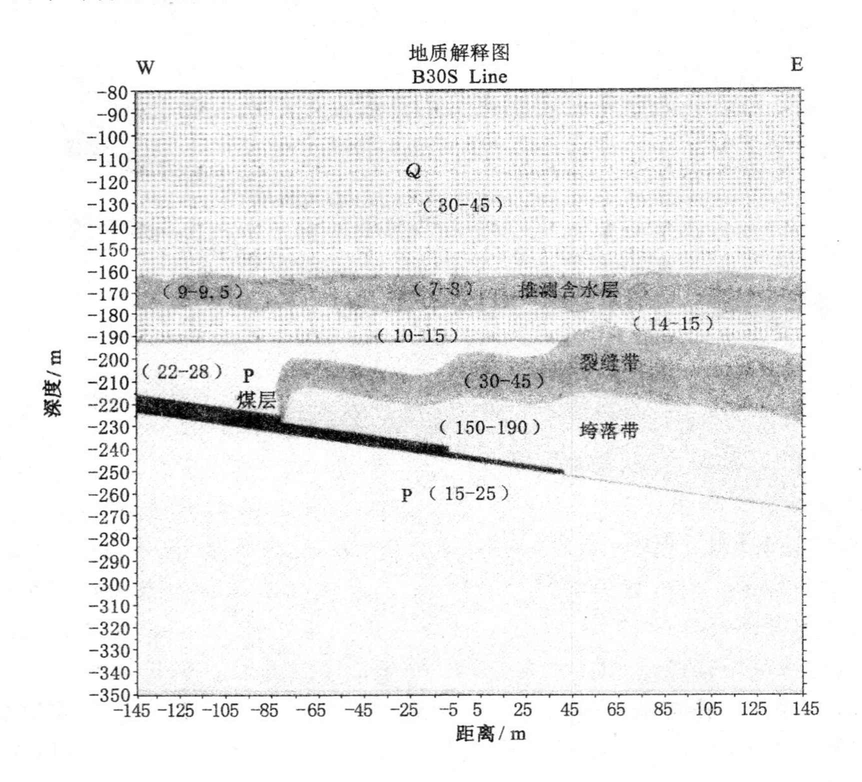

图 5-22　电性结构剖面图

通过探测解释垮落带高度在 36～42 m 之间变化（从煤层底板算起），并有两侧高、中间低的“马鞍型”形态。导水裂缝带的形态大体与垮落带的形态相似，导水裂缝带的高度为 63～70 m 左右（见图 5-22）。平均煤厚 8 m，从煤层顶板算起垮落带和裂缝带高度分别为 28～34 m 和 55～62 m。本区段实际采高为 6.4 m，因此计算出垮采比为 4.38～5.31，裂采比为 8.6～9.69，见表 5-14。

表 5-14　　瞬变电磁法观测“两带”高度

项目＼开采位置	深部区段	浅部区段	限厚区(隔二放二)	限厚区(隔四放二)
实际采厚/m	6.4	6.4	5.4	4.2
垮高/m	28～34	29～31	20	12
垮采比	4.38～5.31	4.53～4.84	3.7	2.86
裂高/m	55～62	40～52	42	27
裂采比	8.6～9.69	6.25～8.13	7.78	6.43

二、数值分析及模型试验确定“两带”高度

1. 数值模拟研究

(1) 数值模拟的特点

虽然现场观测覆岩破坏“两带”高度的精度高，但受地质、采矿和经济条件的限制难以进行大量的观测。数值模拟在预测煤厚变化、断层、陷落柱等影响，且实际难以观测情况时的“两带”发育特征是十分有必要的。数值模拟也可更全面认识采动导致应力场、变形场、位移场和塑性破坏区等发育、发展的变化过程。如果有类似条件的实测结果作为数值模拟的拟合对象，以调整模型参数，使其较好地反映实际情况，然后再根据新采场的条件进行计算预测，则可显著提高计算预测的精度。目前常用三维有限差分计算软件——FLAC^{3D}(Fast Lagrangian Analysis of Continua，3.0)主要适用于模拟计算地质材料的力学行为，特别是材料达到屈服极限后产生的塑性变形。

(2) 数值模拟实例

以海孜矿 1033 工作面为例，根据地质和煤岩条件，参照 09-S1 孔、补 1 孔、5-5 孔、06-6 孔、5-617 孔的柱状图信息等，建立了 1033 工作面的模型。如图 5-23 所示为数值模拟计算网格剖分图。

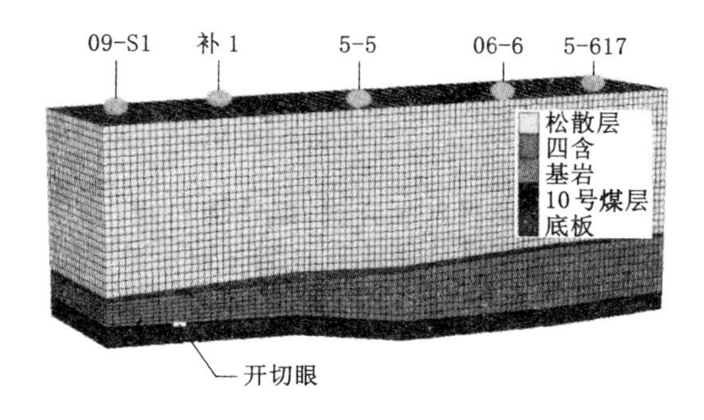

图 5-23　数值模型图

图 5-24 为工作面推进 700 m 时走向剖面岩体破坏场，推进破坏特点表现为在采空区附近岩体破坏主要呈现拉剪复合破坏，而相对采空区较远位置主要表现为剪切破坏。首先在

工作面位置发生岩体破坏，随着工作面推进及时间推移，破坏不断转移传递，不断向前、向上发展，最终波及到地表引起地表破坏而发生地表移动变形。通过对破坏场、围岩应力场和围岩位移场的综合分析，1033综采工作面按照平均煤层厚度2.8 m计算，模拟计算得到的垮落带高度和导水裂缝带高度分别为10 m和40 m左右。

图5-24　工作面推进700 m岩体破坏图

2. 相似模拟试验研究

(1) 方法特点

相似模拟试验模拟涌水、溃泥过程以及煤厚变化、断层、陷落柱等影响，在实际难以观测情况时是十分有必要的。相似材料模型实验方法的实质是：用与采场原型力学性质相似的材料按照几何相似的一定比例缩制成实验模型。

根据相似理论，欲使模型与实体原型相似，必须满足各对应量成一定比例关系及各对应量所组成的物理数学方程相同。具体在矿压方面的应用，要保证模型与实体在以下三个方面相似：

① 几何相似：要求模型与实体几何形状相似，即满足几何相似比α_L为常数。

② 运动相似：要求模型与实体原型所有对应的运动情况相似，要求各对应点的速度、加速度、运动时间等都成一定比例，即满足时间相似比α_t为常数。

③ 动力相似：要求模型和实体原型的所有作用力相似，即满足重度相似比α_γ为常数。其中应力相似常数$\alpha_\sigma=\alpha_\gamma \cdot \alpha_L$。

相似材料模型依其相似程度的不同而分为两种：一种是定性模型，主要目的是通过模型去定性地判断原型中发生某种现象的本质或机理；或者通过若干模型了解某一因素对井下所产生的某种典型地压现象的影响。在这种模型中，不要求严格遵循各种相似关系，而只需满足主要的相似常数。另一种是定量模型，在这种模型中，要求主要的物理量都尽量满足相似常数与相似判据。由于这种模型所需的材料多，花费的时间多，因此在制作这种模型以前最好先进行定性模拟。

(2) 相似模拟试验实例

以海孜矿1033工作面浅部开采为例，实验采用中国矿业大学(北京)的二维试验台，实验台尺寸为：长×宽×高为1 800 mm×160 mm×1 300 mm，采用平面应变模型。加载采用金属配重块，电子经纬仪及数码照相机各一架。

根据模拟开采范围、1033工作面顶底板岩层的性质和结构及模拟开采研究的目的确定

模型的几何相似比 $\alpha_L=100:1$，重度相似比为 $\alpha_\gamma=1.6:1$，应力相似比 $\alpha_\sigma=160:1$。由于本实验未能模拟整个地层厚度，因此会采取配重加载的方式来实现。

根据采空区覆岩移动破坏程度，可以将其分为垮落带和裂缝带：垮落带破断后呈不规则跨落，排列极不整齐，松散系数比较大；而裂缝带岩层破断后，岩块仍然整齐排列，裂缝带通常存在垂直裂缝和水平裂缝，因而往往会成为导水、导砂的良好通道。覆岩破坏形成了形态近似为“马鞍”状的裂缝带，如图 5-25 所示。由模拟试验观察得出，工作面开采厚度为 2.5 m 时，开采后垮落带高度约为 12 m，垮采比为 4.8；裂缝带高度约为 28 m，裂采比为 11.2。

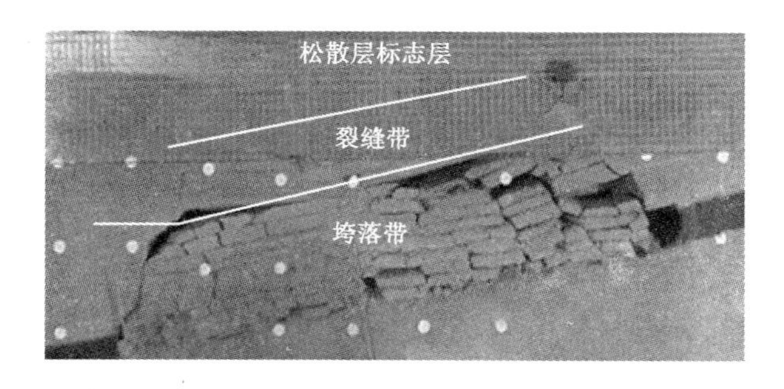

图 5-25　模拟实验“两带”分布图

随着工作面的不断推进，逐渐逼近开采煤层的露头位置，裂缝带和垮落带也不断向前推进。当裂缝带和垮落带高度进入松散层时就会发生溃砂现象（图 5-26），而在工作面实际开采过程中是不允许出现溃砂灾害的。通过模型试验可了解溃砂的发生过程和条件，有助于防止溃砂事故。

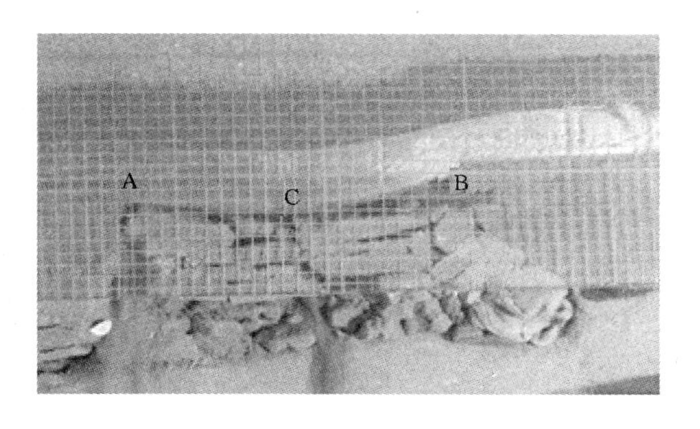

图 5-26　浅埋深工作面溃砂示意图

第五节 水害原因分析与防治技术措施

一、煤矿水害事故原因及特点

1. 煤矿水害事故原因

2010～2014 年全国煤矿水害事故统计见表 5-15，重大煤矿水害事故见表 5-16。

表 5-15 2010～2014 年全国煤矿水害事故统计表

年份	2014	2013	2012	2011	2010
水害事故数	5	10	7	16	15
水害事故死亡人数	41	57	48	83	66
煤矿事故总数	46	55	64	85	108
煤矿事故死亡总人数	252	424	431	466	605
水害事故占总事故比例/%	10.9	18.2	10.9	18.8	13.9
水害事故死亡人数占总死亡人数比例/%	16.3	13.4	11.1	17.8	10.9

注：1. 以上数据从国家安监总局网站查询；2. 失踪人数没有记入死亡人数中。

表 5-16 2010～2014 年全国重大煤矿水害事故统计表

时间	地点	死亡人数	原因
2014.4.7	云南省曲靖市麒麟区黎明实业有限公司下海子煤矿	22 人	一采区工作面爆破引发透水事故
2013.3.11	黑龙江省龙煤集团鹤岗分公司振兴煤矿	18 人	导水裂缝带发育，沟通断层，连接到含水层
2012.4.6	吉林省蛟河市丰兴煤矿	12 人	测量图纸出现偏差，致使图纸上标注的 40 m 防水煤柱并不存在，工作面掘进过程中沟通老空水
2010.3.1	神华集团乌海能源有限公司骆驼山矿	32 人	16 号煤层回风大巷掘进工作面遇煤层下方隐伏陷落柱，导致奥陶系灰岩水从煤层底板涌出

我国煤矿水害大致分为五个区域：华北区、华南区、西北区、西南区、东北区。每个区域的特点如下：

① 华北石炭二叠纪煤田的岩溶—裂隙水水害区。该区域矿井安全时刻受到奥灰水或寒灰水的严重威胁，黄淮平原的煤田上覆有巨厚的新生界松散含水层，老空区透水事故在该地区常有发生。

② 华南晚二叠纪煤田的岩溶水水害区。该区域属于湿润气候区，矿井突水频繁，经常影响生产或者淹井，雨季特别危险，同时该地区还受到煤层顶板岩溶水和老空水的威胁。

③ 东北侏罗纪煤田的裂隙水水害区。该区域矿井多受地表水和第四系松散含水层水的威胁，同时，老空区积水的影响也非常大。

④ 西北侏罗纪煤田的裂隙水水害区。该区域严重缺水，存在供水问题，主要水害是老空水，少部分地区有地表水害。

⑤ 西藏—滇西中生代煤田的裂隙水水害区。该区域降雨量大，但煤炭储量少，水文地质条件简单，水害不严重。

煤矿水害事故特点：

① 事故总量所占比例小，但较大以上水害事故所占比例大。

② 乡镇煤矿水害事故所占比例大。

③ 透水事故的主要水源为老空区积水。

④ 水害事故发生时间相对集中。

⑤ 少数地区水害事故相对多发。

⑥ 水害瞒报谎报迟报事故多。

煤矿水害事故原因：

① 没有开展防治水工作。

② 防治水工作不到位。

③ 超层越界开采。

④ 井田内废弃井巷治理不彻底。

⑤ 雨季“三防”措施不落实。

⑥ 出现透水征兆撤人不及时。

⑦ 技术服务机构提供的地质资料不符合实际。

2. 水体下采煤主要事故防治

在长期的水体下采煤实践中，由于水文地质条件不明、防治水技术的不成熟、防治水理论的不完善以及决策失误等因素，也曾发生多起严重的顶板溃砂、突水事故。

(1) 溃砂事故类型及防治对策

采煤工作面或巷道出现溃砂事故的主要类型，事故原因和防治对策见表5-17。

表5-17　煤矿溃砂事故类型及防治措施

序号	事故类型	事故原因	防治对策
1	安全煤(岩)柱留设尺寸过小、垮落带高度预测过低或保护层留设过薄	垮落带波及含水砂层及软塑、流塑黏土层，发生溃砂事故	正确预测“两带”，合理确定保护层厚度
2	工作面开采或巷道掘进过程中，覆岩非“三带”类型破坏，出现切顶、抽冒等	垮落带高度异常增大，波及松散含水层软塑黏土及砂土，甚至地表水	认识采矿条件，防止覆岩异常破坏
3	采用新的开采方法，例如厚煤层由分层开采改为综放或一次采全高，未及时探测“两带”高度	“两带”高度异常增大，波及松散层水体及砂层溃入工作面	探测“两带”高度
4	新采区、新矿区、新地层等地质、采矿条件变化，但无实测“两带”高度	“两带”高度异常增大，波及松散层水体及砂层溃入工作面	探测“两带”高度

续表 5-17

序号	事故类型	事故原因	防治对策
5	未采用钻孔漏失量等可靠方法进行“两带”实测，仅采用数值模拟、室内相似模拟结果或仅采用物探结果	实际“两带”高度与预测值差异大	探测“两带”高度
6	在与河、湖、水库及地表积水有水力联系的附近区域开采，留设防砂煤(岩)柱	安全煤(岩)柱厚度不足，类型不对，导致洪水期间，水、砂溃入矿井	查明水文地质条件；采取必要防治水措施
7	松散含水砂层为中等富水性，却留设防砂、防塌安全煤(岩)柱	松散层水体及砂层大量溃入工作面，安全煤柱厚度不足，类型不对	进行水文地质补勘；按规范留设安全煤柱
8	疏干松散含水层，留设防塌安全煤(岩)柱时开采，松散层底部仍存在透镜状流砂层；或者残余水头较高，砂土仍然为流土	砂层为流砂，溃入矿井	工作面开采前，采用适当密度仰上钻孔进行探放水
9	留设防砂、防塌安全煤(岩)柱时，以黏土为保护层，黏土层厚度变薄或黏土为软塑、流塑状态	黏土层保护层未起到保护作用	进行黏土层厚度探测及性质试验
10	开采导致断层、陷落柱“活化”、岩溶塌陷	垮落带及塌陷坑波及松散含水层	留设足够尺寸的安全煤(岩)柱
11	中、西部黄土高原区的无水冲沟、薄基岩条件，采动裂缝及塌坑已经波及地表	洪水时水、砂溃入矿井	回填裂缝及塌陷坑或枯水期采过冲沟区域

生产中，在留设防砂煤柱和防塌煤柱开采时，对于预测有溃砂可能的工作面，可以在工作面的两道内设置挡砂墙，在回采时采用铺设双抗网等措施，防治溃砂的发生。也可以采取疏干或者降低地下水位，降低采动裂隙贯通含水层引起的水力坡度，或者采用限制开采厚度、充填开采等措施减少覆岩破坏程度，降低溃砂的风险。

(2) 顶板突水事故类型及防治对策

以上满足溃砂事故的条件时，工作面也一定出现突水事故。除上述原因外，还有以下工作面突水的主要类型，见表 5-18。

表 5-18　突水事故类型及防治对策

序号	事故类型	事故原因	防治对策
1	顶板含水层为中等—强含水层，留设防砂、防塌安全煤(岩)柱	安全煤柱厚度不足，类型不对，导水裂缝带波及中等—强含水层	查明水文地质条件，正确留设防水安全煤(岩)柱
2	涌水量预测偏低，工作面及矿井排水能力不足	涌水不能及时排出	合理预测涌水量，布置足够排水能力

续表 5-18

序号	事故类型	事故原因	防治对策
3	受断层、陷落柱等导水构造影响，导通新含水层	涌水量异常增大	通过水质分析及物探，认识水源及导水通道，选择封堵或设置挡水闸墙等措施
4	初次来压或大面积区域来压，导水裂缝带波及更高含水层	周期性涌水量增大	通过水质分析及物探，认识水源及导水通道，及时增大排水能力
5	封闭不良钻孔导通上覆含水层	钻孔附近工作面涌水量增大	启封钻孔或留设保护煤(岩)柱
6	中、西部黄土高原的冲沟区域，由风化裂缝形成的局部富水区	冲沟区巷道和工作面水量增大	水文地质补勘，圈定富水区域，进行疏降或采取留设煤柱等措施
7	断层将原来影响不到的含水层错落到导水裂缝带范围内	工作面涌水量增大	地质、水文地质补勘，增大工作面排水能力，或采取封堵措施

二、限厚开采防治措施

1. 限厚开采

限厚开采是通过减小单层采厚，从而降低采动对顶板覆岩变形破坏的影响，减少煤层覆岩的垮落带和导水裂缝带高度，预防水、砂通过导水通道进入工作面的安全技术措施，是目前在水体下采煤比较普遍采用的一种技术措施。

2. 限厚开采的实施

采用分层间歇开采法，即上、下分层开采应有一定的间歇时间。分层间歇开采指用倾斜分层下行垮落方法开采缓斜厚煤层的开采措施，是水体下开采中比较普遍采用的一种方法，特别是在水体下开采薄基岩柱煤层，即采用防砂煤(岩)柱或防塌煤(岩)柱时，经常采取的一种有效的技术措施。由于对厚煤层采用了分层间歇回采，采高减小，使得煤层覆岩的垮落带和导水裂缝带高度与一次采全厚比较起来小很多，使整个覆岩形成均衡破坏，防止了不均衡破坏对水体的影响。对于厚松散层下浅部开采或安全煤(岩)柱中基岩厚度较小的条件，分层间歇开采具有更加明显的效果。

合理的分层间歇时间，应根据采区采煤地质条件及岩层移动规律来确定。例如，当所采煤层的覆岩为中等硬度时，垮落带和导水裂缝带内的岩层，一般在采后 3～4 个月就基本趋于稳定，便可进行下一分层的开采。如果覆岩坚硬，间隔的时间还要长。

三、充填开采防治措施

前面讲述建筑物下采煤时，已经对充填开采措施进行了较详细的介绍，在此主要介绍与水体下采煤有关的内容。

充填开采是向采空区局部或全部充填替代材料，从而达到减小采高的效果。利用顶板管理方法可降低覆岩变形破坏程度，降低“两带”高度，从而实现水体下安全开采。其适用条件为：

① 赋存条件和开采技术条件比较复杂的煤矿，如水文地质条件复杂，煤层埋藏较深而且地压较大。

② 适用于开采水体下倾角比较大的煤层，例如急倾斜煤层可防止采空区不稳定，出现抽冒破坏。便于向采场输送充填料并可以减少充填不到的空间和充填料接顶的面积。

③ 防水安全煤（岩）柱厚度，不能满足垮落法管理顶板时的安全煤柱厚度要求。

四、疏干或疏降水体开采防治措施

疏干或疏降开采是在开采前或开采过程中，采用钻孔、巷道和工作面等方式，疏干（补给源有限时）或降低（补给源充足时）采区、井田或矿区的地下水水位，以保证在开采含水层下面煤层时的安全。

疏干或疏降水体开采方法一般适用于下列三种情况：

① 煤层的直接顶板无隔水层且为含水层。

② 基岩含水层底板位于煤层开采导水裂缝带范围内。

③ 当回采上限接近松散含水层且含水层的补给源充足时，一般也应当采用疏干或疏降的开采方法。

疏干或疏降水体采煤包括先疏（水）后采（煤）和边疏（水）边采（煤）两种情况。根据我国煤矿开采的经验，先疏后采适应于下列条件：

① 煤层直接顶板或底板为砂岩或石灰岩岩溶含水层，且能够实现预先疏干时。

② 松散含水层为弱或弱中含水层、水源补给有限，通过专门疏干措施或长期开拓与回采工程可以预先疏干时。

边疏边采指的是砂岩或石灰岩岩溶含水层为煤层基本顶，回采后，基本顶含水层水由采空区涌出，不影响工作面作业，但在工作面内需要采取排水措施。

五、矿区保水开采技术措施

在我国陕北、内蒙古、宁夏和新疆等西部矿区水资源缺乏，地表生态脆弱，保护地表水和潜水十分必要；在华南的喀斯特矿区地表及地下水流失可造成岩溶塌陷、泉水干枯等严重问题。因此在该类矿区保水开采问题是十分迫切的。保水开采是在防治工作面突水的同时，对水资源进行有意识的保护，使煤炭开采对矿区水文环境的扰动量小于区域水文环境容量。研究开采后上覆岩层的破断规律和地下水漏斗的形成机理，以及各种地质条件下开采期间岩层活动与地下水渗漏的关系，从采矿方法、地面注浆等方面采取措施，实现水资源的保护和综合利用。

1. 保水开采的适用条件

保水开采主要包括自然保水开采、特殊保水开采、可控保水开采及贫水区开采等类型，各自有不同的适用条件。

自然保水开采类：采用一次采全高长臂开采方法，采动隔水层位于弯曲下沉带，隔水层的隔水性稳定，煤层开采可以实现自然保水开采。

特殊保水开采类：如果隔水岩组很薄，采动后隔水层完全处于垮落带或裂缝带，采动将导致隔水性完全丧失，需要采取充填开采等特殊开采方式实现保水开采，在没有合理的开采方式之前应当限制开采。

可控保水开采类：当隔水岩组厚度介于 18～35 倍采厚时，覆岩裂缝带不会导通隔水岩组，隔水岩组的隔水稳定性处于安全至临界安全状态。此类条件的区域，通过限厚分层开采或协调开采等适当方式，可以降低覆岩导水裂缝带高度和地表裂缝深度，加上合理利用裂缝带闭合性，就可以实现高效保水开采。

贫水区开采：部分区域地表无水，可以采用全部垮落法开采，减少滞留煤柱，尽量保持地表均匀沉降，降低地表损害程度。

2. 保水开采的主要技术途径

实现保水开采的技术途径主要从以下几方面考虑：

（1）合理选择开采区域

① 对于不存在含水层或煤层埋藏适中，有含水层但其底部有厚度较大隔水层的地区。该区域煤层开采的垮落带和导水断裂带发育不到含水层底部，不至于破坏含水层结构，潜水含水层水位基本保持稳定，可以实现保水开采。

② 有含水层、隔水层分布，但隔水层的厚度有限，煤层开采后需采取一定的措施，才可以保护地下水不受破坏的地区。需要研究煤层采动覆岩破坏规律和地下水位下降与沙漠地区植被生存条件的关系等。应采取有效保水开采措施后方可进行开采，如神东矿区秃尾河沿岸的一些井田。

③ 对于煤层埋藏浅又富含水，煤层开采会造成地下水全部渗漏的地区。一旦开采，矿井突水可以通过提前疏降水工程保证，但不能保证地下水含水结构、生态环境的破坏，在没有彻底解决地下水渗漏问题之前，暂缓开发。如神府东胜煤田乌兰木伦河上游的一些井田。已经开采的矿井，应该采取充填保水开采措施。

（2）留设防水煤（岩）柱

目前在松散含水层等水体下采煤，一般根据开采区域工程地质及水文地质条件、煤（岩）柱两侧的开采状况及采矿技术条件等因素，采取留设防水煤（岩）柱的方法进行开采。

（3）排补平衡

通过将采空区和深部含水层水净化处理后，补给浅部含水层，使浅部含水层流失水量与补给水量达到动态平衡，保持水位稳定。

3. “煤—水”双资源“双保双采”

我国大量矿区普遍面临一个采煤（排水）、控水（供水）、生态环保三者之间的矛盾与冲突问题，“煤—水”双资源型矿井建设和“控水采煤”技术研发是解决三者矛盾与冲突问题的有效方法和具体途径。该方法核心支撑技术主要包括：

（1）对于具备可疏性矿井

可采用矿井排水、供水、生态环保三位一体优化结合的方法。排水措施可以实施地面排水，也可井下放水，有时可二者相互结合。井下放水最好采用清污分流的排水系统，这样可大大减少矿井水的处理成本。

（2）对于可疏性差矿井

可采用矿井地下水控制、利用、生态环保“三位一体”优化结合的方法。地下水控制措施包括：煤层底板注浆加固与含水层改造；注浆封堵导水通道；改变走向长壁采煤方法，实施诸如充填开采法或房柱式开采法等，优化开采工艺；在第四系强富水含水层下对煤层覆岩实施局部轻微爆破松散，抑制冒裂带发育高度；局部限制采用对煤层顶底板扰动破坏大的一次性采全高或放顶煤等开采工艺；应用“三图法”对研究区实施开采适宜性评价，进行开采适宜性分区，圈定不宜开采地段；建立地面浅排水源地，预先截取补给矿井的地下水流；预先疏排诸如强径流带等地下强富水地段等。在对补给矿坑地下水实施最大限度控制、最大限度减小矿井涌水量的基础上，将有限的矿井排水分质处理后最大化加以利用。通过对矿井水实施有效控制与利用，保护了矿区地下水资源，防止了地下水水位大幅下降，避免了矿区生态系统和地质环境的恶化，维护了矿区原始生态地质环境。

（3）对于具备回灌条件的矿井

可采用矿井水控制、处理、利用、回灌、生态环保“五位一体”优化结合的模式和方法。首先通过采取各种防治水的有效措施后，将有限的矿井水进行井下和地面的水质处理，最大限度地在井下生产环节和地面供水环节利用矿井水，最后剩余的矿井水经处理达标后回灌地下，达到矿井水在地面的零排放目标，实现我国煤炭资源开发与水资源和生态环境保护统筹规划、协调可持续发展的最终目标。

（4）管理层面的组织协调

由于“三位一体”或“五位一体”优化结合系统涉及矿山、水务、环保三个相互独立的不同部门，如要能使三者实施无缝有效的成功结合，不同层次的政府出面组织协调三部门相互关系是非常重要的保障。

思考题

1. 简述对采矿有影响的水体类型及其威胁。
2. 简述水体下安全煤(岩)柱的分类及留设方法。
3. 简述“两带”高度的测定方法。
4. 有一厚度为 3.5 m 的单一煤层，覆岩中硬，松散含水砂层富水性中等，考虑综放开采情况计算最小防水安全煤(岩)柱的留设厚度。

第六章　承压水体上采煤

第一节　概　　述

一、矿井底板水害状况

我国华北型石炭二叠纪煤田基底普遍赋存有奥陶纪或寒武纪厚层石灰岩。该层石灰岩距煤层较近、厚度大、富水性强、局部岩溶和陷落柱发育，再加上断裂构造的影响，导致矿井水文地质条件复杂。开采奥灰承压水影响的煤炭资源受水害威胁严重，突水事故频繁发生，是煤矿重大水灾事故的重要组成部分。在华南晚二叠纪煤田，煤系顶底板都赋存有石灰岩岩溶水，这些矿区都不同程度地受到岩溶承压水威胁，而且随着开采延深，其威胁日益严重。

新中国成立后，采矿工作者一直与矿井水害进行了不懈的斗争，但大、小水害仍频频发生。1956～1986 年共发生淹井 222 起，突水 1 600 次，1 318 人丧生，直接经济损失高达到 30 亿元。其中，1984～1985 年，全国共发生因底板突水而淹井事故 22 起，仅开滦、焦作、肥城 3 个大型矿务局就有 6 对矿井被淹，峰值水量高达 2 050 m^3/min，形成当时世界之最，直接经济损失约 8 亿元。2000～2009 年，国有煤矿重特大水灾事故起数和死亡人数均较高，其中发生一次死亡 10 人以上的特大透水事故 16 起，死亡 456 人；发生一次死亡 30 人以上的透水事故 3 起，死亡 193 人。在 16 起特大水害事故中，其中底板突水事故 4 起，死亡 74 人，占特大以上水害事故起数的 25%、人数的 16.2%。2009 年以来我国水灾事故明显减少，但是仍然发生了桃园煤矿等淹井事故。

目前受水威胁的矿井约占大矿总数的 30%以上，受水威胁储量近百亿吨。由此可见，矿井突水灾害是煤矿安全生产亟待解决的实际问题。

二、水体上开采技术研究

人们对突水机制的认识和发展有一渐进过程，早期仅限于突水现象的表面描述和对突水资料归纳整理导出经验公式。20 世纪 40 年代后，人们开始用力学观点探讨突水机理，如匈牙利采用相对隔水层概念，苏联的斯列沙运夫推导出安全水头的静力学公式。当实际水头大于安全水头时则不安全，反之则安全。虽然其考虑因素不全，但开创了用力学观点研究底板突水的先例。

我国早在 20 世纪 60 年代焦作水文地质会战时，首次总结底板突水规律提出了“突水系数”的概念和判据。突水系数概念明确，公式简便，表达式中虽然只出现水压和隔水层厚度两个参数，但它反映了突水因素的综合作用，故在早期带压开采中起了积极的作用并沿用至今。但临界突水系数统计中 80%以上是断层突水，所以其反映的主要是断层薄弱带的突水条件，若用于预测无地质构造的正常底板，则其数值偏小。另外，这对深部开采有一定的限制和束缚作用。

20世纪80年代以后，随着各矿区开采水平的延深，突水灾害日趋严重，并引起国家和科研人员的重视，积极探索预防突水的理论，深入现场，做了大量探测、分析和交流、研究工作，结合采矿、地质和岩石力学等提出多种具有中国特色的突水机理新理论。其中主要有：中国矿业大学(北京)武强教授提出的"五图双系数"法和"脆弱性指数法"；煤炭科学研究总院刘天泉院士等的"薄板结构"理论及王作宇研究员等的"零位破坏"和"原位张裂"概念；中国矿业大学钱鸣高院士等的"关键层"(KS)理论；中科院地质所的"强渗透通道"学说；西安煤科院的"岩水应力耦合"学说；山东科技大学李白英教授等提出的"下三带"理论，高延法教授提出的"突水优势面"理论等。华北科技学院尹尚先教授建立了多个陷落柱突水理论模型。西安煤科院董书宁、虎维岳、靳德武研究员等研发了底板突水灾害的多种防治技术。煤炭企业的洪益清、韩东亚、刘白宙、王则才等做了大量的现场实测和防治水工程实践。

三、探测手段

由于底板突水与地质构造有密切联系，并且受采动影响，因此相关探测手段十分丰富，类型包括物探和其他探测。物探包括弹性波和电磁波法，其中弹性波包括二维地震探测、三维地震探测、微震监测、瑞雷波探测；电磁波法包括瞬变电磁、地质雷达、坑透、高密度电法、音频探测。近年来瞬变电磁探测是构造富水性的主要物探手段，高精度三维地震是构造分布的主要探测手段。其他探测包括钻探、漏水量、超声波、放射性、微量元素探测等。

第二节　底板突水机理与理论

底板突水机理就是研究影响突水的因素、各因素之间的联系及突水发生、发展的规律。因此，"突水机理"是预测底板突水灾害的理论基础及制定防治水害措施的基本依据。

一、底板突水影响因素

底板突水的影响因素归纳起来主要有含水层的富水性、地质构造、矿山压力、含水层水压力、底板隔水层的阻抗水能力、地应力等方面。

1. 含水层的富水性

煤层底板含水层的富水性是突水的物质基础，其富水程度和补给条件决定了底板突水的水量大小和突水点能否持久涌水。在我国华北地区，主要含水层为奥陶系灰岩(简称"奥灰")和其上的石炭系灰岩含水层(主要是近奥灰的薄层灰岩)。奥灰厚度大(可达800 m左右)，岩溶发育，本身所含静水储量就十分巨大，并且在多数矿区大面积出露地表或直接被第四系覆盖，接受大量的降水、地表水或第四系松散含水体的补给而具有相当丰富的动水补给量，所以奥灰岩溶承压水成为威胁煤层开采的主要突水水源。但奥灰岩溶发育不均一，其富水性无论在水平方向上或垂直方向上均具有较大的差异。水平方向上，在岩溶发育的主要径流带，富水性强且动储量丰富，位于该处的采掘工作面易出大水。在垂直方向上，往往在某一标高和范围内，岩溶发育，含水丰富，位于此深度的采掘工作面突水频率及突水量均较大。另外，奥灰上部的峰峰组灰岩岩溶发育较差，并且富水性较弱，而中下部的马家沟组灰岩岩溶较发育，富水性较强。

2. 地质构造

地质构造尤其是断裂构造，是造成煤层底板突水的主要原因之一，从某种意义上也可称其为突水的控制因素。断裂构造在突水中的作用表现在以下几个方面：① 断裂带是岩体内的隔水薄弱带，易形成突水通道，尤其是导水断层，本身就是突水通道；② 断裂构造是强度薄弱带，使之更易于受到矿压和水压的破坏；③ 断层缩短了煤层和含水层的距离，甚至造成含水层与煤层的对接，工作面靠近断层时易发生突水；④ 构造的控水作用，尤其是新构造对地下水的赋存和运移起控制作用；⑤ 构造的矿压牵引作用。构造对工作面初次来压和周期来压有牵引作用。因此，查明开采地段的地质构造，包括断层发育状况、性质及导水性、裂隙的发育规律、成因、密度等，采取适当的措施预防构造突水，是承压水上采煤的关键内容之一。

3. 矿山压力

采动影响造成的矿山压力是底板突水的诱导因素，其主要作用是导致底板的破坏深度增大。支承压力导致底板岩体一定深度的破坏而使其渗透性明显增强。支承压力的作用与顶板来压有关，初次来压期间支承压力作用最强，底板的破坏深度也增大，因此顶板初次来压时突水的概率最大。周期来压步距对底板破坏也有显著的影响，工作面推进过程中的突水常发生在顶板来压时，因此减小顶板的初次来压及周期来压的强度是预防底板突水的重要措施之一。

矿山压力的作用强度与工作面尺寸、开采方法、煤层厚度、煤层倾角、开采深度和顶、底板岩性及结构等因素有关。

(1) 工作面尺寸

工作面尺寸包括走向长度和倾斜长度。从目前所获资料及理论分析，工作面尺寸与破坏深度的关系最为密切。以走向长壁垮落法开采为例，沿工作面走向推进方向矿压显现是重复性的。倾斜长度变化影响着控顶面积、基本顶垮落步距的变化，是决定矿压作用大小的主要因素。

(2) 开采方法

开采方法主要包括顶板管理方法(充填与非充填)、留煤柱与无煤柱、机采与炮采、单层与分层开采、综放开采与一次采全高、长壁或短壁(沿走向或倾向)、支护方式及控顶面积等方面的影响。总而言之，开采方法的影响主要表现在是否有利于增大或减小悬顶及垮落的面积，是否有利于增大、集中或减小、分散矿压的作用。矿压增大和集中时，有利于底板破坏；矿压减小和分散时，不利于底板破坏。

(3) 煤层厚度

煤层厚度取决于单层或分层开采的采厚。采厚大，则影响顶板垮落高度、采空区充填、压实速度及动矿压的冲击力，一般采高大有利于底板破坏。分层开采对底板的破坏主要取决于第一分层破坏，根据实测资料，分层开采对底板的重复叠加破坏与顶板覆岩破坏一样，底板破坏深度并不随分层数而直线加大。据开滦赵各庄矿多分层开采测试的资料，分层开采破坏深度增加甚小，平均仅 1 m 左右。

(4) 煤层倾角

底板破坏深度与煤层倾角有关。实测资料表明，煤层倾角从 5°增加到 30°，每增加 5°，破坏深度平均增加 0.8 m,可在数米之间变化。回归分析中倾角的影响实际偏大,且其规律仅适合于缓倾斜煤层,目前还缺乏急倾斜煤层的实测资料。

(5) 开采深度

开采深度是仅次于工作面斜长的影响因素,采深大则底板破坏深度大。

(6) 顶、底板岩性及结构

顶板岩性及结构主要取决于悬顶、垮落面积、垮落高度、初次来压及周期来压步距大小以及是否有支托层存在等,也就是影响矿压作用的力源问题。底板岩性及结构主要是承受破坏力的能力及隔水性。

4. 含水层水压力

底板含水层具有的水头压力是底板发生突水的前提条件。在煤层底板地质条件相似的情况下,承压水水压越高,越容易突水。煤层底板突水过程中的水头压力作用主要表现在以下几个方面:

① 具有较高水头压力的地下水容易克服上覆隔水层内部软弱结构面的阻力和结构面上的摩擦力,沿结构面上升,使承压水的势能变为动能,成为底板突水的动力源之一。

② 水在动态渗流条件下不断潜蚀、冲刷,破坏隔水层的结构面,降低隔水层的完整性,减弱岩层的抵抗强度,并扩大隔水层内部的裂缝,形成贮水空间,一旦与回采空间连通,即可引发突水。

③ 水压、矿压联合作用,加速了底板岩体的破坏,底板隔水层中的原生裂隙受采动影响形成新的裂隙,导致底板隔水层阻水能力下降,底板承压水容易通过破坏裂隙进入采煤工作面造成突水。

有关研究表明,单纯的水压作用对完整底板岩体的突破是有限的。水压的作用是在多种因素综合作用中体现出来的,尤其与地质构造条件、矿压作用相结合,就显示出其巨大的能动作用。

5. 底板隔水层的阻抗水能力

底板隔水层是阻抗突水的重要因素,其阻抗能力取决于底板隔水层的岩性、厚度、组合特征及地质构造发育程度等。底板隔水层阻抗能力主要与下列因素有关:

① 隔水层的厚度:隔水层厚度越大,阻抗水能力就越强。其原因除了单位厚度阻水能力叠加外,厚度越大,不利于地质构造的切穿破坏、矿山压力的垂向传递和承压水贯穿。不同岩性具有不同的力学强度,阻抗水能力也各不相同。不同岩石力学性质的岩层组合,其总体力学效应不同,同时也影响到裂隙的扩展。

② 岩性及组合特征:一般"软—硬—软"岩互层组合较好,其中下面软岩隔水性好;中间硬岩可减小底鼓,降低底板破坏深度;上面软岩可增强隔水性。

③ 地质构造效应:从岩层的沉积成岩到后期的构造变动,决定了现在的隔水层从微观上看已不是一个完整的、连续的岩体,但从宏观上可将隔水层划分为完整型和断裂型两种基本类型。完整型又分为均质完整型和断续节理加权平均弱化强度完整型两个类型。断裂型又分为贯通性断裂结构型和断续节理结构型两个类型。显然,在相同的地质结构条件下,完整型阻抗水能力较强,贯通性断裂结构型易形成集中的突水通道,而断续节理结构型易形成滞后突水。

④ 水的物理化学作用效应:隔水层岩体与水的作用表现为一种水岩作用,水可使结构

面和岩体的力学性质恶化。

⑤ 应力作用效应：隔水层在采掘过程中的失稳破坏是在矿压作用、承压水作用及地应力三种应力共同作用下发生的。

⑥ 时间效应：各种影响因素的作用效应都是通过时间的作用过程而显现的。岩体的流变、突水通道的扩展畅通、底板的破坏等都随着时间发生质的变化，工作面快速推进使突水的概率减小，也就是使时间效应不能充分发挥作用的缘故。

6. 地应力

地应力是底板突水的附加力源。地应力很复杂，它是岩层自重、构造应力、采动矿压、承压水水压等综合作用的结果，而且是一个变化的力。这里所指的地应力是侧重于区域性的三维应力，主要是岩层的自重力和构造应力。

导致突水的附加力源主要是指构造应力，构造应力是地壳中岩层发生断裂和褶皱作用的主要驱动力。古构造应力场及其更迭形成了各煤田的基本构造特征，新构造应力场叠加其上，对其进行改造并形成新的构造。在应力集中区，地应力加剧了煤层底板的变形和破坏，成为导致煤层底板突水的附加力源。突水发生频率与地震发生频率的一致性就是很好的说明。

二、底板突水的动态机理

1. 完整底板突水的动态机理

完整底板是指底板岩体宏观上可视为均匀完整介质，这是解析计算设定的理想介质条件。实际情况下很难存在这种底板岩体，少数薄隔水层情况下可存在单一岩层类似各向同性均匀介质完整底板，或者数层岩层组合类似宏观各向同性均匀介质完整底板的条件。从流体力学理论的角度来看，底板突水绝大部分是一种缝隙水流。从突水所需的通道与水压差两个基本要素来看，完整底板突水是由于采掘活动使采场底板应力状态发生了变化，产生了新的变形和位移，导致了底板的破坏而产生的裂隙与承压水沟通后，形成突水事故。但是底板采动破坏导水裂隙（突水通道）的产生机制不完全相同。

若承压水没有沿岩层底面形成向上顶托的均布面力，则突水所需的通道是单一岩层被剪切破坏产生裂隙相互沟通而导水；若承压水沿岩层底面形成向上顶托的均布面力，则底板类似于受向上顶托的均布面力作用下的梁（板）结构，底板受弯矩作用在中部产生拉应力导致拉破坏产生裂隙相互沟通而导水，同时产生较为常见的底板突水伴生现象——底鼓。临界或亚临界突水时，采动破坏在底板岩层底部产生的微裂隙不断向下扩展而与承压水导通，承压水渗流出来，在工作面底板出现发潮、“冒汗”等突水的前兆现象，若能够继续发展，则形成突水。

2. 断裂结构底板突水动态机理

事实上，煤层底板岩层一般都存在大量断裂构造结构面（主要是断层）和大量节理裂隙。岩体被各种不同类型的节理、裂隙和软弱面等结构面所切割，使其成为非均质的各向异性介质，这是煤层底板岩层的基本结构特征。因此应从断裂结构岩体角度分析研究煤层底板突水动态机理。

煤系中发育的断裂从力学性质上可分为张性、压性、扭性、张扭性和压扭性断裂 5 种。由于石炭二叠纪煤系形成时间较长，经历了次数大的构造运动，煤系中的断裂尤其是规模较大的断裂常具有多期活动的特点。华北石炭二叠纪煤田的基本构造格局一般形成于中生代的燕山运动,喜山运动叠加于前期构造形迹基础之上,对其进行改造,并形成了一系列新的构造。华北煤田总体构造以张性、张扭性断裂为主,造成矿井突水灾害的断裂类型也主要为这些断裂,尤其是形成时代较新或近期有活动的断裂。

在断裂形成过程中,由于两盘发生相对运动,在断裂的一盘或两盘的岩体中常常产生羽状排列的张节理和剪节理。这些派生节理与主断裂斜交,交角的大小因派生节理的力学性质不同而有差异。羽状张节理与主断裂常呈45°角相交。还可能发育两组剪节理,一组与断裂面以小角度相交,交角一般在15°以下,即内摩擦角的一半;另一组与断裂呈大角度相交或直交。但这两组剪节理产状较不稳定,或常被断裂两盘错动时破坏。断裂及派生节理发育特点如图6-1及图6-2所示。采掘工程造成的二次应力对采场断裂的影响表现在两个方面:一是引起断裂发生重新活动,将原来已"胶结"的断裂面重新剪开,断裂两盘由粘接状态变为自断开状态;二是导致断裂端部及断裂派生节理发生扩展,从而使断裂带及其附近岩体的渗透性大大增强。

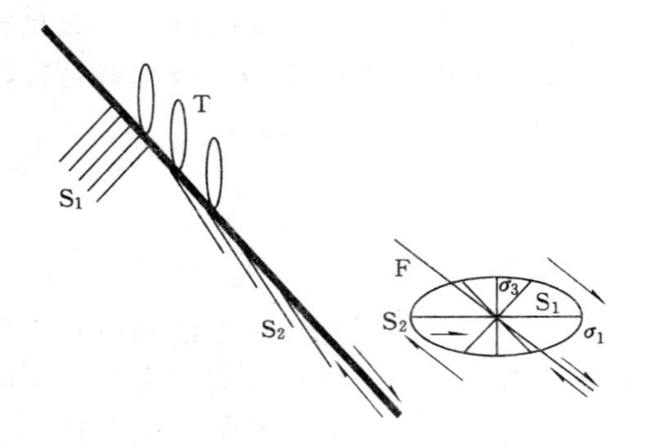

图6-1 正断裂及其派生节理

F——主断裂;σ_1——第一主应力轴;σ_3——第三主应力轴;S_1、S_2——剪节理;T——张节理;右下图为应变椭球体

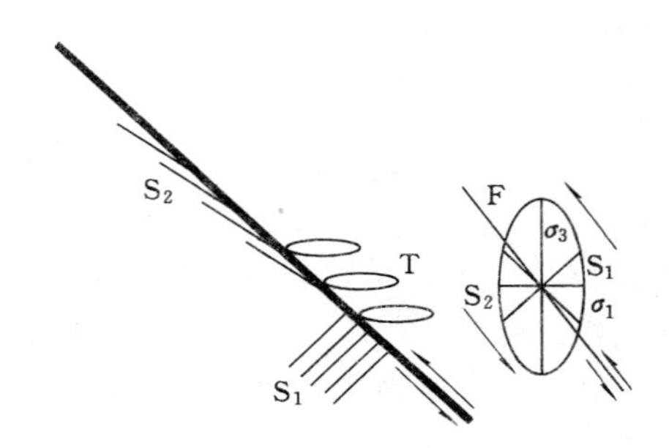

图6-2 逆断裂及其派生节理

F——主断裂;σ_1——第一主应力轴;σ_3——第三主应力轴;S_1、S_2——剪节理;T——张节理;右下图为应变椭球体

断裂的导水性是一个复杂的问题。有些断裂含水且导水,有些仅含水而基本不导水。有的导水但含水较弱,也有的既不含水也不导水。

断裂按其水文地质特点,可划分为富水断裂、导水断裂、阻水断裂、储水断裂和无水断裂5种类型。

① 富水断裂:断裂含水丰富,能汇集两盘含水层中的地下水,其破碎带的透水性较好,一些发育在厚层含水层中的张性断裂多属于此类。

② 导水断裂:能沟通不同含水层,并在各含水层之间起导水作用。这种断裂发育于强透水岩层与弱透水或不透水岩层互层的地层中,由于它切穿了不同层位的含水层与隔水层,使各层含水层发生水力关系。这种断裂往往本身是含水的,发育于煤系地层中的张性、张扭性断裂常在各含水层之间起导水作用。这种断裂本身储存的水量不多,断裂带的地下水以径流量为主,水源主要为断裂两盘的含水层。

③ 阻水断裂:对地下水起阻隔作用,可分为断盘阻水的断裂和构造岩阻水的断裂两种。前者是因为断裂错动使含水层与隔水层相接触,造成地下阻水墙幕,阻挡含水层中的地下水流。

④ 储水断裂:断裂本身是含水的,其破坏带具有一定的储水空间,但地下水是处在封闭

条件下的，与附近含水层没有水力联系或联系极其微弱，地下水缺乏补给来源和途径，所以断裂破碎带中的地下水主要是储存量，在天然条件下几乎没有径流量或径流量极小。当采掘工程遇到这类断裂时，开始涌水量很大，但以后越来越小，逐渐趋于稳定或消失。

⑤ 无水断裂：当断裂面紧密，闭合性好或构造岩胶结致密，裂隙完全被后期物质充填，断裂本身不含水，也不导水，发育于厚层塑性岩层中的压性或压扭性断裂或脆性岩层中的古老断裂多属此类。

在煤矿生产中，常引起突水的断裂类型是导水断裂，它又可区分为天然状态下的导水断裂和采动影响下的导水断裂。

在采动作用影响下，采场断裂会发生重新活动，有人将这种过程形象地称为“断裂的活化”。断裂的重新活动使断裂带及其附近岩体中的裂隙发生再扩展作用，致使其渗透性发生改变。原来的非导水断裂可能转变为导水断裂而引发突水。对于断裂活化问题，过去的研究往往注重对矿山压力造成的断裂面（带）发生活化的状态进行分析，而忽略了断裂面（带）附近岩体中伴生构造的活动状况的分析。断裂面（带）的重新活动会使断裂的导水性发生变化，但断裂面（带）附近伴生裂隙的性状改变同样会引发突水。诚然，采掘工程直接揭露断裂面会引发突水，也有大量的底板突水并非发生在揭露断裂面（带）后造成的，而是靠近或采过断裂时发生的，这与断裂再活动导致的伴生节理扩展作用有直接关系。

断裂突水在煤层底板突水中占绝大多数，因而对断裂突水机理的研究也较多。由断裂引起的底板突水次数占总突水次数的80%以上，据统计焦作矿区为68%，峰峰矿区为70%以上，淄博矿区为73%，井陉矿区超过95%。掘进引起的断裂突水占总突水次数的50%以上。回采引起的断裂突水相对较少，而且突水大部分是由中、小型断裂引起的。这是由于中小型断裂不易被事先确定，掘进中易遇到，另外，小断裂难以全部采取防治工程措施。工作面在回采前已采取了相应措施，减少了突水概率，并非是采煤工作面比掘进工作面更为安全。

天然状态下断裂的导水性与断裂的力学性质和形成时代有关。研究表明，98%的断层突水是由正断层引起的，其中85%发生在断层的上盘。导水断层基本上为中生代晚期以来形成的断层或复活的老断层。这是因为正断层一般为张性的，断层带多发育构造角砾岩，大小混杂，透水性好，且上盘多发育张性裂隙，往往含水。压性断层由于断层面多发育压片岩、靡棱岩、断层泥或构造透镜体，透水性很差或不透水。复活的老断裂由于断裂再活动，导致断裂带及其两盘裂隙重新张开，也易于形成导水断裂。

断裂突水可分为两种基本类型：一种是导水断裂引发的突水；另一种是断裂本身并不导水，由于采动影响，断裂带再扩展而导致突水。前者一般来说采掘工程一旦揭露即可引发突水。如果断裂富水性和导水性都很好，则可能引发爆发型突水。这种突水的特点是：一旦揭露突水，在很短时间内就会达到最大突水量，然后有所回落，如果补给水源充足，则突水量稳定于一个较大值。后者则往往导致时间长短不一的滞后突水。

底板隔水层中岩层地质沉积结构特征、地质构造结构特征、回采动态过程孕育的不同覆岩结构对底板产生的不同矿山压力以及承压水的力学、物理化学多方面的作用，多种因素综合作用使得底板隔水层中产生突水通道导致突水的机理非常复杂。

三、突水理论概述

针对底板承压含水层导致的突水事故，众多学者已经提出多种突水理论，以揭示突水机理，指导防治水工作。受篇幅所限，这里只能对典型的突水理论进行概述。

1．“下三带”理论

开采煤层底板岩层也与采动覆岩一样存在着“三带”，称之为“下三带”，以示与覆岩中“上三带”的区别。“下三带”从煤层底面至含水层顶面分为底板导水破坏带(h_1)、保护层带(h_2)和承压水导升带(h_3)。

(1) 第Ⅰ带(h_1)——底板导水破坏带

煤层底板受开采矿压作用，岩层连续性遭受破坏，其导水性因裂隙产生而明显增大。促使导水性明显改变的裂隙在空间分布的范围称为底板导水破坏带。自开采煤层底面至导水裂隙分布范围最深部边界的法线距离称为导水破坏带深度(简称“底板破坏深度”)。

在导水破坏带岩层中一般分为竖向张裂隙、层间裂隙和剪切裂隙三种。

① 竖向张裂隙分布在紧靠煤层的底板最上部，是底板膨胀时层向张力破坏所形成的张裂隙。

② 层间裂隙主要沿层面以离层形式出现，一般在底板浅部较发育，是在采煤工作面推进过程中底板受矿压作用而压缩—膨胀—再压缩反向位移沿层间薄弱结构面离层所致。

③ 剪切裂隙一般为两组，以 60°左右分别反向交叉分布。这是由采空区与煤壁(及采空区顶板冒落再受压区)岩层反向受力剪切形成(图 6-3)。

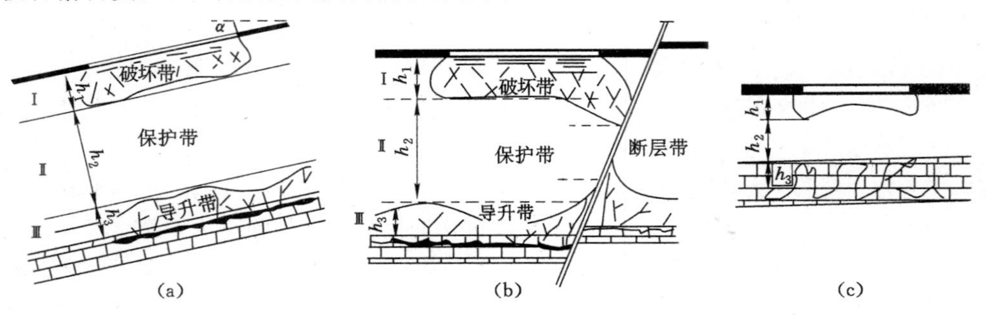

图 6-3 底板“下三带”空间分布示意图

(a) 倾斜的正常岩层情况；(b) 水平岩层并有断层切割情况；

(c) 底板含水层顶部存在充填隔水带情况

这三种裂隙相互穿插无明显分界，当它们与含水层沟通时，则可发生底板突水。底板破坏深度的大小，在理论上与开采工作面尺寸、开采方法、煤层厚度及倾角、开采深度、采高、顶底板岩性及结构等因素有关，但关系最密切的是工作面尺寸(主要是工作面斜长)。

(2) 第Ⅱ带(h_2)——保护层带(完整岩层带或阻水带)

保护层带是指底板岩层保持采前的完整状态及其原有阻水性能不变的部分。此带位于第Ⅰ、Ⅲ带之间。此带岩层虽然也受矿压作用，或许有弹性甚至塑性变形，但特点是保持采前岩层的连续性，阻水性能未发生明显变化，从而起着阻水保护作用，故称为有效保护层带或阻水带。为安全起见，将第Ⅰ带下界面和Ⅲ带上界面之间的最小法线距离称为保护层厚度。

(3) 第Ⅲ带(h_3)——承压水导升带

承压水可沿含水层顶面以上隔水岩层中的裂隙导升，导升承压水的充水裂隙分布的范围称为承压水导升带。其上部边界至含水层顶面的最大法线距离称为含水层的原始导升高度(简称承压水原始导高)。受开采矿压作用，原始导高有可能再导升，但上升值很小。通常所指的承压水导高也包括采动后承压水可能再导升的高度，也称承压水导升带的厚度。裂隙发育具有不均匀性，故导高带的上界也参差不齐，少数断裂可使承压水导升很高，甚至接近或穿过煤层，称为异常导高，应另行对待。根据隔水层底部岩性及地质构造，原始导高大小不一，有的矿区隔水层底部为隔水软岩，无导水裂隙，此时导高可能为零。有的矿区含水层顶部有厚度不等的岩溶充填带，不含水，并起隔水作用，若其厚度分布稳定，可与底板隔水层合并看待。有人将此现象比喻为"负导高"。

2. "脆弱性指数法"理论

脆弱性指数法是一种将可确定底板突水多种主控因素权重系数的信息融合方法与具有强大空间信息分析处理功能的GIS耦合于一体的煤层底板突水预测评价方法，它是评价在不同类型构造破坏影响下、由多岩性多岩层组成的煤层底板岩段在矿压和水压联合作用下突水风险的一种预测方法。它不仅可以刻画多种因素之间相互复杂的作用关系和对突水主控相对"权重"比例，并可实施脆弱性的多级分区。

3. "关键层"(KS)理论

(1) 破坏模型

运用关键层理论的基本概念，将隔离底板突水的主要岩层称之为关键层。无断层底板的破断，以及破断后形成的块体结构的稳定与否，是其判断无断层底板突水危险的主要依据。有断层底板的断层"活化"，以及断层的破断与否，是其判断有断层底板突水危险的主要依据。

无断层情况下，底板关键层结构模型可简化为四边固支的矩形薄板(图 6-4)。结合塑性铰线的概念得到底板关键层的最大变形点位置 D(裂纹交叉点)和极限载荷 q_{max}。

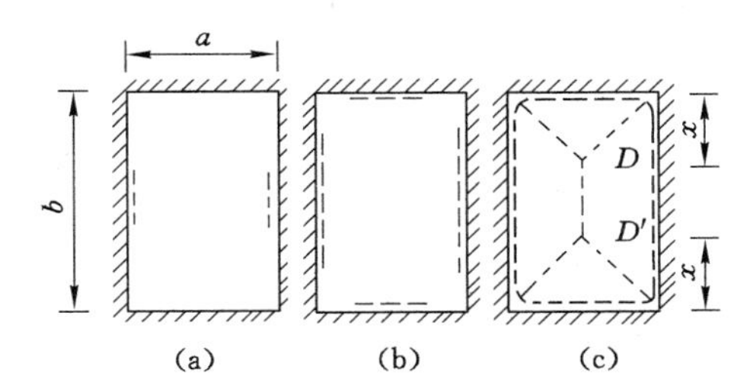

图 6-4　无断层时底板结构的极限破坏形式

(2) 极限载荷计算

极限载荷计算公式如下：

$$q_{max} = \frac{12M_p}{A} \cdot \frac{1+\beta}{k\beta(3-k^2\beta)} \tag{6-1}$$

式中　$A=ab$——薄板面积；

$k=a/b$——薄板长宽比；

M_p——极限弯矩。

公式(6-1)中：

$$\beta = \sqrt{1+3\frac{b^2}{a^2}} - 1 \tag{6-2}$$

4."突水优势面"理论

突水优势面是指在受底板灰岩承压水威胁的区域,在开采平面上存在着最容易发生底板突水的危险断面。分为以下四类:底板灰岩强径流带、导水断层、采动断层、底板裂隙发育带。

突水优势面的学术观点包含着两方面的意义:

一方面是在底板突水机理方面,优势面的观点注意到两个事实:一是突水系数较大的采区未必一定突水,而突水系数较小的采区未必一定不突水;二是一般突水(特别是中型以上突水)往往都发生在某一危险断面上,所以优势面的观点特别强调在层面上底板灰岩富水性的非均一性和底板隔水层隔水能力的非均一性,认为底板突水要发生一定会发生在某一危险断面上。

而另一方面是在底板突水防治方面,在受承压水威胁煤层带压开采时,要进行突水预测预报或开采安全性评价,最有效的途径是找出突水优势面。突水防治的有效方法也就在于突水优势面的防治。

5."强渗通道"学说

该理论认为,底板是否发生突水关键在于是否具备突水通道。"强渗通道"学说解释突水机理的基本观点有二:其一是底板存在与水源沟通的固有突水通道,当其被采掘工程揭穿时,即构成突水事故;其二,底板中不存在这种固有的突水通道,但在各种应力及地下水共同作用下,沿袭底板中原有的薄弱环节发生形变、蜕变与破坏,形成新的贯穿性强渗通道而诱发突水。

依据突水通道形成的机制和特征将底板突水类型进行了四类划分:完整互层结构底板突水,断裂构造带突水,节理、裂隙网状突水,陡立互层结构底板(包括有断裂构造切割的情况)突水。

6."岩水应力耦合"学说

将复杂的底板突水问题简单地归结为岩(底板岩层)水(底板承压水)应力(采动应力和地应力)关系,即为"底板突水岩水应力关系说"。

底板突水是底板受采动矿压和水压共同作用的结果。采动矿压使底板隔水层出现一定深度的导水裂缝,降低了岩体强度,削弱了隔水性能,造成底板渗流场重新分布。当承压水沿导水裂缝进一步侵入,岩体则因受渗水软化而导致导水裂缝继续扩展,直至底板隔水岩体的最小主应力小于承压水水压时,便产生压裂扩容,发生突水。其判据的表达式为:

$$I = P_w / \sigma_3 \tag{6-3}$$

式中 I——突水临界指数;

P_w——底板隔水岩体承受的水压;

σ_3——底板隔水岩体的最小主应力。

当 $I<1$ 时,不会发生突水;当 $I>1$ 时,发生突水。

7."薄板结构"理论

从煤层底板到承压含水层顶板之间可以划分为"两带",即底板破坏带 h_1 及完整的隔水带($h-h_1$)。在采动导水裂隙带中岩层主要受到矿压的影响而产生采动导水裂隙,由于下部为承压含水层,在水压力的作用下,隔水带像板一样产生弯曲变形(图 6-5)。

假设底板隔水带为四边固支的矩形平板,板上部受导水裂隙带重力 γh_1 的作用,下部受

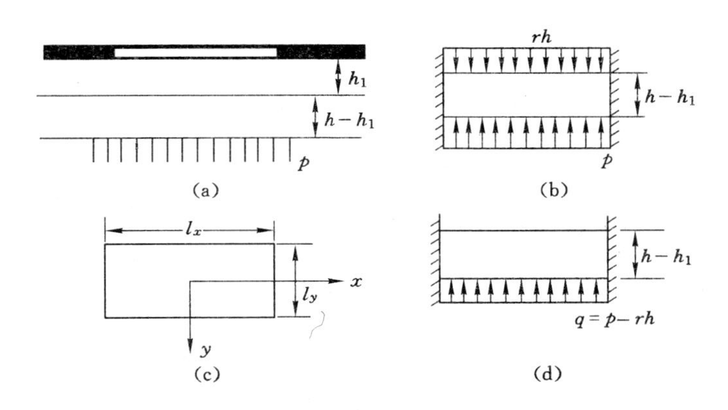

图 6-5　“薄板结构”理论力学模型图

均布水压力 p 的作用。隔水带的体力看成是以 $\gamma(h-h_1)$ 作用于板面的力。假设隔水带是均质各向同性的，符合弹塑性力学的假设条件。由此得到了分别以抗剪切及抗拉强度为基准的预测底板所能承受的极限水压力公式。

以抗剪强度为破坏准则求得的极限水压公式：

$$P_1=\frac{\pi^2[3(l_x^4+l_y^4)+2l_x^2l_y^2]}{6l_x^2l_y^2(l_x^2+\nu l_y^2)}\cdot(h-h_1)^2\tau_0+\gamma h \tag{6-4}$$

式中　τ_0——底板岩层平均抗剪强度；

h_1——采动底板破坏深度；

h——底板岩层厚度；

γ,ν——底板岩层重度及泊松比；

l_x,l_y——研究区域的长度和宽度。

以抗拉强度为破坏准则求得的极限水压公式：

$$P_2=\frac{12l_x^2}{l_y^2(\sqrt{l_y^2+3l_x^2}-l_y)^2}\cdot(h-h_1)^2\sigma_0+\gamma h \tag{6-5}$$

8. “原位张裂与零位破坏”理论

该理论认为，煤矿开采过程中的底板岩体移动是底板突水的内因。被开采的煤层在矿压与水压两场的联合作用下，工作面相对于底板的影响范围在水平方向上分为三段（图 6-6）：超前压力压缩段（Ⅰ段）、卸压膨胀段（Ⅱ段）和采后压力压缩—稳定段（Ⅲ段）。在垂直方向上同样分为三带：直接破坏带（Ⅰ带）、影响带（Ⅱ带）、微小变化带（Ⅲ带）。

（1）原位张裂

在水平挤压力及矿压与水压的作用下，使Ⅰ段内整体上半部分受水平挤压，下半部分受水平拉张，岩体呈整体上凹的性状。在Ⅰ段中部附近中和层下面产生张裂隙，并沿着原岩节理、裂隙发展扩大，但不发生岩体之间较大的相对位移，仅在原位形成张裂隙。若底板受较大水压的作用，克服结构岩体的结构面阻力，使张裂隙进一步扩大。同一岩性的张裂度大小与底板承压水的水压力及支承压力的大小相关。张裂隙发生在煤层底板的Ⅱ带范围内，形成煤层开采底板岩体的“原位张裂”破坏。

（2）零位破坏

张裂破坏产生于Ⅰ段中部底面，随着工作面推进逐渐向上发展，在接近Ⅱ段处于稳定。

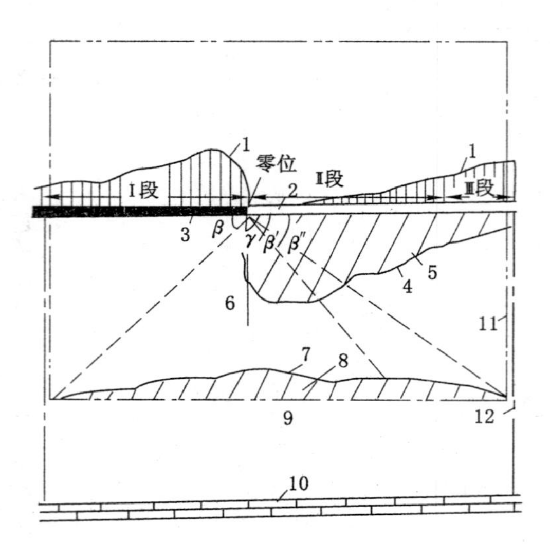

图 6-6 “原位张裂与零位破坏”理论模型示意图

1——应力分布；2——采空区；3——煤层；4——零位破坏线；5——零位破坏带；
6——空间剩余完整岩体(上)；7——原位张裂线；8——原位张裂带；9——剩余空间完整岩体(下)；
10——含水层；11——采动应力场空间范围；12——承压水运动空间范围

煤层底板岩体由Ⅰ段向Ⅱ段的过渡引起其结构状态的质变，处于压缩的岩体急剧卸压，围岩的贮存能大于岩体本身的保留能，则以脆性破坏的形式释放残余弹性应变能，以达到岩体能量的重新平衡，从而引起岩体发生自上而下的破坏，其位置一般在工作面附近，靠近工作面零位的+3～5 m范围内，破坏基本上一次性达到最大深度，并很快稳定。煤层底板岩体移动的这种破坏即所谓的“零位破坏”。该理论认为，底板岩体的内摩擦角是影响零位破坏的基本因素，并进一步引用塑性滑移线场理论分析了采动底板的最大破坏深度。

第三节　底板破坏深度的计算

一、经验公式法

20 世纪 90 年代以前，根据大部分为浅部工作面(采深小于 500 m)的底板采动导水破坏带厚度现场观测结果(表 6-1)，经回归分析，获得 3 个统计公式，并列入《煤矿防治水手册》(2013 年)和《煤矿防治水规定》(2009 年)：

$$h_1 = 0.7007 + 0.1079L \tag{6-6}$$

$$h_1 = 0.303L^{0.8} \tag{6-7}$$

$$h_1 = 0.0085H + 0.1664\alpha + 0.1079L + 4.3579 \tag{6-8}$$

式中　h_1——底板破坏深度，m；

L——工作面斜长，m；

H——开采深度，m；

α——开采煤层倾角，(°)。

断层带附近的采动导水破坏带厚度比正常岩层中增大约 0.5～1.0 倍。

表 6-1　**实测工作面底板破坏带深度**

序号	工作面地点	采深 H /m	倾角 α /(°)	采厚 M /m	工作面斜长 L/m	破坏深度 h/m	备注
1	邯郸王凤矿 1930 工作面	103～132	16～20	2.5	80	10	
2	邯郸王凤矿 1830 工作面	123	15	1.1	70	6～8	
3	邯郸王凤矿 1951 工作面				100	13.4	
4	峰峰二矿 2701 工作面	145	16	1.5	120	14	
5	峰峰三矿 3707 工作面	130	15	1.4	135	15	>10 m,取 15 m
6	峰峰四矿 4804 工作面、4904 工作面		12		100	10.7	协调面开采
7	肥城曹庄矿 9203 工作面	132～164	18		95～105	9	
8	肥城白庄矿 7406 工作面	225～249		1.9	60～140	7.2～8.4	取斜长 80m
9	淄博双沟矿 1024 工作面、1028 工作面	278～296		1.0	60+70	10.5	对拉面开采
10	澄合二矿 22510 工作面	300	8		100	10	
11	韩城马沟渠矿 1100 工作面	230	10	2.3	120	13	
12	鹤壁三矿 128 工作面	230	26	3～4	180	20	采 2 分层，破坏达 24 m
13	邢台矿 7802 工作面	234～284	4	3.0	160	16.4	
14	邢台矿 7607 工作面	310～330	4	5.4	60	9.7	
15	邢台矿 7607 工作面	310～330	4	5.4	100	11.7	
16	淮南新生孜矿 4303 工作面	310	26	1.8	128	16.8	
17	井陉三矿 5701 工作面	227	12	3.5	30	3.5	断层带破坏小于 7 m
18	井陉一矿 4707 小工作面	350～450	9	7.5	34	8	分层采厚 4 m,破坏深度约 6 m
19	井陉一矿 4707 大工作面	350～450	9	4.0	45	6.5	采一分层
20	开滦赵各庄矿 1237 工作面	900	26	2.0	200	27	包括顶部 8 m 煤，折合岩层底板约为 23 m
21	开滦赵各庄矿 2137 工作面	1000	26	2.0	200	38	含 8 m 煤且底板原生裂隙发育，折合正常岩层底板约 25 m
22	新汶华丰煤矿 41303 工作面	480～560	30	0.94	120	13	

二、理论计算法

应用断裂力学及塑性力学理论，可得到下列公式：

$$h_1 = \frac{1.57\gamma^2 H^2 L}{4R_c^2} \quad (\text{断裂力学}) \tag{6-9}$$

$$h_1 = \frac{0.015H\cos \Phi_0}{2\cos\left(\frac{\pi}{4}+\frac{\Phi_0}{2}\right)}\exp\left[\left(\frac{\pi}{4}+\frac{\Phi_0}{2}\right)\tan \Phi_0\right] \quad \text{(塑性力学)} \tag{6-10}$$

式中　h_1——底板导水破坏深度，m；

γ——底板岩体平均天然视密度，kg/m^3；

R_c——岩体抗拉强度，一般取岩石单轴抗压强度的 0.15 倍，MPa；

Φ_0——底板岩体内摩擦角，(°)。

其中，当工作面采深大于 500 m 时，断裂力学公式计算误差较大，塑性力学理论公式适用性较好。

三、其他方法

学者探索其他理论方法，包括支持向量机（SVM）方法，神经网络法（GM），模糊数学聚类分析法，灰色理论分析法等，受篇幅所限，在此不再详述。

第四节　带压开采的安全评价

一、开采安全性评价

对水体上开采等级及允许采动等级和要求见表 6-2。煤层底板在任何开采情况下都会产生破坏，即第Ⅰ带（导水破坏带）是一定存在的，而其他“两带”可能缺其一二。其中第Ⅱ带（有效保护层带）对预防底板突水至关重要，其存在与否及其厚度大小（阻水性强弱）是开采安全性评价的重要因素。

表 6-2　　**承压水上允许采动程度**

水体上	Ⅰ	1. 位于煤系地层之下的灰岩强含水体； 2. 位于煤层之下的薄层灰岩具有强水源补给的含水体； 3. 位于煤层之下的作为重要水源或旅游资源保护的水体	不允许底板采动导水破坏带波及水体，或与承压水导升带沟通，并有能起到强阻水作用的有效保护层	底板强防水安全煤(岩)柱
	Ⅱ	1. 位于煤系地层之下的弱含水体，或已疏降的强含水体； 2. 位于煤层之下的无强水源补给的薄层灰岩含水体； 3. 位于煤系地层或煤系地层底部其他岩层中的中、弱含水体	允许采取安全措施后底板采动导水破坏带波及水体，或与承压水导升带沟通，但防水安全煤(岩)柱仍能起到安全阻水作用	底板弱防水安全煤(岩)柱

二、脆弱性指数法评价

脆弱性指数法突破了煤层底板突水评价传统的突水系数法仅能考虑水压和厚度两个控制因素且无影响“权重”概念等重大缺陷的束缚，采用 GIS 与 ANN 或证据权重法或 Logistic

回归法等现代非线性数学，或 AHP 等线性数学的耦合方法，真实刻画了煤层底板突水受控于多因素影响且具有非常复杂形成机理的非线性动力过程，显著提升了我国煤层底板突水灾害预测评价理论与技术方法。具体评价步骤如下：

① 依据对矿井充水水文地质条件分析，建立煤层底板突水的水文地质物理概念模型。

② 确定煤层底板突水主控因素。

③ 采集收集各突水主控因素数据，并进行归一化无量纲分析和处理。

④ 应用地理信息系统，建立各主控因素的子专题图层。

⑤ 应用信息融合理论，采用非线性数学方法（如 ANN 法、证据权重法、Logistic 回归法或其他方法）或线性数学方法（如 AHP 等方法），通过模型的反演识别或训练学习，确定煤层底板突水各主控因素的“权重”系数，建立煤层底板突水脆弱性的预测预报评价模型。

⑥ 根据研究区各单元计算的突水脆弱性指数，采用频率直方图的统计分析方法，合理确定突水脆弱性分区阈值。

⑦ 提出煤层底板突水脆弱性分区方案。

⑧ 进行底板突水各主控因素的灵敏度分析。

⑨ 研发煤层底板突水脆弱性预测预报信息系统。

⑩ 根据突水脆弱性预测预报结果，制定底板水害防治的对策措施和建议。

三、五图双系数评价

1．“五图”的概念和意义

本方法为《煤矿防治水规定》推荐的安全评价方法。在工作面回采过程中，由于矿压等因素综合作用的结果，在煤层底板产生一定深度的破坏，这种破坏后的岩层具有导水能力，故称之为“导水破坏深度”，通过实验和计算可以获得该值的分布状况。据此绘制“底板保护层破坏深度等值线图”（第一图）。

煤层底面至含水层顶面之间的这段岩层称之为“底板保护层”，它是阻止承压水涌入采掘空间的屏障，需查明其厚度及其变化规律。据此绘制“底板保护层厚度等值线图”（第二图）。

煤层底板以下含水层的承压水头将分别作用在不同标高的底板上。根据计算绘制“煤层底板上的水头等值线图”（第三图）。

把导水破坏深度从底板保护层厚度中减去，所剩厚度称之为“有效保护层”，它是真正具有阻抗水头压力能力且起安全保护作用的部分。据此绘制“有效保护层厚度等值线图”（第四图）。

最后根据有效保护层的存在与否和厚度大小，依照“双系数”和“三级判别”综合分析，即可绘制带压开采技术的最重要图件“带水头压力开采评价图”（第五图）。

2．“双系数”的概念和意义

在研究保护层时，要同时进行保护层阻抗水头压力能力测试，根据所获参数计算保护层的总体“带压系数”。它是表示每米岩层可以阻抗多大水头压力的力学指标，是双系数之一。另一系数是“突水系数”，是“有效保护层厚度”与作用其上的水头值之比。

3．“三级判别”的概念

“三级判别”与双系数配合用来判别突水与否、突水形式和突水量变化的三个指标：

Ⅰ级判别是判别工作面必然发生直通式突水的指标。

Ⅱ级判别是判别工作而发生非直通式突水可能性及其突水形式的指标。

Ⅲ级判别是判别已被 n 级判别定为突水的工作面其突水量变化状况的指标。

四、有效保护层带阻水能力计算

有效保护层带的阻水能力是评价底板能否突水的重要参数。有效保护层带阻水能力计算有突水系数法和阻水系数法两种方法。

1. 突水系数法

突水系数法是《煤矿防治水规定》所推荐的方法，其计算公式如下：

$$T_S = \frac{P}{M} \tag{6-11}$$

式中 T_S——突水系数，MPa/m；

P——隔水层承受的水压，MPa；

M——底板隔水层厚度，m；

若底板隔水层中无承压水导升带，则式中 M 相当于“下三带”理论中的底板隔水层总厚度 h。

表 6-3 中是临界突水系数，相当于底板每米隔水层厚度所能抵抗的最大水压。实际突水系数小于临界突水系数值为安全，大于为不安全。正常底板情况 $T_S>0.1$，构造复杂底板情况 $T_S>0.06$。

表 6-3　我国部分矿井的突水系数

矿区名称	峰峰	焦作	淄博	井陉	水压单位
突水系数 T_S/(MPa/m)	0.066～0.076	0.06～0.10	0.06～0.10	0.06～0.15	MPa

2. 阻水系数法

阻水系数法是由现场钻孔水力压裂法实测的单位底板隔水岩层的平均阻水能力，其表达式为：

$$Z = \frac{P_b}{R} \tag{6-12}$$

式中 Z——阻水系数，MPa/m；

R——裂缝扩展半径，由现场测得，也可取经验值，一般可取 40～50 m；

P_b——岩体破裂压力，与地应力和岩体抗张强度有关，MPa。

$$P_b = 3\sigma_h - \sigma_H + K_p - P_0 \tag{6-13}$$

式中 σ_h——作用于岩体的最小水平主应力，MPa；

σ_H——作用于岩体的最大水平主应力，MPa；

K_p——围岩抗拉强度，MPa；

P_0——岩体孔隙中的水压力(值小时可略去)，MPa。

阻水系数法的安全性评价原则：

① 隔水岩层破裂压力 P_b 大于水压 P_w 时，则水压不具备压裂条件，故安全。

② 若破裂压力 P_b 小于水压 P_w 时，则需再用水压与有效保护层总阻水系数 $P_{总}$ 比较，若 $P_{总}$ 大于 P_w 时为安全，若 $P_{总}$ 小于 P_w 时为不安全。

$P_{总}$ 等于各分层阻水系数 Z_i 乘以各分层有效保护层厚度 h_i 之和，即：

$$P_{总} = Z_i h_i \approx Z_c h_c \tag{6-14}$$

式中　$P_{总}$——有效保护层总阻水系数，MPa；

Z_c——加权平均阻水系数，MPa/m；

h_c——有效保护层厚度，m。

部分矿区压裂试验实测的各类岩层的阻水能力见表 6-4 和表 6-5。

表 6-4　钻孔水力压裂试验底板岩层阻水系数资料

实验地点	岩层名称	实验序号	破裂压力 P_t/MPa	阻水系数 Z/(MPa/m)	平均阻水系数 Z_t/(MPa/m)	备注
开滦赵各庄矿井下五道巷，取样深度 434 m	中粒砂岩	1	13.44	0.313	0.331	现场钻孔水力压裂实验，破裂半径 R 取 43 m
		2	15.00	0.349		
	细粒砂岩	1	10.44	0.243	0.285	
		2	14.00	0.326		
	粉砂岩	1	9.0	0.209	0.194	
		2	7.69	0.179		
	泥岩	1	12.62	0.293	0.293	
	铝土岩	2	4.89	0.114	0.114	
开滦赵各庄矿井下十二道巷，取样深度 1 070 m	中粗粒砂岩	1	25.00	0.581	0.491	室内三向围岩压力压裂实验，取样于开滦赵各庄矿现生产水平十二道巷 三向围压： σ_1：24.0～24.5 MPa σ_2：13.4～14.2 MPa σ_3：19.0～20.5 MPa
		2	27.00	0.628		
		3	20.00	0.465		
		4	12.50	0.290		
	中粒砂岩	1	15.00	0.349	0.377	
		2	9.00	0.210		
		3	20.00	0.465		
		4	14.00	0.326		
		5	23.00	0.535		
	细粒砂岩	1	13.00	0.302	0.302	
	细砂岩	1	5.00	0.116	0.209	
		2	13.00	0.302		
	泥岩	1	15.00	0.349	0.393	
		2	15.00	0.349		
		3		0.406		
		4		0.470		

续表 6-4

实验地点	岩层名称	实验序号	破裂压力 P_t/MPa	阻水系数 Z/(MPa/m)	平均阻水系数 Z_t/(MPa/m)	备注
焦作九里山矿,取样深度约300 m	石灰岩	1	25.00	0.581	0.399	室内三向水力压裂实验模拟焦作九里山矿三向围压: σ_1:8.94 MPa σ_2:3.84 MPa σ_3:2.95 MPa
		2	10.50	0.244		
		3	16.00	0.372		

由表 6-4 中资料分析,不同岩层的一般阻水系数可考虑为:中、粗粒砂岩为 0.3～0.5 MPa/m;细砂岩约 0.3 MPa/m 左右;粉砂岩约 0.2 MPa/m 左右;泥岩 0.1～0.3 MPa/m;石灰岩约 0.4 MPa/m;断层带因其中充填物质性质及胶结密实程度不同,其阻水能力变化很大,按弱强度充填物考虑,其阻水能力为 0.05～0.10 MPa/m。

表 6-5　钻孔压水串通破坏试验底板岩层阻水系数资料

实验地点	岩层名称	压水孔间距/m	水压力/MPa	阻水系数/(MPa/m)	备注
峰峰二矿	砂页岩(在采动破坏带内)	10	>1.24	>0.124	3组8个压水孔,空间压水段孔距约 10 m,在 1.24 MPa水压作用下各孔从不串水
峰峰三矿	页岩层内	2.5	>2.50	>1.000	2组4孔,相邻孔间距为2.5 m、1.7 m,在5 MPa水压作用下不串水,未见连通
		1.7	>2.50	>1.471	
峰峰三矿	砂质泥岩充填在古陷落柱内	1	2.7～2.9	>(2.7～2.9)	2个压水孔,最短间距 1 m,在水压 2.7～2.9 MPa 作用下未见串水
王风矿小青煤绞车道	细砂岩			0.50	1组3孔压水破坏实验
	铝土泥岩			0.43	
王风矿小青南五巷上山	断层带	10	2.2	0.22	1组3孔压水破坏实验
王风矿一坑	粉砂岩、中粒砂岩、铝土岩	13	1.21	0.093	有效层最薄 13 m
马沟渠矿	中粒砂岩、铝土泥岩		0.73～0.80	0.13～0.24	底板 9～12 m处注水
鹤壁一矿	铝土泥岩、粗砂岩	2.45 6.80	0.78	0.112～0.325	

五、"下三带"理论评价

该理论主要用于底板突水预测及开采安全性论证、编制采区或水平安全开采生产规划和为预防突水而选用合适的采煤方法及开采工作面尺寸，根据“下三带”理论制定防治水方案。应用“下三带”理论对开采的安全性评价见表 6-6。现以某矿深部开采预防奥灰承压水突水灾害进行开采安全性评价的应用为例加以说明。

表 6-6　　**底板“下三带”状况与开采的安全性**

序号	1	2	3		4
类型	保护层厚，强度大	保护层薄，强度不够	无保护层		断裂异常承压水导升带高度接近或穿过煤层
			破坏带与导升带沟通	破坏带与含水层相接	
安全性	安全	不够安全	不安全	易突水	很危险
措施	正常开采	缩小工作面斜长，减少破坏带深度，增加保护带厚度	改变采煤方法，减少底板破坏深度，疏水降压或底板改造，增加保护层厚度		留足防水煤（岩）柱，改变采煤方法，对破坏带封堵加固
图示	I II III	I II III	I III	I	I III

某矿开采第 12 煤层，煤厚 10 m，倾角 25°～27°，分 5 个分层开采，分层采高 2 m。2137 工作面采深 1 000 m，工作面斜长 180 m，走向长壁陷落法开采。奥灰含水层距煤 130 m，水压最高达 10 MPa。若按突水系数，则超过临界值(0.7)，属不安全开采。现按“下三带”理论预测评价如下：

根据现场实测和室内实验综合确定：5 个分层采完，累计第Ⅰ带(h_1)底板导水破坏深度为 30 m，第Ⅲ带(h_3)承压水导高正常区为 5 m，第Ⅱ带(h_2)有效保护层厚度为 65～95 m，其总阻水能力最小为 21 MPa，岩层破裂压力为 13.3 MPa。按以上数据对正常底板区安全评价如下：

① 压裂条件：破裂压力为 $P_b=13.3$ MPa，水压 $P_w=10$ MPa，因 $P_w<P_b$，故不具备压裂条件。

② 阻水条件：最小保护层厚度的总阻水能力为 21 MPa，远远大于水压 10 MPa，即 $Z_{总}$ 远远大于 P_w，故有足够的阻水能力。

根据以上分析，在正常区开采能保证安全。但在构造区按“下三带”理论所获得的各项数据对比分析：根据一般情况，由于断层构造带附近地应力及构造断裂带的岩体或充填物的抗拉强度均比正常区低 30%～50%，故其破裂压力 P_b 约为 7～9 MPa，小于水压 10 MPa。断层带整体总阻水能力(含水及导水断裂除外)，由于一般阻水系数 $Z\approx0.1$ MPa/m，断裂带斜长最小为 140 m。若不留煤柱，导水破坏深度可达 50 m，下部承压水导高约 10 m，则有效阻水体斜长约为 80 m，其总阻水能力为 8 MPa，小于水压 10 MPa，即 $P_b > P_w$、$Z_{总} < P_w$，故构造区均列为开采危险区。

六、临界水压与相对隔水层厚度

1. 煤层底板承压水临界隔水层（岩柱）厚度和临界水压值计算

临界隔水层（岩柱）厚度就是指刚刚能抵抗住水压，而不致发生底板突水的隔水层（岩柱）厚度。临界水压值是指刚能使底板隔水层破裂的水压值。

根据斯列沙辽夫公式计算：

$$p = 2k_p \frac{t^2}{L^2} + \gamma t \tag{6-15}$$

式中 p——底板隔水层能够承受的安全水压，MPa；

t——隔水层厚度，m；

L——巷道宽度，m；

γ——底板隔水层的平均重度，MN/m^3；

k_p——底板隔水层的平均抗拉强度，MPa。

$$t = \frac{L(\sqrt{\gamma^2 L^2 + 8K_p P} - \gamma L)}{4k_p} \tag{6-16}$$

式中 t——安全隔水层厚度，m。

根据以上两式算出的临界值，与矿井实际存在的水压值及隔水层厚度比较，若：

① 作用于隔水底板的实际水压值小于 p，但实际的底板隔水层厚度大于 t，则可认为底板稳定，一般可以正常采掘。

② 作用于隔水底板的实际水压值小于 p，而实际的底板隔水层厚度也小于 t，则可认为底板不稳定，要保证安全生产，需采取安全措施。

③ 作用于隔水底板的实际水压值大于 p，而实际的底板隔水层厚度也大于 t，则认为底板基本上是稳定的，但在岩石比较破碎地段（如断层破碎带），要采取安全措施。

④ 作用于隔水底板的实际水压值大于 p，而实际的底板隔水层厚度小于 t，则认为底板极不稳定，要保证安全生产，必须采取安全措施。

2. 相对隔水层厚度计算法

$$\gamma_x = \frac{\sum m_i \sigma_i - m_0}{P} \tag{6-17}$$

式中 m_i——组成隔水层的各分层厚度，m；

σ_i——组成隔水层的各分层阻（隔）水性能的质量等值系数（表 6-7）；

P——作用于隔水层的水柱压力，MPa；

γ_x——单位水柱压力所必要的等值隔水层厚度，简称相对隔水层厚度，m/MPa；

m_0——由于受开采活动的影响，需要从隔水层（岩柱）中扣除的无效隔水层厚度，可根据各矿的具体经验确定，我国峰峰、焦作、淄博为 8～12 m。

表 6-7　　隔水层隔水性能等值系数换算表

岩　性	等值系数
页岩、黏土质页岩、黏土、海相堆积的灰岩、角砾岩	1.0
没有岩溶化的灰岩、泥灰岩	1.3
砂质页岩	0.8
煤(古近纪褐煤)	0.7
砂、碎石、岩溶化的灰岩、泥岩	0.0

目前对于上述相对隔水层厚度在使用上大体分为以下三种情况:

① 相对隔水层厚度大于 0.6 m/MPa,为安全区,可以在不采取其他措施的条件下进行开采。

② 相对隔水层厚度在 0.2～0.6 m/MPa 之间,为较安全区,可在配合其他防水安全措施的条件下进行开采。

③ 相对隔水层厚度小于 0.2 m/MPa,为危险区,必须采用降低水柱的办法控制水压,使相对隔水层厚度保持在 0.2 m/MPa 以上,以保证安全开采。

第五节　断层及陷落柱突水防治

一、断层突水

1. 探查断层

探测断层分为采区断层分布探测、掘进巷道断层超前探测和工作面采前探查导水断层三种类型。除了运用地质分析法和钻探外,目前主要运用瞬变电磁、三维地震、坑透和高密度电流等物探的方法。近几年来探测技术有很大进展,但尚不能满足复杂地质条件下的探测距离和精度的要求。

2. 留设断层防水煤柱

对于导水或储水断层,一般分为留设断层防水煤柱和注浆加固治理两种方法,其中留设断层防水煤柱需根据《煤矿防治水规定》和《煤矿防治水手册》的相关公式留设断层防水煤柱。

3. 断面的注浆加固

采用注浆加固的方法可以防治工作面易导水断层和巷道已经出水断层,但是在构造复杂的矿井对大量断层进行注浆加固也是不现实的。

赵固二矿 F_{109} 断层注浆加固是典型的成功案例。11011 工作面胶带运输顺槽 F_{109} 断层注浆加固工程注浆用水泥 258.61 t,注浆终压为 12.5～15 MPa。其中下外 7-2 钻孔注水泥 247.96 t;下内 8-7 钻孔(图 6-7)出水量为 5 m^3/h,注水泥 8.74 t;下外 3-4 钻孔出水为 4 m^3/h,注水泥 10.4 t。注浆前单孔最大水量为 45 m^3/h,注浆后每孔水量均未超过3 m^3/h。

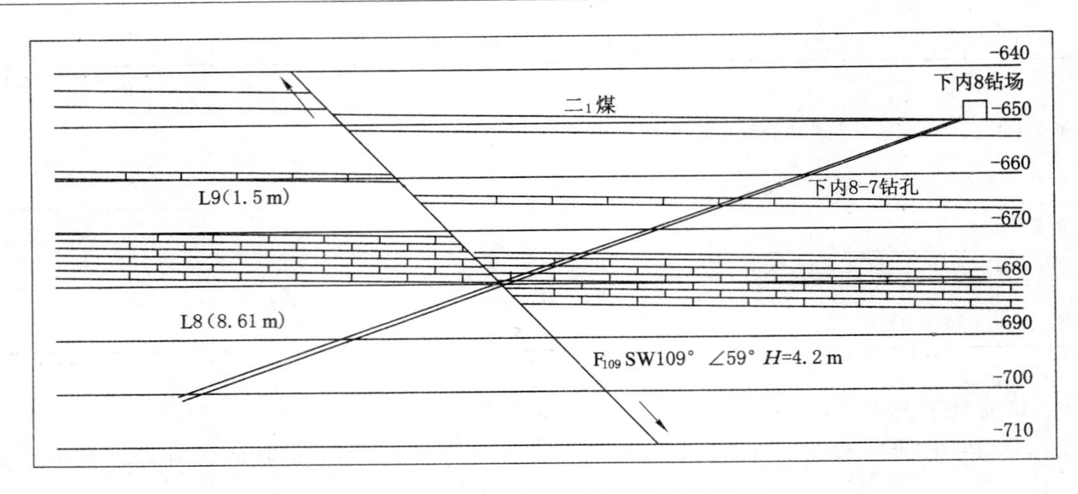

图 6-7　赵固二矿断层注浆加固钻孔布置图

二、岩溶陷落柱突水机理及防治

1. 岩溶陷落柱的概念

岩溶陷落柱是指在地质时期煤系地层之下的厚层可溶石灰岩层，在地下水作用下形成巨大溶洞，当溶洞顶部的自然拱不能支撑其上覆岩层时，则覆岩相继垮落，并逐步向上发展形成一个横截面为椭圆形的几十至几百米高的柱状陷落体，称其为岩溶陷落柱。

岩溶陷落柱的柱体在横向上和纵向上具有一定的分带性。在水平方向上，从外向里一般可划分出外围影响带、边缘过渡带和中心塌陷带三个带，如图 6-8 所示。

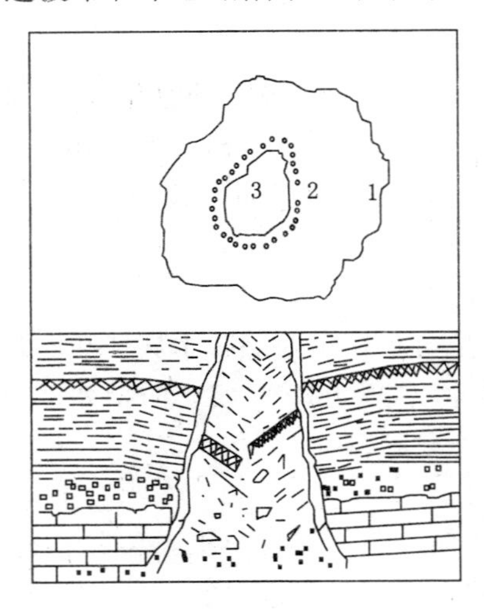

图 6-8　岩溶陷落柱结构示意图

1——外围影响带；2——边缘过渡带；3——中心塌陷带

外围影响带——周围煤、岩层产状发生牵引而向下弯曲，裂隙和小断层发育，该带的宽度一般为 15～30 m。

边缘过渡带——位于柱面两侧，由软泥和碎块组成，一般宽度为 0.1～5 m。

中心塌陷带——岩溶陷落柱的主体部分，由大小混杂、棱角明显的煤、岩碎屑组成。

在垂直方向上，自上而下有时可将岩溶陷落柱划分成顶部悬空带、上部整体碎裂带、中部松散破碎带和下部致密混杂带。顶部悬空带是岩溶陷落柱顶的悬空区，此带并非所有岩溶陷落柱都有；上部整体碎裂带是岩层整体垮落的部分，貌似完整，实际上已被众多裂隙所分割，岩层的连续完整性已完全破坏；中部松散破碎带是由垮落的大岩块组成，岩块中的裂隙极为发育且多被岩粉及泥质物充填，结构松散，压实胶结程度差；下部致密混杂带主要由大小混杂、形状不一的岩石碎屑组成，压实胶结程度比较好，结构致密，是柱体的主要组成部分。

2. 陷落柱的导水条件和影响因素

(1) 陷落柱的导水条件

① 岩溶陷落柱必须与中奥陶统的强含水层沟通。导水的岩溶陷落柱，要有强大而丰富的岩溶地下水源，也就是要和中奥陶统的强含水层沟通，否则就无水可导。华北型煤田岩溶陷落柱的形成和发育基础，是煤系下伏的奥陶系石灰岩顶部有风化剥蚀岩溶发育带。该带在华北地区多发育在中奥陶统八陡组的顶部，岩石的可溶性好，富水性强，补给源充足，水储量相当丰富，在一般情况下对岩溶陷落柱导水是有利的。

② 岩溶陷落柱所在地段的岩溶地下水应具有较大的水头压力。当岩溶陷落柱与强含水层沟通并获得丰富补给水源的同时，地下水还必须有较大的水头压力，方能不断克服柱体充填岩块的阻力向上渗透。岩溶陷落柱柱体内不同标高所测得的水头压力是上部小下部大，说明柱内充填的岩块对地下水渗透都有一定的阻挡能力，从而使水流在向上渗透过程中，沿途的水头压力逐渐消减而不断降低。

③ 岩溶陷落柱柱体内自身的导水性要强。柱体自身的导水性，一般取决于柱体内充填物的压实胶结程度。柱体充填物压实紧密，胶结程度好，孔隙率小，其导水能力就弱；反之，柱体充填物压实程度差，胶结不够好，结构松散，孔隙率大，其导水能力就强。

从华北型煤田所揭露的岩溶陷落柱导水情况看，大多数不导水的岩溶陷落柱，其柱体充填物压实胶结程度都比较好，而所有导水性强并发生突水的岩溶陷落柱，其柱体充填物的压实胶结程度都比较差。如开滦矿区范各庄矿的 9 号岩溶陷落柱，柱体内充填物的结构十分松散，孔隙率高达 21%，并且顶部有高 8～32 m 的大空洞，既含水又导水，发生突水时其最大涌水量达 2.053 m^3/min。由此可见，岩溶陷落柱柱体充填物的压实胶结程度，是岩溶陷落柱是否导水的内在因素，是判别其导水性强弱和划分岩溶陷落柱导水类型的重要指标。

(2) 陷落柱的导水影响因素

① 岩溶地下水径流条件：据目前所知，所有导水性强的岩溶陷落柱，都分布在现代地下水强径流带上，尤其在现代岩溶泉域的排泄区附近的径流带上，它们多是正在发育中的岩溶陷落柱，导水能力极强，一旦被揭露常发生突水。可见，地下水径流条件，不仅会影响岩溶陷落柱导水能力的强弱，而且直接控制着强导水型岩溶陷落柱的分布。

② 地质构造：地质构造常常控制岩溶陷落柱所在井田或地段奥陶系石灰岩顶部的富水性和地下水径流强度，从间接方面影响岩溶陷落柱导水性的强弱。在华北地区，不少导水性强和发生突水的岩溶陷落柱，与其附近的断裂构造有着密切的关系。一种情况是导水断裂把高压的奥陶系石灰岩水引入岩溶陷落柱的下部或上部，冲破了岩溶陷落柱，然后由岩溶陷落柱作为通道发生突水；另一种情况是充水或导水的岩溶陷落柱，借助与其沟通的断层或裂

隙带作为通道而发生突水，如开滦矿区范各庄矿 2176 采煤工作面的岩溶陷落柱，就是奥陶系石灰岩水经岩溶陷落柱然后通过切穿岩溶陷落柱的一条 0.2～0.5 m 落差的小型正断层而发生的突水。

3. 突水模型

根据陷落柱与采煤工作面或者巷道的位置关系，当陷落柱不穿过采煤工作面或巷道时，其突水部位为陷落柱顶部或底部，称为顶底部突水模式；当陷落柱穿过采煤工作面或巷道时，一般突水发生在陷落性侧壁（煤柱、岩柱或岩体），称为侧壁突水模式。

（1）顶底部突水（筒盖）

在这种突水模式中，有两种子模式：一种是陷落柱与采煤工作面之间的关键层厚度较小，符合薄板理论的要求，即满足板的厚度与宽度之比小于 1/7～1/5 要求，为薄板理论子模式（图 6-9）；另一种是陷落柱与采煤工作面之间的关键层厚度较大，不符合薄板理论中板的厚度与宽度之比小于 1/7～1/5 要求，为结构力学的剪切破坏理论子模式（图 6-10）。

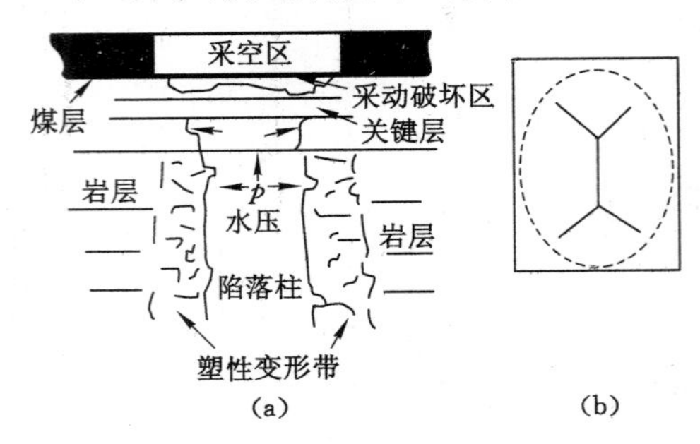

图 6-9　薄板理论子模式及破断形状

（a）陷落柱的纵剖面；（b）关键层平面破断形式

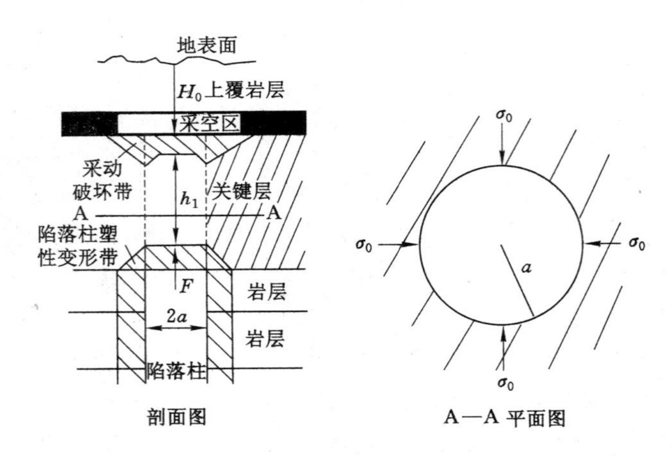

图 6-10　陷落柱柱顶剪破模型

（a）剖面图；（b）A—A 平面图

a——陷落柱半径；R——陷落柱直径；F——总剪切力；h——底板有效厚度；H_0——工作面顶板垂深

（2）陷落柱侧壁突水

在这种突水模式中，有两种子模式：一种是陷落柱四周留有同心圆防水煤柱（图 6-11），地下水突破防水煤柱而突水，为厚壁筒突水子模式；另一种是陷落柱远离采煤工作面或巷道

(图 6-12),地下水通过压裂与其他固有构造导通而发生突水,为压裂突水子模式。

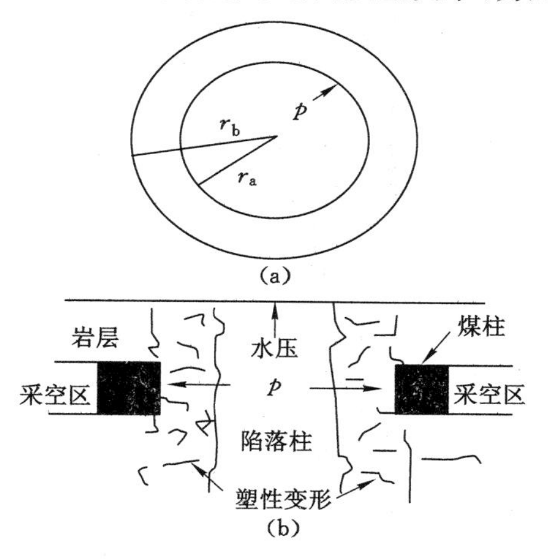

图 6-11 厚壁筒突水子模式

(a) 水平横剖面图;(b) 铅垂纵剖面图

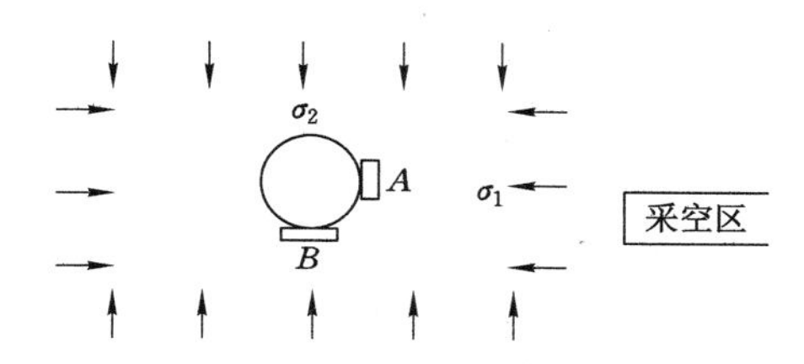

图 6-12 压裂突水子模式水平截面图

4. 岩溶陷落柱突水的预防措施

在具有大型、特大型岩溶陷落柱突水威胁的矿井(区),预防措施主要有 3 种:位置探测,注浆堵水,留设煤柱。

(1) 位置探测

① 现场调研:本矿区是否赋存有陷落柱。

② 放水试验:通过放水试验了解各含水层的排泄、径流和补给以及水力联系。

③ 三维地震探测:对于可能赋存陷落柱的区域,特别是径流带和高水温区域进行地面三维探测,发现地质异常区。

④ 井下瞬变电磁法:在掘进过程中和工作面顺槽接近地质异常体的井下地点进行井下瞬变电磁法探测,预计陷落柱位置。该方法精度较高,效果较好。

⑤ 钻探验证:向预计陷落柱位置打钻,确定位置和导水性。

(2) 突水预防措施

① 留设陷落柱防水煤柱:依据探测的范围、大小、导水性和水压等,留设防水煤柱,后面详细列出。

② 预注浆加固:对于工作面易导水陷落柱,一般采用注浆加固的方法降低导水性。

第六节　水体上开采技术措施

一、防隔水煤(岩)柱的留设

对于受底板含水层及导水断层影响的采煤工作面，需要留设防隔水煤(岩)柱，具体参考《煤矿防治水手册》(2013 版)，摘录部分类型如下。

1. 含水或导水断层防隔水煤(岩)柱的留设和计算

含水或导水断层防隔水煤柱的留设(图 6-13)可参照经验公式计算：

$$L = 0.5KM\sqrt{\frac{3p}{K_p}} \geqslant 20\text{m} \tag{6-18}$$

式中　L——安全煤柱留设的宽度，m；

K——安全系数，一般取 2～5；

M——煤层厚度或采高，m；

p——水头压力，MPa；

K_p——煤的抗拉强度，MPa。

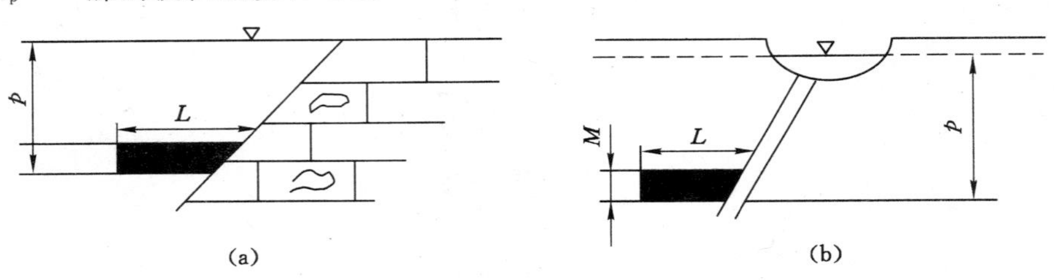

图 6-13　含水或导水断层防隔水煤(岩)柱留设图

L——煤柱留设的宽度；p——水头压力；M——煤层厚度或采高

公式(6-18)用于防隔水岩柱计算时，M 为巷道高度，K_p为岩层抗拉强度。

2. 煤层与强含水层或导水断层或不导水断层接触时防隔水煤(岩)柱的留设和计算

煤层与强含水层或导水断层接触，并局部被覆盖时(图 6-14)，防隔水煤(岩)柱的留设要求如下：

当含水层顶面高于导水裂缝带上限时，防隔水煤(岩)柱可按图 6-14(a)、(b)留设，其计算公式为：

$$L = L_1 + L_2 + L_3 = H_a \csc\theta + H_L \cot\theta + H_L \cot\delta \tag{6-19}$$

导水裂缝带上限高于断层上盘含水层且断层不导水时，防隔水煤(岩)柱按图 6-14(c)留设，其计算公式为：

$$L = L_1 + L_2 + L_3 = H_a(\sin\delta - \cos\delta\cot\theta) + (H_a\cos\delta + M)(\cot\theta + \cot\delta) \geqslant 20\ \text{m} \tag{6-20}$$

式中　L——防隔水煤(岩)柱宽度，m；

L_1, L_2, L_3——防隔水煤(岩)柱各分段宽度，m；

H_L——导水裂缝带高度，m；

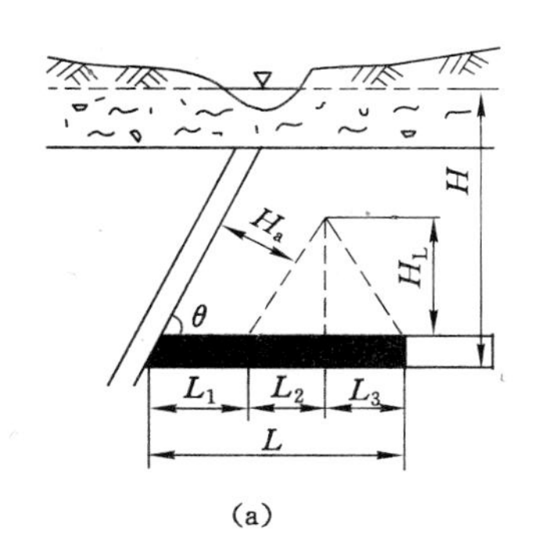

(a)

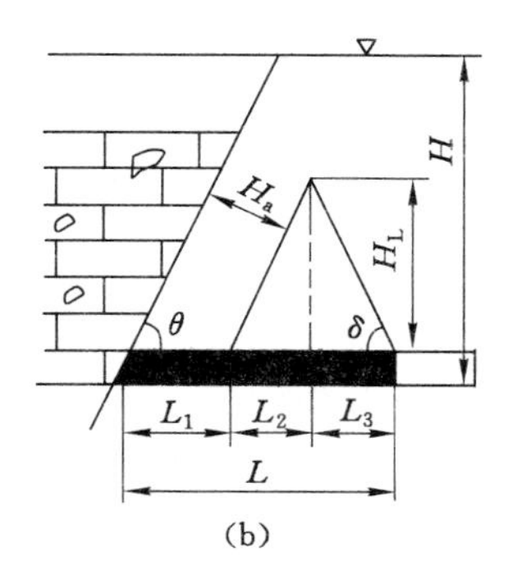

(b)

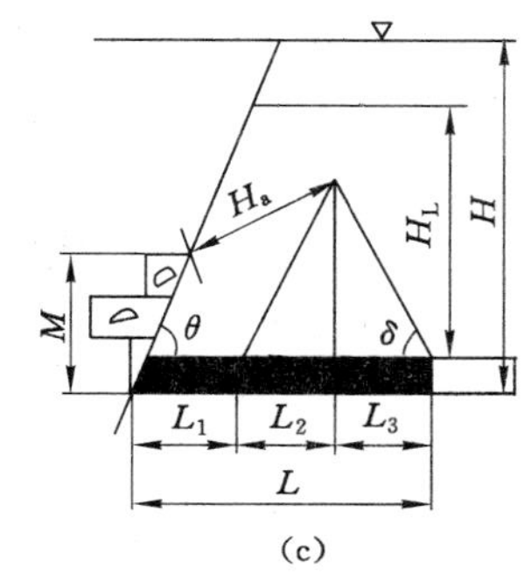

(c)

图 6-14 煤层与强含水层或导水断层接触时防隔水煤(岩)柱留设图

L——防隔水煤(岩)柱宽度;L_1、L_2、L_3——防隔水煤(岩)柱各分段宽度;

H_L——导水裂缝带高度;H_a——断层安全防隔水岩柱的宽度;θ——断层倾角;

δ——岩层塌陷角;H——煤层底板以上的静水位高度;M——断层上盘含水层层面高出下盘煤层底板的高度

θ——断层倾角,(°);

δ——岩层移动角,(°);

M——断层上盘含水层层面高出下盘煤层底板的高度,m;

H_a——断层安全防隔水岩柱的宽度,m。

将图 6-14(c)转化为图 6-15 形状,可得防隔水煤(岩)柱尺寸计算公式:

$$L = L_1 + L_2 + L_3 = \frac{M}{\tan\theta} + \frac{H_a}{\sin\delta} + \frac{M}{\tan\delta} \tag{6-21}$$

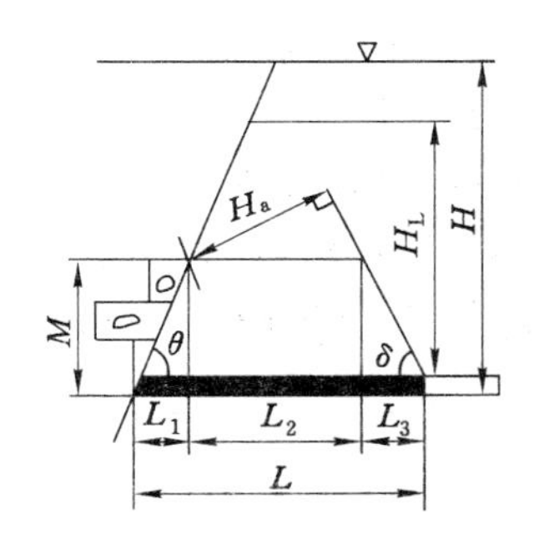

图 6-15 防隔水煤(岩)柱尺寸 L 计算示意图

H_a值应当根据矿井实际观测资料来确定,即通过总结本矿区在断层附近开采时发生突水和安全开采的地质、水文地质资料来确定。

H_a值也可以按下式计算:

$$H_a = \frac{p}{T_S} + A \tag{6-22}$$

式中 p——防隔水煤(岩)柱所承受的静水压力,MPa;

T_S——临界突水系数,MPa/m;

A——保护层厚度,一般取 10 m。

临界突水系数 T_S应根据本矿区实际突水资料确定。本矿区如无实际突水系数,底板受构造破坏块段突水系数一般不大于 0.06 MPa/m,正常块段不大于 0.1 MPa/m。安全防隔水煤(岩)柱 H_a也可以用斯列萨列夫公式和保护层厚度 A 确定,计算公式为:

$$H_a = \frac{l(\sqrt{\gamma^2 l^2 + 8K_p p} - \gamma l)}{4K_p} + A \tag{6-23}$$

式中 l——巷道底宽或采煤工作面最大控顶距离,一般为 20~30 m;

γ——隔水层的平均重度,MN/m^3。

3. 煤层位于含水层上方且断层导水和不导水时防隔水煤(岩)柱的留设和计算

在煤层位于含水层上方且断层导水的情况下(图 6-16),防隔水煤(岩)柱的留设应当考虑两个方向上的压力：一是煤层底部隔水层能否承受下部含水层水的压力；二是断层水在顺煤层方向上的压力。

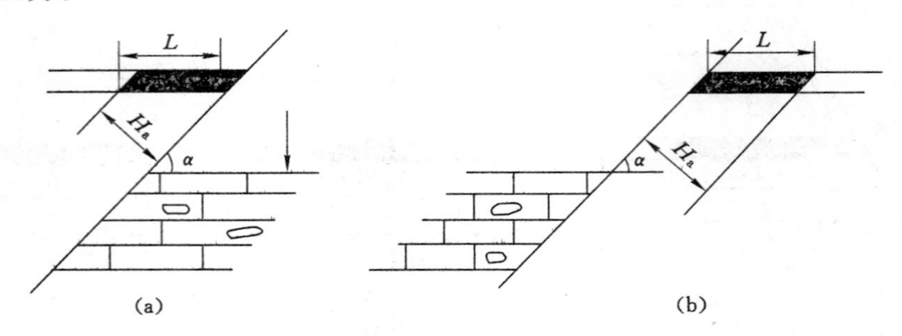

图 6-16　煤层位于含水层上方且断层导水时防隔水煤（岩）柱留设图

α——断层倾角；H_a——断层安全防隔水岩柱的宽度；L——防隔水煤（岩）柱宽度

当考虑底部压力时，应当使煤层底板到断层面之间的最小距离（垂距）大于安全岩柱的宽度 H_a的计算值，并不得小于 20 m。其计算公式为：

$$L = \frac{H_a}{\sin\alpha} \geqslant 20\ \mathrm{m} \tag{6-24}$$

式中　α——断层倾角，(°)；

其余参数同前。

当考虑断层水在顺煤层方向上的压力时，按公式(6-18)计算安全煤柱宽度。根据以上两种方法计算的结果，取较大的数字，但仍不得小于 20 m。

如果断层不导水（图 6-17），断层安全防隔水煤（岩）柱 H_a应当是含水层顶面与断层交点至煤层采空区的距离。如图 6-17(a)所示，顺层防隔水煤（岩）柱的宽度按下式计算（但不得小于 20 m）：

$$L = L_2 + L_1 = \sqrt{H_a^2 - h_c^2} + \frac{h_c}{\tan\alpha} \tag{6-25}$$

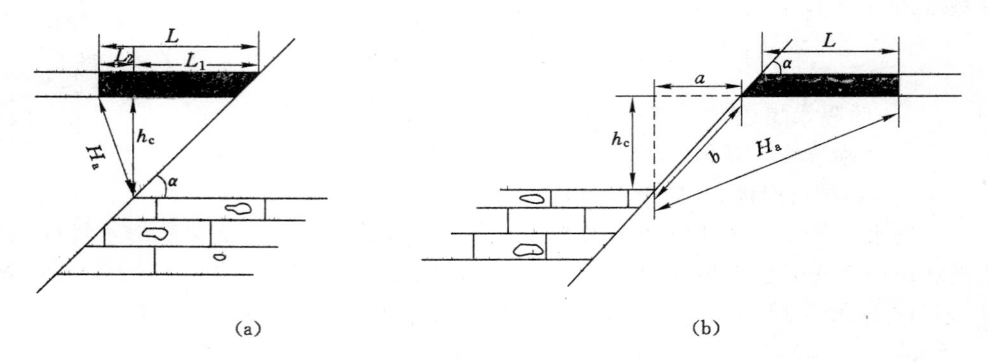

图 6-17　煤层位于含水层上方且断层不导水时防隔水煤（岩）柱留设图

α——断层倾角；H_a——断层安全防隔水岩柱的宽度；L——防隔水煤（岩）柱宽度

对于图 6-17(b)所示情形，防隔水煤（岩）柱的宽度按下式计算（但不得小于 20 m）：

$$L = (L + a) - a = \sqrt{H_a^2 - h_c^2} - \frac{h_c}{\tan\alpha} \tag{6-26}$$

在式(6-25)、式(6-26)中，h_c为含水层至煤层的层间距，m。

在上述各种情况下，断层安全防隔水煤(岩)柱宽度 H_a按下式计算：

$$H_a = \frac{p}{T_S} + B \tag{6-27}$$

式中，B 为底板保护带厚度，m；如果 C_p表示煤层底板破坏深度，则当 $C_p \leqslant 10$ m 时，$B = 10$ m；当 $C_p > 10$ m 时，$B = C_p$；其余参数同前。

公式(6-27)是一个近似公式，突出考虑了煤层底板的破坏深度对 H_a的影响。

二、防治水技术措施

1. 深降强排

所谓“深降强排”就是设置各种疏水工程(开凿专门疏水井巷、大口径钻孔、安装潜水泵以及其他大能力的排水设备等)，将岩溶水水位人工降低到安全开采水平以下，确保煤层安全开采。

深降强排的优点是能有效地制止底板突水，确保生产安全。但它也存在无可弥补的缺点：疏水工程投资大，使用设备多，水泵电量大，因此会增加吨煤成本，降低经济效益；强排引起的水位大幅度下降，可能造成附近工农业及民用缺水，地面塌陷，影响地下水的正常循环，从而有害于自然的生态平衡；当井田内奥灰水量极丰富、补给来源充足时，强排可能难以达到预期的深降目的。深降强排方案由于经济上的明显不合理，也就严重影响到它的适用范围。

2. 外截内排

在井田或地段外围集中径流带建立人工帷幕，截断矿井补给水源，在开采范围以内进行人工排水，将承压水位降低到开采水平以下。这种方案可以确保安全开采，而且又能大大减少排水量，较有保证地达到疏降的目的。但外截内排方案只能适用于特定的条件，即水文地质条件清楚、补给径流区集中、帷幕截流工程易于施工的地方。否则，也难实现外截内排的预期目的。

3. 带压开采

带压开采就是利用隔水层的阻水作用在承压水上方采煤。一定厚度的隔水层具有抵抗一定水压的能力，可以安全开采到一定深度的煤层。利用隔水层采煤时，承压水水位高于开采水平，煤层底板隔水层承受一定大小的水压作用，因此叫带压开采。带压开采无须事先专门排水，一般也可以做到安全生产，在经济上花费少、效益大；但是，带压开采不能确保不发生突水事故，尤其是在水文地质条件复杂的地区，带压开采确实存在底板突水的危险。因此，带压开采前应进行可行性论证，还需要采取一系列的安全技术措施与应急措施。带压开采具有一定的局限性，当开采水平延深、水压增大到隔水层厚度不能抵抗时，带压开采就具有很大的危险性了。

4. 底板注浆改造加固

随着煤层开采向深部延伸，底板灰岩含水层水压增高，工作面突水危险性增高。当已经不能保障带压开采的安全时，目前常用对于煤层底板的薄层含水层进行注浆加固改造，以提高底板的阻隔水能力，增加底板保护带厚度，从而实现水体上安全开采。该方法已经是大水矿区最常用的技术方法，因此在第七章专门介绍。

第七节　探测与监测方法

一、弹性波探测

1. 工作原理

弹性介质中物质粒子间有弹性相互作用，当某处物质粒子离开平衡位置，即发生应变时，该粒子在弹性力的作用下发生振动，同时又引起周围粒子的应变和振动，这样形成的振动在弹性介质中的传播过程称为弹性波。

弹性波地震探测的原理是岩体断层和缝隙使岩层的地震波阻抗(波速×密度)发生变化，从而形成新的反射层位，根据取得的反射层位分布规律，对空洞、地质构造导致物质层面的差异效果进行分析。一般在地面以炸药或重物作激发震源，通过线排列检波器(二维)或面排列波器(三维)收集物质界面弹性波的回弹信息。利用记录器记录弹性波到达检波器的时间，根据记录时间及检波器、激发点之间的距离，可计算出地层中弹性波的传播速度，并进行分析和解释。重物震源监测深度一般小于 80 m；爆破震源监测深度为 100～1 000 m。

2. 适用性

二维地震精度较差，仪器简单便携，采集数据解释容易；三维地震精度高，工程量大，采集数据解释难度大。图 6-18 为三维地震布置系统示意图，图 6-19 为陷落柱地震波剖面图。

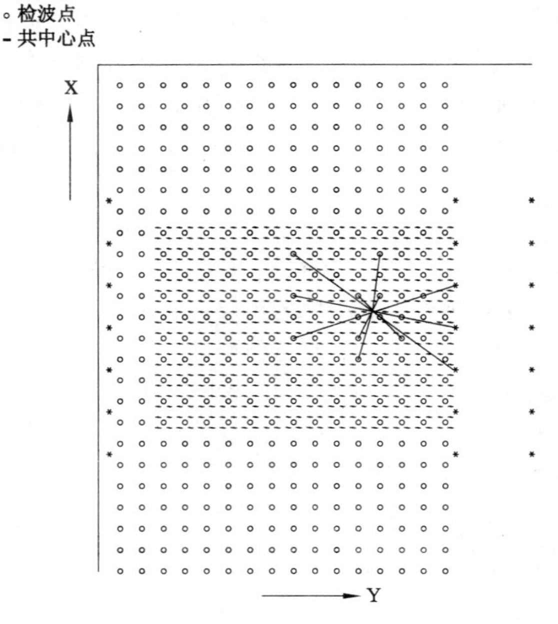

图 6-18　三维地震布置系统示意图

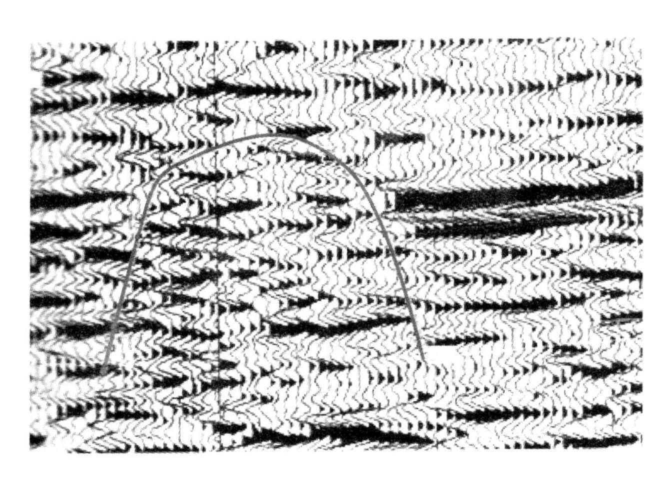

图 6-19　地震波剖面图

二、电磁波探测

电磁波的主要类型和适用性见表 6-8。瞬变电磁仪由一个发射器、一个接收器及主机、电源等组成，图 6-20 为井下瞬变电磁探测原理图。图 6-21 为井下瞬变电磁探测实例，其中视电阻率的低阻区（深色阴影部分）为富水区的可疑区域。

表 6-8　　　　**电磁波探测方法及适用性**

内容	瞬变电磁	EH-4 大地电法	直流电法、音频电法
适用地点	地面、井下	地面	地面、井下
特点	全人工电磁场	半人工、半自然电磁场	全自然电磁场
优点	探测精度高	探测精度较高	仪器费用低 对地形适用性较好
缺点	仪器较重 地面探测对地形条件要求高 仪器费用高	仪器较重 对地形有一定要求 仪器费用较高	探测精度较低 地面探测工作量大

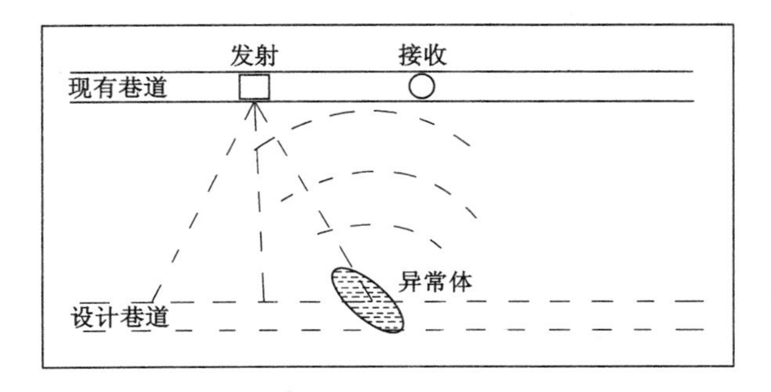

图 6-20　井下瞬变电磁探测原理

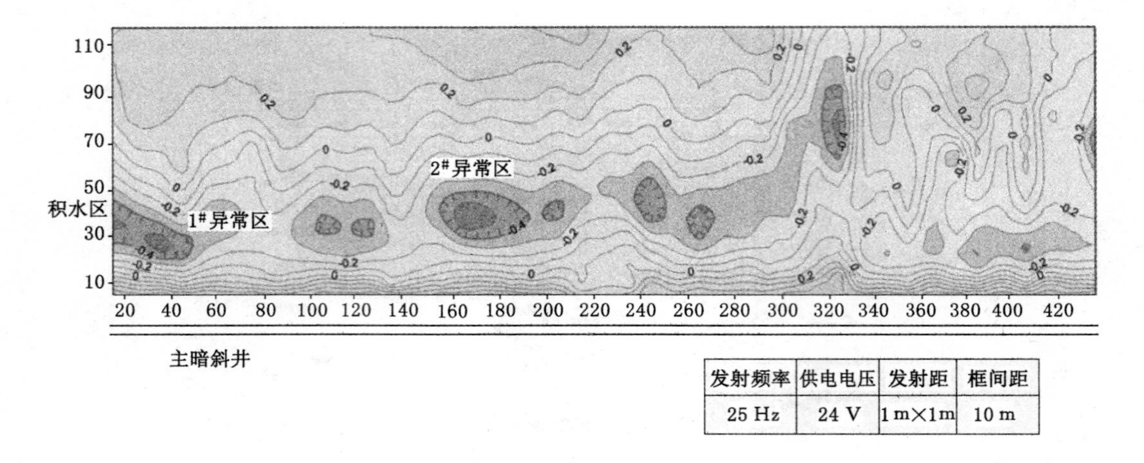

发射频率	供电电压	发射距	框间距
25 Hz	24 V	1 m×1 m	10 m

图 6-21 井下瞬变电磁探测实例

思考题

1. 底板突水的影响因素有哪些?

2. 某矿的开采水平为−800 m,煤层埋深为 850 m,煤厚为 3.5 m,工作面长度为 275 m,煤层为缓倾斜煤层倾角为 20°,煤层抗拉强度为 2 MPa,底板岩体平均天然视密度为 1 447 kg/m³,底板岩体内摩擦角为 35°。采用经验和理论方法,分析计算底板破坏深度。

3. 简述陷落柱的突水模型。

4. 简述水体上开采的防治水措施。

第七章　底板注浆加固防治水技术

第一节　底板注浆加固技术简介

随着矿井开采深度的不断增大，工作面底板所受承压水的压力也越来越高，而底板隔水层的厚度则基本稳定，因此发生突水事故的危险性也越来越大。当工作面的突水系数大于临界突水系数时，一般可采取两种防治水措施。一种是采用疏水降水压的方法，从而降低突水危险，实现安全开采。但是当含水层富水性强、补给量大时，会遇到难以疏降水压或者排水量大、费用高、疏降时间长等问题，因此目前很少有矿井采用疏降奥灰或与奥灰有直接水力联系的中、强含水层。另一种为注浆改造底板含水层与注浆加固隔水层的防治水方法，通过增加底板隔水层厚度，增强底板岩体的隔水性和岩体强度，减少矿井突水危险性，降低突水事故的涌水量。该方法有效果显著、工程规模灵活、技术可行等优点，同时也有增加生产成本和工作面准备时间长的缺点，目前被大水矿区广泛采用。

该技术是20世纪80年代中后期发展起来的。1984年在肥城矿区首先开展底板含水层注浆改造工程试验，其后河北峰峰和河南焦作等矿区引进该技术，2002年以后由于煤炭企业经济形势较好，该技术有较快的发展和广泛的推广。经过多年的发展，无论是注浆堵水先期条件勘查，还是工程工艺、设备配套及材料等都有长足发展。底板注浆加固技术经历了地面垂直打孔、井下顺槽打孔、地面(井下)水平定向长钻孔等三个发展阶段，已经形成了成熟的注浆改造技术，积累了丰富的经验。其中焦作矿区于1999年引进煤层底板注浆改造技术，工作面突水次数和突水强度均大大降低，至今已在多个矿井成功应用。在邢台、峰峰等矿区采用地面和井下钻孔水平定向钻进，探索开展区域水害的超前探测与注浆治理技术。

突水理论方面，许延春和李见波在总结焦作矿区注浆加固工作面突水事例的基础上，针对注浆加固改造工作面突水提出“孔隙—裂隙岩体升降型”模型。

第二节　高水压工作面底板注浆加固技术

一、底板注浆加固原理

如图7-1所示，底板注浆加固技术的原理是：首先应用地球物理勘探成果或钻探等手段，探查工作面范围底板岩层的富水性及其裂缝发育状况；然后设计加固工程参数；最后利用采煤工作面已掘出的通风巷道和运输巷道，采用注浆措施改造含水层和加固隔水层，使它们变为相对隔水层或进一步提高其隔水性(见图7-2)。注浆站可建在地面也可建在井下，注浆材料选择水泥、黏土水泥浆、粉煤灰水泥浆等。当前随着对水泥等原材料的过度消耗，对环境造成了严重污染，国内外材料科学工作者开始致力于工业废渣的资源化利用，研制开发新型绿色注浆材料。

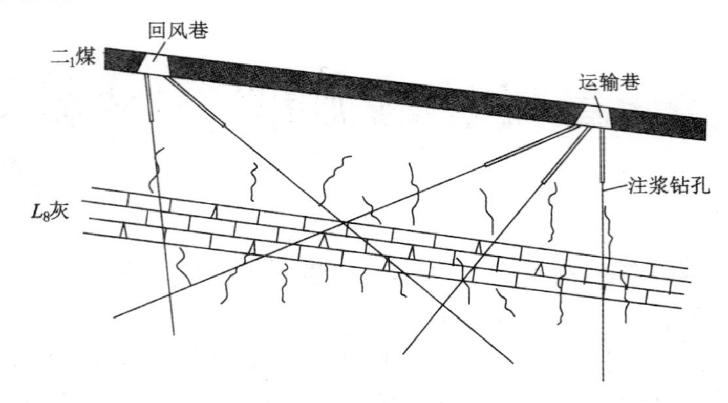

图 7-1 煤层底板注浆加固与改造原理示意图

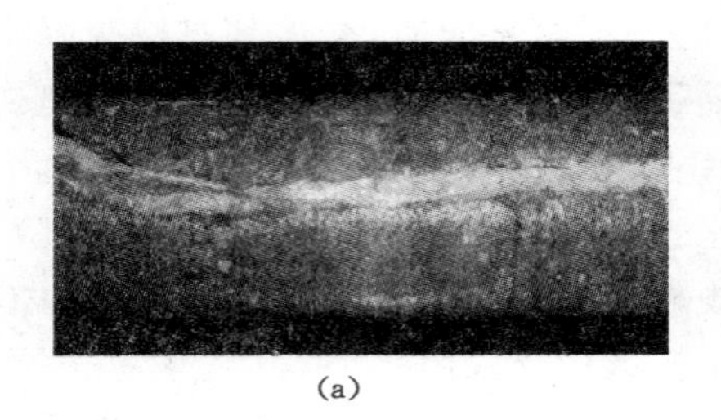

(a)

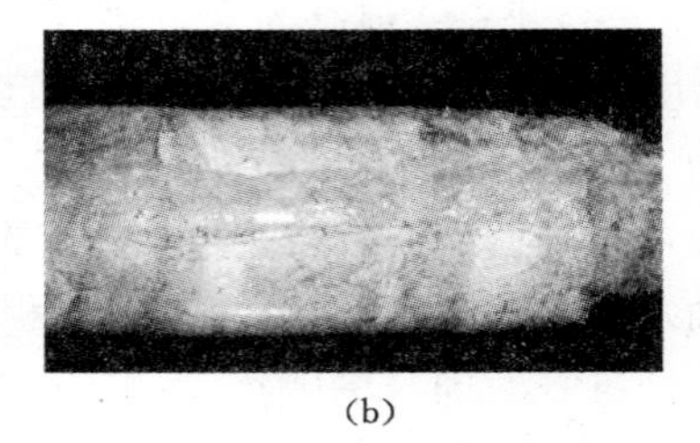

(b)

图 7-2 岩芯裂隙注浆充填情况

二、底板加固技术方案

1. 加固底板含水层的确定

判断需要加固的底板含水层，首先计算突水系数，当底板受构造破坏块段突水系数大于 0.06 MPa/m，正常块段大于 0.1 MPa/m，同时该含水层与奥灰有水力联系，采用疏降方法效果差，表明该含水层需要注浆加固。

例如，焦作矿区赵固二矿 11011 综采工作面，底板 L_8 灰岩含水层厚度一般为 6.77～14.78 m，灰岩岩溶裂隙较发育，单位涌水量为 0.000 5～0.059 L/(s·m)，渗透系数为 0.003 6～0.648 m/d。水压高达 7.45 MPa，距二$_1$煤的隔水层只有 26.32 m，突水系数为 0.28 MPa/m，同时放水试验表明该含水层与奥灰有水力联系，因此 L_8 需要注浆加固。确定底板注浆加固深度为 70 m，除加固改造 L_8 和砂岩等含水层外，还加固隔水层以增强其抗水患能力。

11011 工作面底板的 L_2 灰，该含水层水压为 7.5 MPa，单位涌水量为 1.090 L/(s·m)，渗透系数为 9.87 m/d，为富水性较强的含水层。上距二$_1$煤层 85.58～104.57 m。突水系数为 0.087～0.071 MPa/m，小于正常块段 0.1 MPa/m，因此 L_2 不需要注浆加固。

2. 注浆工程系统

注浆工程系统以赵固矿区为例。

(1) 注浆工艺流程

整个注浆工艺如图 7-3 所示。

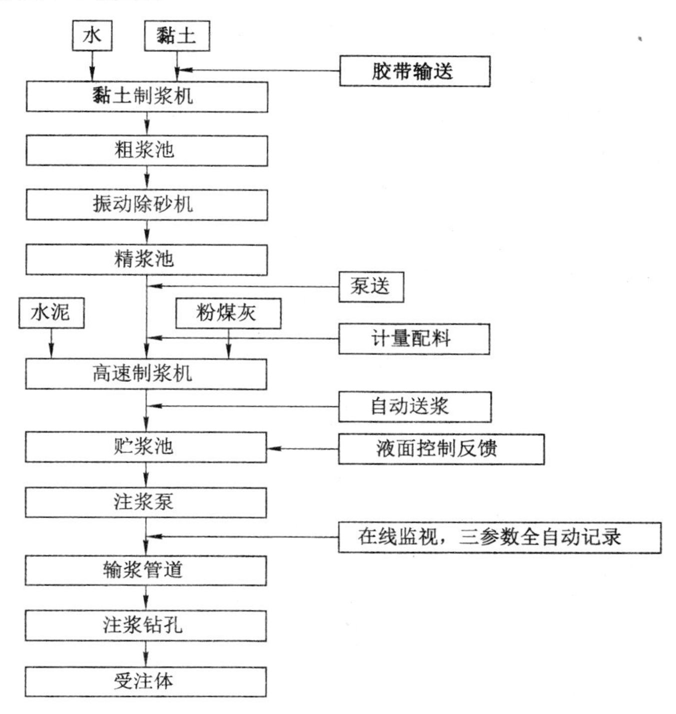

图 7-3　注浆工艺流程图

(2) 造浆系统及主要设备

① 黏土制浆及净化系统。赵固二矿黏土制浆用 ZJ—20 或 ZJ—40 制浆机，造浆能力不低于 20 m^3/h，黏土浆液密度为 1.05～1.10 g/cm^3。黏土制浆机两台，一用一备。

② 注浆泵。采用 SGB—15—12 三缸柱塞式注浆泵，最大工作压力为 12 MPa，流量分 250 L/min、162 L/min、102 L/min、58 L/min、34 L/min 五档控制。注浆泵电动机为 YB225M—4，功率为 45 kW。正常工作时注浆泵要求一用一备。

③ 注浆管路。注浆管使用外径 Φ60 mm、壁厚 8 mm 的高压流体管及与其相配套的接头和钢丝高压胶管。使用前需按照注浆终压标准作耐压试验，合格后方可使用。输浆钻孔内使用外径 Φ73 mm、壁厚 8 mm 的 D40 地质管作为注浆管。

④ 黏土浆参数。黏土水泥浆比重控制在 1.10～1.36 g/cm^3之间比较合适(注浆过程中应根据注浆实际效果进行合理调整)，要按照先稀后浓的原则，分档控制。

3. 注浆要求

对于注浆工作，具体操作要求如下：

① 注浆钻孔施工完成后要及时用清水冲洗孔内岩粉，注前先压清水 30 min，然后改注比重为 1.10 g/cm^3 的黏土浆，用以畅通裂隙。

② 注完 10～15 m^3 黏土浆后，即改注黏土水泥浆，浆液比重为 1.16 g/cm^3，注 10～20 m^3，压力无变化时，可增至比重为 1.20 g/cm^3 的浆液。黏土水泥浆每次升档必须经过分管人员同意后方可改变。

③ 注浆终孔标准:设计注浆终压为 15 MPa,井下达到注浆设计压力后,改为二档注浆,并稳压 10～30 min 以上,方可结束注浆。

④ 注浆原则:在钻孔注浆过程中,要遵循连续注浆原则,目的是减少钻探工程量,有效封堵导水通道。若单孔注浆量超过 2 000 m^3 或 800 t 干料时,可考虑间歇注浆,间歇时间一般为 4 h,间歇期间必须将注浆管路冲洗干净。若采用间歇注浆方式注浆压力仍然达不到要求,则可注入固体材料。

⑤ 注固体材料:注浆过程中,如长时间不上注浆压力或出现巷道底板跑浆现象,则需用固料充填导水裂隙。固料一般用锯末、海带丝或大豆。

⑥ 封孔:达到设计注浆终孔要求时,为防止注浆孔内有残留水,必须进行封孔。

4. 注浆工程参数

为保障注浆加固的效果,钻孔采用密集布置,一般根据注浆试验获得的含水层的渗透半径,确定注浆加固钻孔的孔间距。例如,赵固二矿确定注浆深度为 70 m,钻孔间距小于 50 m。

(1) 钻孔布置

① 钻场布置在回风巷和胶带运输巷的两侧,同一帮相邻钻场相距 100 m。钻场要求长 5 m,宽 5 m,高 3.5 m。

② 每个钻场布置 4 个注浆钻孔,4 个均为注浆孔。另外增加 20%的钻孔作为注浆效果检验孔。

③ 钻孔方向尽可能与断裂构造发育方向垂直或斜交,使钻孔尽可能地多穿过裂隙,提高注浆效果。

④ 以斜孔为主,使钻孔揭露含水层段尽量长。回风巷和运输巷内侧的注浆钻孔要相互重叠,不留盲区。

⑤ 对裂隙发育带、断层破碎带、富水区域、隔水层变薄区域及巷道底鼓段要重点布孔,必要时可增加钻孔数量。

图 7-4 为 11011 工作面前 300 m 钻进布置图。图 7-5 为工作面底板注浆加固效果立体示意图。

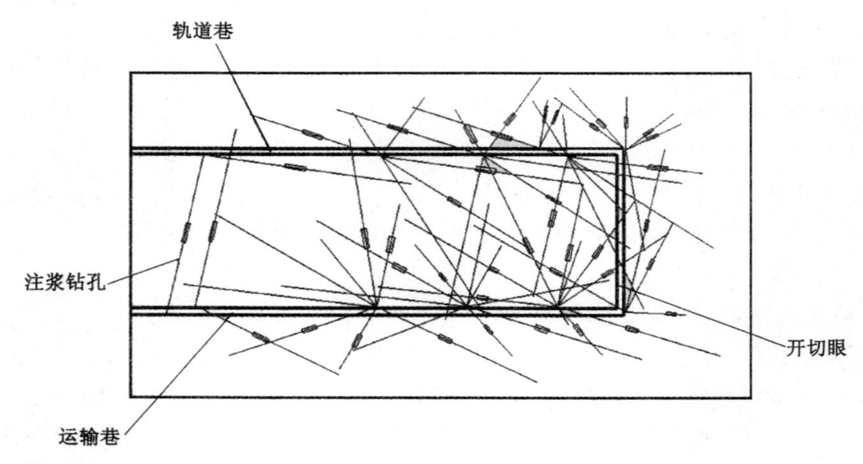

图 7-4　11011 工作面前 300 m 注浆钻孔布置图

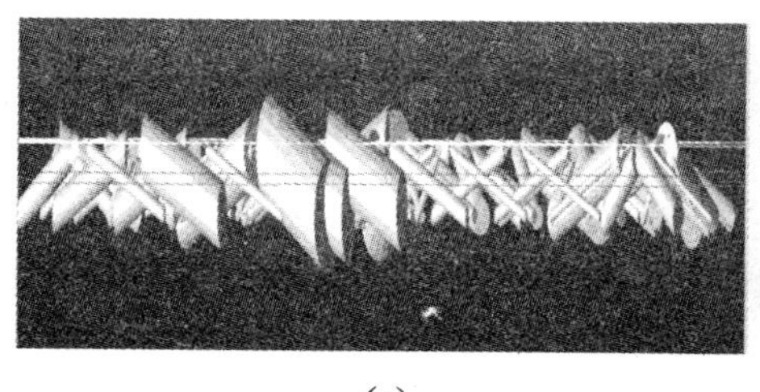

(a)

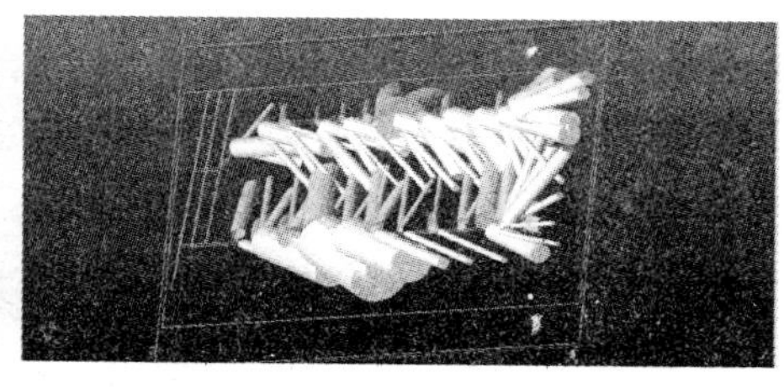

(b)

图 7-5 工作面底板注浆加固效果立体示意图

(a) 侧视图;(b) 俯视图

(2) 钻孔结构及要求

① 注浆钻孔的终孔层位为二$_1$煤层底下 70 m(法向距离)。

② 注浆钻孔终孔孔径正常情况下不小于 Φ75 mm。

③ 孔口管下至二$_1$煤层底,下一级止水套管根据计算参数要求执行,二级止水套管底口下至 L_9 灰岩底板下 5 m。套管材质需使用 D40 地质管,管壁厚度不小于 4.5 mm。

④ 一级止水套管试压需大于 10 MPa,保压 30 min 为合格;二级止水套管试压需大于 14 MPa,保压 30 min 为合格。

(3) 钻孔施工

① 注浆孔要按序号施工,每个钻场先施工 1 号钻孔。因水压较高,钻孔成孔后要求立即进行注浆,防止钻孔坍塌和孔间串浆,每个钻场 1 号钻孔注浆完成后,再施工 2 号钻孔,然后施工 3 号钻孔,视钻孔水量和吸浆情况确定是否补孔。

② 注浆压力要达到 14 MPa,进浆量低于 60 L/min,10～30 min 即可结束注浆。

③ 注浆孔全部施工完成后要施工注浆效果检验孔,注浆效果检验孔个数不得少于总孔数之和的 20%。

④ 注浆效果检验孔涌水量小于 5 m^3/h 视为注浆合格。

⑤ 重点检查地段有构造破碎带、富水区域及隔水层变薄区域。

三、超高压注浆工艺方法

高突水危险、高水压条件下实现 15 MPa 超高压注浆,有必要改进和提升注浆工艺“制浆、输浆、制孔和注浆”的四个环节。

1. 分散制浆

分散制浆机是注浆系统的核心设备(图 7-6),它将分散机工作原理引入到煤矿注浆系统中来,避免了以往搅拌制浆易产生“灰包泥”或“泥包灰”的现象,改善了浆液的可注性。

2. 细管输浆

为防止堵管,保障注浆连续作业,加快浆液在输浆管中的速度,减少在管中时间,输浆管采用多路 1.5 寸的输浆管。浆液在输送过程中的沉淀现象减少,避免或减少浆液堵管现象的发生。如果有一路被堵,仍然可保障注浆的连续性。

3. 多重固管防喷

针对在高水压条件下仅用一级法兰盘结构套管脱出、爆裂、变形和漏浆等问题,采用二

图 7-6　分散制浆机

级和三级套管结构，即在下入每级止水套管时都安装法兰盘，将各级法兰盘串联起来使用，以增强止水套管的抗压、抗拉强度，可有效地防止高压注浆过程中出现的等套管问题，其结构组成见图 7-7 所示。

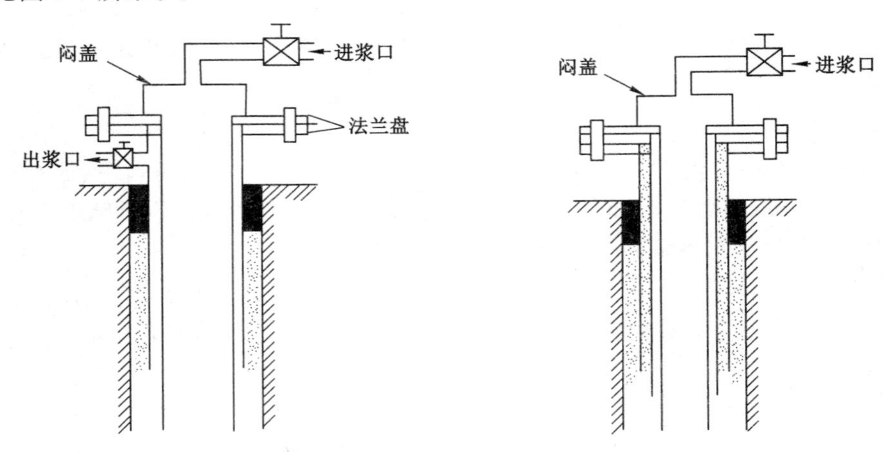

图 7-7　多级固管结构示意图

(a) 二级套管；(b) 三级套管

4. 反复透孔注浆

单孔注浆结束标准：注浆压力 15 MPa，进浆量小于 30 L/min，稳定时间 20 min 后；凝固 30 h 以上，进行透孔，当出水量小于 0.2 m^3/h 时视为合格，否则要重复注浆，以保证每个钻孔的注浆效果。

第三节　底板注浆加固防治水机理

一、孔隙—裂隙岩体类型

基于孔隙—裂隙弹性理论，针对注浆加固工作面提出了“升降型”结构力学模型。孔隙—裂隙弹性理论是研究流体或热流体在裂缝性非均质多孔介质中流动的基本理论。参照该理论对双重孔隙介质的划分，按照底板岩体的破碎程度和裂隙连通性，将岩体大致分为4种类型，分别为：完整隔水岩体（Ⅰ型）、非连通裂隙岩体（Ⅱ型）、连通裂隙岩体（Ⅲ型）和破碎岩体（Ⅳ型）。为了研究底板岩体的阻隔水性能，在孔隙—裂隙弹性理论基础之上，对底板岩层的几种形态进行概化。

1. Ⅰ型隔水岩层

若底板岩层完整，裂隙少，连通性差，无断层影响，则宏观上基本符合单一孔隙体模式，如图7-8所示。将该种类型岩体定义为Ⅰ型岩层，例如完整的厚层泥岩类，一般为隔水层。

该模型近似为孔隙介质，宏观上属于均匀介质，认为具有同一渗透率、同一类型孔隙连续分布的介质，即具有单孔隙率/单渗透率的介质，当岩层渗透率很低或为零时，该岩层为隔水层。

考虑有效应力影响及孔隙压力的一般应力—应变关系可表示为：

$$\varepsilon_{ij} = \frac{1+\nu}{E}\sigma_{ij} - \frac{\nu}{E}\sigma_{kk}\delta_{ij} - \frac{\alpha}{3H}p\delta_{ij} \tag{7-1}$$

固体变形控制方程为：

$$Gu_{i,jj} + (\lambda + Gu_{k,ki}) + \alpha p = 0 \tag{7-2}$$

流体控制方程为：

$$-\frac{k}{\mu}p_{m,kk} = \alpha\varepsilon_{kk} - c^{*}\dot{p} \tag{7-3}$$

2. Ⅱ型裂隙岩层

若岩层中存在裂隙、断层等明显强度弱面，但不贯通，宏观符合非贯通孔隙—裂隙模式，如图7-9所示。将该种岩体类型定义为Ⅱ型裂隙岩层，例如粉砂岩层或不导水断层影响的泥岩层。工作面可能出现滴水、淋水和渗水，但不构成突水事故，可以作为相对隔水层。

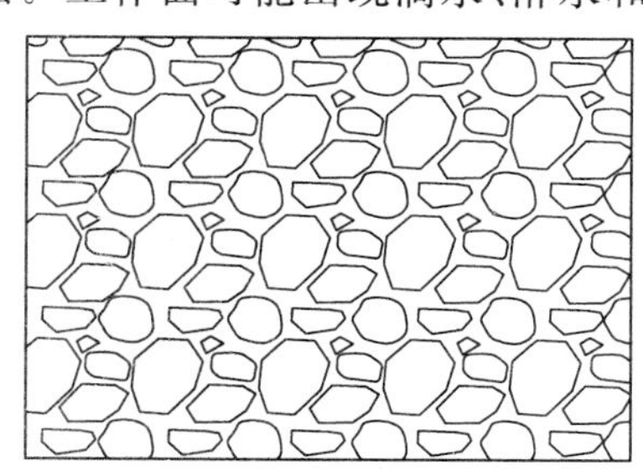

图7-8　高孔隙率单一渗透率岩层

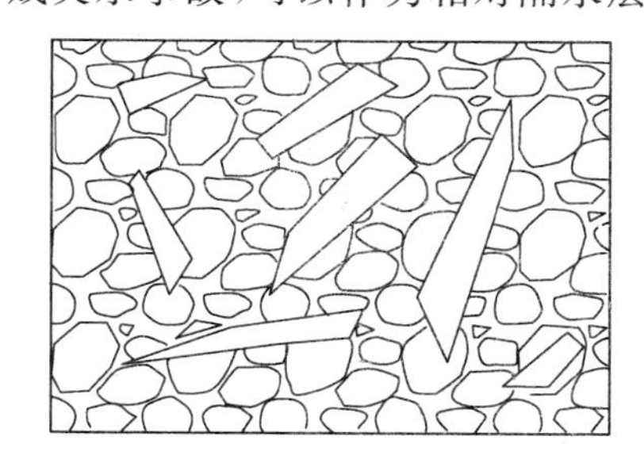

图7-9　孔隙—孤立裂隙岩层

该种类型岩层通常认为由于裂隙的存在而把岩体介质分成岩隙（裂隙体）和岩基（孔隙体），其中裂隙体中的裂隙称为次生孔隙，其孔隙率（裂隙度）称为次生孔隙率；而孔隙体是被裂隙分割成的小岩块，其孔隙称为原生孔隙，其孔隙率称为原生孔隙率。裂隙介质的双孔隙率概念，认为在裂隙中的流体和在岩基中的流体是相互独立（有各自独立的控制方程）而又相互更迭的（由公用函数联系在一起）介质。与通常的双孔隙率介质不同，流体流动主要是通过高渗透性的裂隙流动，如图7-9所示。非渗通性的裂隙系统等效成具有不同孔隙率的单渗通介质。这种双孔隙渗透率模型可模拟具有低渗透率及高存储率的岩层。这类岩体中流体主要是渗流的形式。该模型的固体变形控制方程可表示如下：

$$Gu_{i,jj}+(\lambda+G)u_{k,ki}+\sum_{m=1}^{2}a_m p_{m,i}=0 \tag{7-4}$$

式中，$m=1$ 和 2 分别代表岩基和岩隙。

相应的流体相控制方程为：

$$-\frac{k}{\mu}p_{m,\mathrm{kk}}=\alpha_m\varepsilon_{kk}-c^*\dot{p}_m\pm\Gamma(\Delta p) \tag{7-5}$$

式中，k 是等效单渗透率值或总体系统的平均渗透率；Γ 是表征因压差 Δp 引起的裂隙流体和孔隙流体交换强度的流体交换速率；其前面的正号表示从孔隙中流出，负号表示流入孔隙中。

3. Ⅲ型导水岩层

该种类型岩层是在Ⅱ型不导水裂隙岩层基础上进一步发育形成的，裂隙连通导水，但储水空间小，如图 7-10 所示。例如砂岩、薄层灰岩等裂隙含水体等，可导致工作面突水。

该模型是由具有高孔隙率/低渗透性的孔隙体和具有低孔隙率/高渗透性的裂隙体组成，裂隙和孔隙具有各自不同的孔隙率和不同的渗透率，如图 7-10 所示。该模型为双孔隙率/双渗透率模型，适合于具有低渗透性孔隙的含裂隙地层。

该模型的固体相控制方程与非贯通裂隙模型方程形式相同。流体相控制方程为：

$$-\frac{k_m}{\mu}p_{m,kk}=\alpha_m\varepsilon_{kk}-c^*\dot{p}_m\pm\Gamma(\Delta p) \tag{7-6}$$

式中，K_m 为 m 相的渗透率。

4. Ⅳ型导、储水岩层

若底板岩层比较破碎，表现为既有主裂隙通道，又有次生裂隙通道，出水概率很高，如图 7-11 所示。将该种类型定义为Ⅳ型导、储水岩层，如灰岩裂隙、岩溶性含水层等。这种类型岩层可导致工作面大量出水发生严重突水事故。

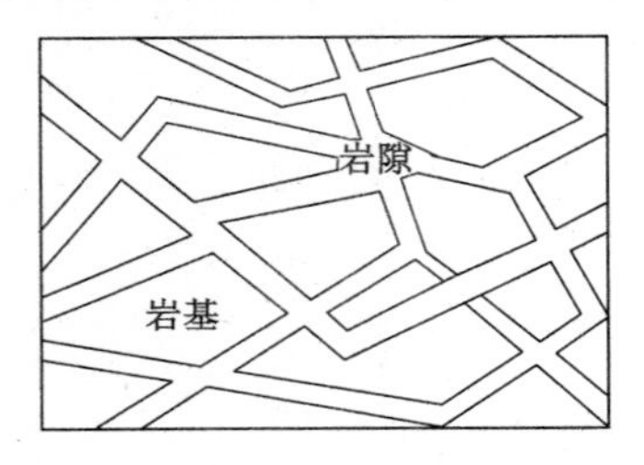

图 7-10　孔隙—贯通裂隙岩层

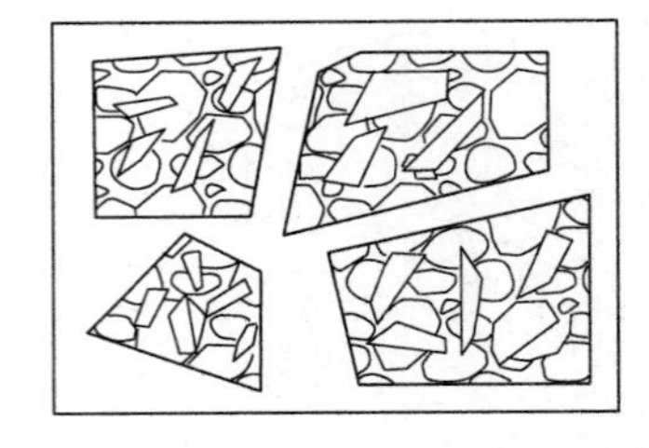

图 7-11　三孔隙率岩体

该模型亦称为三孔模型，主裂隙系统切割为成组的低渗透裂隙系统；这些微裂隙系统可以看作是孔隙体的一部分。岩基孔隙与非渗透性裂隙是相互交织的，它们与张开裂缝之间发生流体交换，如图 7-11 所示。固体相的控制方程为：

$$Gu_{i,jj}+(\lambda+G)u_{k,ki}+\sum_{m=1}^{3}a_m p_{m,i}=0 \tag{7-7}$$

式中，$m=1$、2 和 3，分别代表孔隙、裂隙和裂缝。

该模型流体相的对应方程为：

$$-\frac{k_1}{\mu}p_{1,kk}=\alpha_1\varepsilon_{kk}-c_1^*p_1\pm\Gamma_{12}(p_2-p_1)+\Gamma_{13}(p_3-p_1) \tag{7-8}$$

$$-\frac{k_2}{\mu}p_{2,kk}=\alpha_2\varepsilon_{kk}-c_2^*p_2\pm\Gamma_{21}(p_1-p_2)+\Gamma_{23}(p_3-p_2) \tag{7-9}$$

$$-\frac{k_3}{\mu}p_{3,kk}=\alpha_3\varepsilon_{kk}-c_3^*p_3\pm\Gamma_{31}(p_1-p_3)+\Gamma_{32}(p_2-p_3) \tag{7-10}$$

式中，k_3是裂缝渗透率；k_{13}是岩基与裂隙的平均渗透率；Γ_{ij}是i相与j相之间的流体交换率，并假设二相之间均存在内于压差引起的隙间流。

二、注浆加固降低岩体类型的作用机理

注浆加固难以改变岩石的力学性质，主要使得破碎岩体裂隙及岩溶被充填，使岩体变得致密，裂隙的连通性随之下降，从而岩层类型降低。如果注浆效果理想，无论是Ⅳ型岩体，还是Ⅲ型岩体，或是Ⅱ型岩体，都会变成Ⅰ型岩体。然而比较现实的情况是，注浆对连通裂隙进行充填，但岩体内部仍然存在不能注浆充填的非连通裂隙，导致Ⅳ、Ⅲ型岩体注浆后降到Ⅱ型岩体；Ⅰ型岩体不再降低。通过对工作面底板注浆前后的电法探测，可比较直观地认识降型过程。

焦作矿区赵固二矿11011工作面胶带运输巷注浆前后底板岩体的视电阻率如图7-12所示。图7-12(a)中视电阻率等值线值越小的区域，通常表示底板岩体可能越破碎、裂隙发育或富水性相对较强。分析图7-12(a)中以等值线值小于5 Ω·m圈定的阴影区域为富水异常区，应为Ⅳ型和Ⅲ型岩体。大于5 Ω·m圈定的白色区域为不富水区，应为Ⅰ型或Ⅱ型岩体。

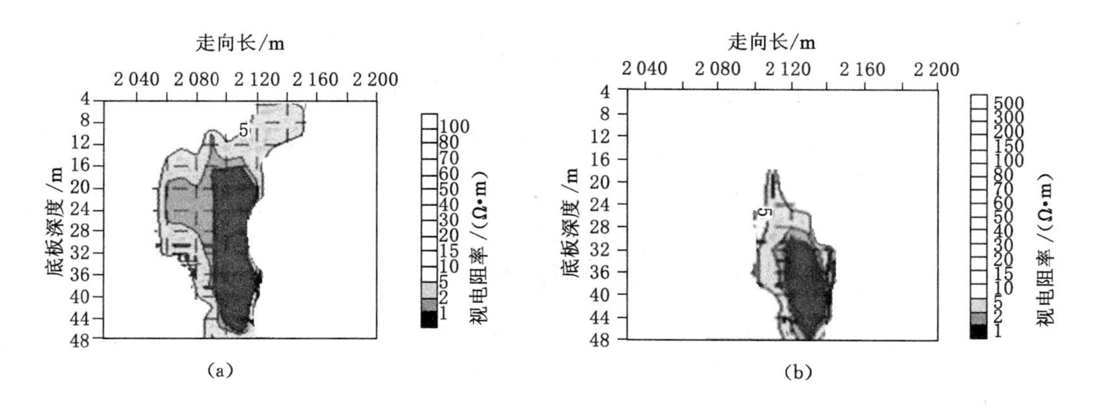

图7-12　赵固二矿巷道注浆前后视电阻率异常区

(a) 注浆前；(b) 注浆后

根据胶带运输巷的探测结果可以看出，2010年8月23日，注浆前底板在通尺胶带顺槽1 890～2 100 m区段内发现低阻异常(见图中阴影区域)，属Ⅳ型或Ⅲ型岩体，深度在L_8灰岩附近。2010年10月20日注浆改造结束后的直流电法勘探资料显示[图7-12(b)]，原先区段低阻富水异常范围大幅度减小，并且距煤层底板的距离增大，表明注浆效果较好，阴影区大部分岩体降型为Ⅱ型或Ⅰ型岩体。实际11011工作面开采过程中底板没有出水。

注浆后的岩体加固体由岩石和充填材料组成，认为是一种复合材料，按照复合材料的弹

性模量的“混合律”，则注浆加固体的弹性模量为：

$$E = E_0(I - D) + E_r D \cdot \eta \tag{7-11}$$

式中，E 为注浆加固体弹性模量；E_0 为基岩弹性模量；D 为空隙比矩阵，对于节理岩体 $D = \sum_{i=1}^{m} N_i \alpha_i (\beta \otimes \beta)$；$E_r$ 为注浆材料固结体的弹性模量；η 为充填系数矩阵。

所以，注浆加固后，岩体变为Ⅰ型时的固流耦合方程应该满足：

$$\begin{cases} Gu_{i,jj} + (\lambda + Gu_{k,ki}) + \partial p = 0 \\ -\dfrac{u}{k} p_{m,kk} = \varphi \varepsilon_{kk} - c^* p \\ E = E_0(I - D) + E_r D \cdot \eta \end{cases} \tag{7-12}$$

三、采动提升岩体类型的机理及突水结构力学模型

在采动作用下，工作面底板出现移动、变形和破坏。注浆后底板岩体被充填的裂隙重新扩展并相互贯通；岩石破碎也产生新的裂隙。因此采动影响是注浆加固后工作面底板出水的重要影响因素。

1. 采动后底板破坏形成的底板应力分布

通过数值模拟揭示了采动影响下煤层底板的塑性破坏区(图 7-13)。

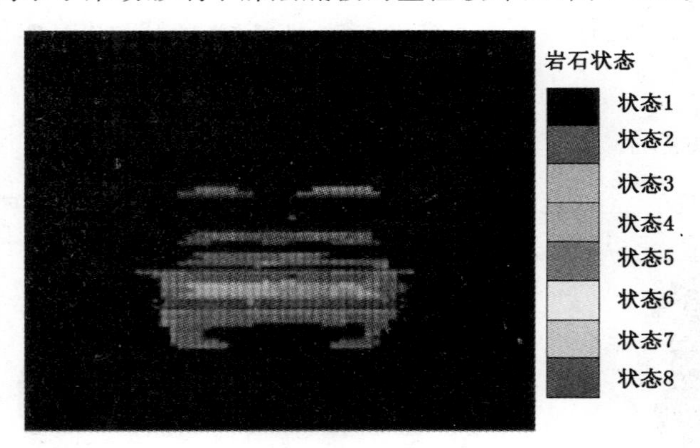

图 7-13　赵固二矿 11011 工作面塑性破坏区云图

通过图 7-13 可以看出，随着开挖的进行，底板岩体先后经历了压剪破坏、拉剪破坏，然后又压剪破坏的循环过程。说明底板岩体在煤层回采过程中，先后经历采前压缩、采后卸压和压力恢复三个阶段，应力分布如图 7-14(a)所示。其中前两个阶段是底板破坏的主要阶段，即通常所讲的矿压破坏阶段。在此两个阶段，底板岩体的受力状态可简化为压剪和拉剪，破坏形式表现为滑移和扩张变形。

底板不同区域的垂向应力 σ_z 为：

$$\sigma_z = \begin{cases} \gamma H & \text{采前支承压力影响区外} \\ K\gamma H & \text{支承压力影响区} \\ 0 & \text{采空区} \end{cases} \tag{7-13}$$

式中，γ 为上覆岩层重度；H 为开采深度；K 为应力集中系数。

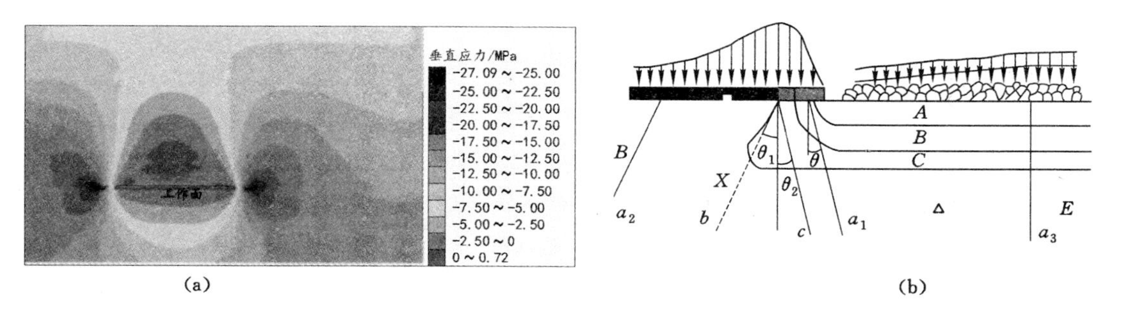

图 7-14　底板应力分布示意图

(a) 底板应力分布云图；(b) 底板应力分布模型图

A——拉伸破裂区；B——层面滑移区；C——岩层剪切破裂区；a_1、a_2、a_3——原岩应力等值线；

b——高峰应力传播线；c——剪切破坏线，θ——原岩应力传播角，10°～20°左右；

θ_1——高峰应力传播角，20°～25°左右；θ_2——剪切力传播角，10°～15°左右

底板不同区域的侧向应力 $\sigma_3=\lambda\sigma_z$。

2. 应力作用下的裂隙扩展

按照断裂力学理论，岩石中裂隙相互贯通方式有三种模式：岩桥张拉型破坏(图 7-15)、岩桥剪切型破坏(图 7-16)、岩桥拉剪复合型破坏(图 7-17)。

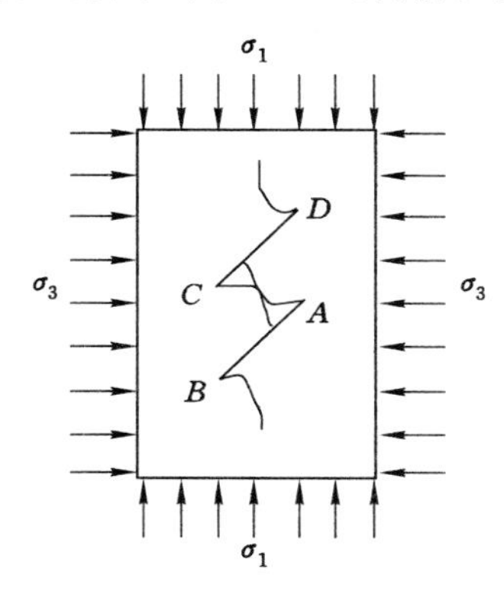

图 7-15　岩桥张拉型破坏模型

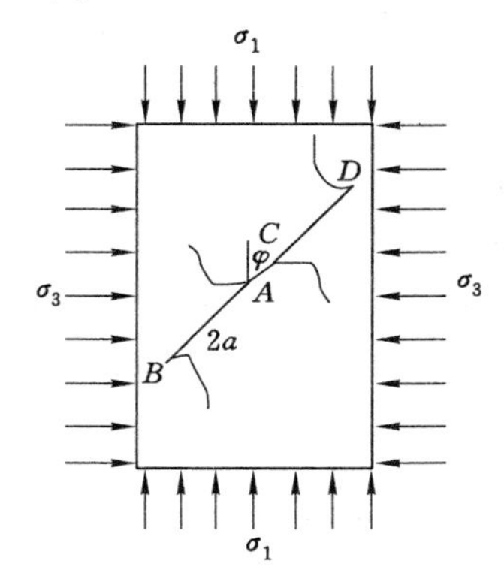

图 7-16　岩桥剪切破坏型

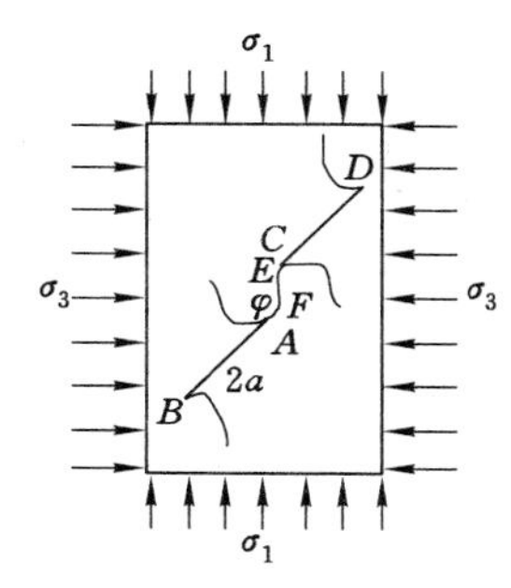

图 7-17　岩桥拉剪复合破坏模型

（1）岩桥张拉型破坏

由断裂力学理论得知，岩桥的贯通强度 σ_1 为：

$$\sigma_1=\left\{\frac{K_{1C}\cdot\sqrt{1+L}\cdot\sqrt{1+L^2+2L\cos\varphi}}{F\cdot\sqrt{\pi a}\cdot\left[0.4L\sin\varphi+\dfrac{1+L\cos\varphi}{\sqrt{1+L}}\right]}-\sigma_3\left[\frac{12}{5\sqrt{3}}\left(\frac{C_t\sin 2\varphi}{2}+C_n f_s\cos^2\varphi\right)\right]\times\left(1-\frac{1}{6(1+L)^2}+2.5L\right)\right\}\Big/\left[\frac{12}{5\sqrt{3}}\left(C_n f_s\sin 2\varphi-\frac{C_t}{2}\sin 2\varphi\right)\times\left(1-\frac{1}{6(1+L)^2}\right)\right] \tag{7-14}$$

式中，$L=l/a$；a 为节理的半长；F 为裂纹间相互的影响因子；φ 为裂纹与水平方向夹角；f_s 为岩石的摩擦系数；C_n、C_t 分别为传压、传剪系数。

（2）岩桥剪切型破坏

由断裂力学理论得知，岩桥贯通强度 σ_1 为：

$$\sigma_1=\frac{\sin 2\beta+2f_s\cos^2\beta}{2f_s\sin^2\beta-\sin 2\beta}\sigma_3-\frac{2C_r}{2f_s\sin^2\beta-\sin 2\beta} \tag{7-15}$$

式中，β 为岩桥倾角；C_t 为岩石黏结力。

（3）岩桥拉剪复合型破坏

岩桥的拉剪复合破坏（图 7-17）是由于岩桥中部首先产生的张拉裂纹 EF 和原生裂纹 AB、CD 扩展出来的剪切裂纹 AF、CE 连通而引起的。

根据断裂力学理论得知岩桥的贯通强度 σ_1 为：

$$\sigma_1=\frac{h_1\sigma_t(\sin\beta+f_r\cos\beta)-4l\cdot C_r+B\sigma_3}{A} \tag{7-16}$$

$$A=-(4a\sin\varphi+4l\sin\beta)\cdot(-f_r\sin\beta+\cos\beta)+2aC_t\sin 2\varphi\cdot[-f_r\sin(\beta-\varphi)+\cos(\beta-\varphi)]-4a\cdot C_n\sin 2\varphi\cdot[f_r\cos(\beta-\varphi)+\sin(\beta-\varphi)]$$

$$B=-(4a\cos\varphi+4l\cos\beta)\cdot(\sin\beta+f_r\cos\beta)+2aC_t\sin 2\varphi\cdot[-f_r\sin(\beta-\varphi)+\cos(\beta-\varphi)]+4a\cdot C_n\cos^2\varphi\cdot[f_r\cos(\beta-\varphi)+\sin(\beta-\varphi)]$$

式中，σ_t 为岩石的单轴抗拉强度；C_r 为岩石的黏结力；f_r 岩石的摩擦系数。

从上面分析可以看出，当围岩应力达到岩桥的贯通强度时（$\sigma_z>\sigma_1$），岩体中的裂隙开始扩展贯通；本来加固改造为Ⅰ、Ⅱ型的岩体由于裂隙重新发育，向更高类型发展；受到应力的影响，局部可能重新升型为Ⅲ、Ⅳ型岩体，形成导水通道，造成工作面突水事故。由于是局部弱点率先剪切升型，因此导水通道表现为“垂直的、小范围的导水通道”特点。

所以，注浆加固后岩体裂隙贯通的条件为：$\sigma_z>\sigma_1$。

当应力条件满足时，裂隙开始发育，可能由Ⅰ、Ⅱ型岩体发育为Ⅲ型甚至Ⅳ型岩体。

3. 工作面突水结构力学模型

注浆后，底板岩体在采动影响下发育为Ⅳ型突水岩体，则应满足的固流耦合方程为：

$$
\begin{cases}
Gu_{i,jj}+(\lambda+G)u_{k,ki}+\sum_{m=1}^{3}a_m p_{m,i}=0\\
-\dfrac{k_1}{\mu}p_{1,kk}=\alpha_1\dot{\varepsilon}_{kk}-c_1^*\dot{p}_1\pm\Gamma_{12}(p_2-p_1)+\Gamma_{13}(p_3-p_1)\\
-\dfrac{k_2}{\mu}p_{2,kk}=\alpha_2\dot{\varepsilon}_{kk}-c_2^*\dot{p}_2\pm\Gamma_{21}(p_1-p_2)+\Gamma_{23}(p_3-p_2)\\
-\dfrac{k_3}{\mu}p_{3,kk}=\alpha_3\dot{\varepsilon}_{kk}-c_3^*\dot{p}_3\pm\Gamma_{31}(p_1-p_3)+\Gamma_{32}(p_2-p_3)
\end{cases}
\tag{7-17}
$$

虽然底板注浆加固技术可以大量减少工作面底板突水次数，基本保障工作面安全正常开采，大幅度降低工作面底板突水量，进而降低突水的安全风险和经济损失，但是仍然会有部分注浆加固后的工作面出现突水事故。

四、底板岩体力学的“注浆增强”和“开采损伤”特征

注浆加固底板，一方面能降低岩体的渗透性和导水性，另一方面可以增强岩体的力学强度。因此，需要认识煤层底板岩体注浆的“注浆增强”和“开采损伤”特征。

1. 声波测试技术

岩体弹性力学参数主要通过静态法和动态法获得。静态法通过对岩石试样加载测量其变形得到，主要用于室内试验；动态法通过测量超声波在岩体内部传播速度计算得到，在室内试验和现场实践中均有广泛应用。动态法检测基础是根据岩体内部波速与岩体弹性力学参数（单轴抗压强度、弹性模量等）的关系换算岩体相关的力学参数量值。其中纵波波速反映岩体的拉压形变，横波波速反映岩体的剪切形变，纵横波速比表征岩体完整程度。纵波、横波速度与岩体弹性力学参数存在如下关系[15-16]：

$$
E_d=\frac{\rho V_s^2(3V_p^2-4V_s^2)}{V_p^2-V_s^2};\mu_d=\frac{V_p^2-2V_s^2}{2(V_p^2-V_s^2)};G_d=\rho V_s^2 \tag{7-18}
$$

式中，E_d 为岩体动弹性模量，GPa；V_p 为岩体纵波波速，km/s；V_s 为岩体横波波速，km/s；ρ 为岩体密度，g/cm^3；μ_d 为岩体动泊松比；G_d 为岩体动剪切模量，GPa。

通过超声波法所测为岩体动弹性模量 E_d，根据文献公式 $E_j=0.25E_d^{1.3}$，可转换得到岩体静弹性模量 E_j，即一般概念上的弹性模量 E，被广泛应用于力学分析中。为便于应用，以下超声波探测值均将所测动弹性模量 E_d 转化为弹性模量 E 表示，并与室内加载试验所得结果进行对比分析。

2. 实测方案设计

观测地点为焦煤集团赵固二矿。采用 ZBL－U520 型非金属超声波检测仪，利用“一发双收”超声波测井技术现场全面探测“原岩（包括断层带）—注浆—开采”全过程中底板不同岩性岩体弹性模量值及其“增强—损伤”规律，共获得 2 组 5 孔/次同地点同钻孔观测结果，见表 7-1。

3. 实测结果及分析

(1) 实测结果

分两种情况：

表 7-1 观测记录

编号	类别	观测钻孔位置	钻孔信息
1	开采前,未注浆	11030 工作面回风巷,1-3 孔	方位角 242°,倾角 −26°
2	开采前,已注浆	11030 工作面回风巷,1-3 孔	方位角 242°,倾角 −26°
3	已注浆,开采影响	11030 工作面回风巷,1-3 孔	方位角 242°,倾角 −26°
4	断层,未注浆	11111 工作面回风巷,1-3 孔	方位角 124°,倾角 −36°
5	断层,已注浆	11111 工作面回风巷,1-3 孔	方位角 124°,倾角 −36°

① 正常段:观测钻孔附近没有断裂构造,开采前未注浆时观测一次,得到正常段岩体弹性模量初始值,注浆后对同一钻孔再次观测,得到注浆加固后岩体弹性模量,分析其增强程度。工作面推进至距钻孔终孔位置水平距离 30～50 m 时对同一钻孔再次观测,得到受开采影响的岩体弹性模量,分析其损伤程度(即表 7-1 中编号 1、2、3)。

② 断层带:观测钻孔位于断裂破碎带内,与断层面斜交,未注浆时观测一次,得到断层带岩体弹性模量初始值,注浆后对同一钻孔再次观测,得到注浆加固后岩体弹性模量,分析其增强程度(即表 7-1 中编号 4、5)。观测结果如图 7-18 所示。

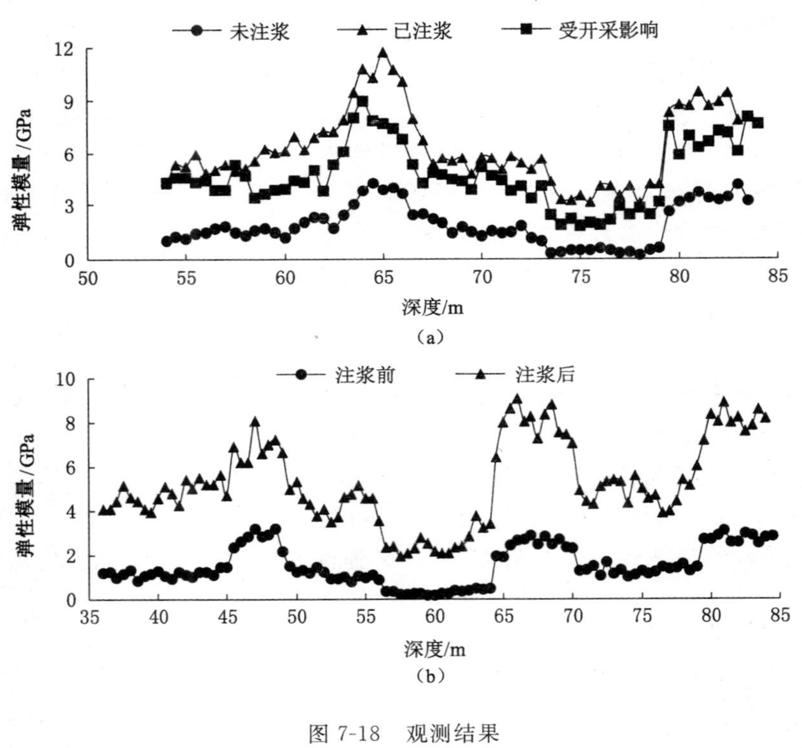

图 7-18 观测结果
(a) 正常段;(b) 断层带

由图 7-18 可知:不同深度处,由于岩性改变,岩体弹性模量整体变化范围较大。正常段,注浆前岩体弹性模量为 0.2～4.3 GPa,平均为 1.9 GPa;注浆后弹性模量明显增大,达到 3.1～11.7 GPa,平均为 6.3 GPa,较注浆前平均增大了 232%;受开采影响,弹性模量有所降低,为 1.8～9.0 GPa,平均为 4.8 GPa,平均降低了 24%,但仍大于注浆前岩体弹性模量。表明注浆加固区域岩体开采损伤后仍保留有一定的注浆加固效果。

断层带，注浆前岩体弹性模量为 0.1～3.2 GPa，平均为 1.5 GPa，小于正常段岩体弹性模量；注浆后弹性模量增大至 2.0～9.1 GPa，平均为 5.3 GPa，较注浆前平均增大了 253%，仍小于正常段岩体注浆后的弹性模量平均值，表明断层对岩体强度的影响是全过程的。

分析认为，注浆后岩体弹性模量增大，且断层带增大幅度略大于正常段，是由于断层带岩体更破碎，裂隙空间更大，浆液的充填空间大，因此弹性模量增幅大；注浆后断层带岩体弹性模量仍然略低于正常段，说明断层带在注浆加固后仍为低强度区，属突水危险区域。

（2）岩体弹性模量“注浆增强度”及“开采损伤度”

为定量描述底板岩体弹性模量注浆增强及开采损伤降低的特征，提出岩体弹性模量“注浆增强度”及“开采损伤度”的参量。同一岩性岩体弹性模量数值相近、变化趋势基本一致，根据实测结果可求得注浆加固区域岩体弹性模量“注浆增强度”及“开采损伤度”如下：

注浆增强度　　$E_Z=(E_2-E_1)/E_1\times 100\%$

开采损伤度　　$E_S=(E_2-E_3)/E_2\times 100\%$

式中，E_1、E_2、E_3 分别表示注浆前、注浆后、受开采影响的岩体弹性模量，GPa。

正常段，根据岩体弹性模量数值波动及变化趋势，结合钻孔柱状图、测斜图等，以相邻两次观测数值相差比例大于 20% 为基准，将观测范围确定为不同岩性，按钻孔斜长方向分为 5 个区段，如表 7-2 所列。

表 7-2　　正常段岩体弹性模量“增强—损伤”度

观测区段	弹性模量平均值/GPa			弹性模量增强度 E_Z（绝对值，比例）	弹性模量损伤度 E_S（绝对值，比例）	岩性
	注浆前 E_1	注浆后 E_2	开采影响 E_3			
54～63 m	1.7	5.9	4.4	4.2(247%)	1.5(25%)	砂岩
63～66 m	3.8	10.5	7.8	6.7(176%)	2.7(26%)	灰岩
66～73 m	1.7	5.8	4.4	4.1(241%)	1.4(24%)	砂岩
73～79 m	0.5	3.7	2.4	3.2(640%)	1.3(35%)	泥岩
79～84 m	3.4	8.8	7.0	5.4(159%)	1.8(21%)	灰岩

可以看到，注浆加固后，73～79 m 区段的泥岩弹性模量增强度最大，达到 640%；其次是砂岩，为 241%～247%；灰岩最小，为 159%～176%。受开采影响，各区段岩体弹性模量损伤度差异不大，为 21%～35%.

断层带，同理按不同岩性将观测范围分为 7 个区段，如表 7-3 所列。

表 7-3　　断层带岩体弹性模量“增强”度

观测区段	弹模平均值 GPa		弹模增强度 E_Z（绝对值，比例）	岩性
	注浆前 E_1	注浆后 E_2		
36～45 m	1.2	4.8	3.6(300%)	砂岩
45～49 m	2.8	6.9	4.1(146%)	灰岩
49～56 m	1.1	4.4	3.3(300%)	砂岩
56～64 m	0.3	2.5	2.2(733%)	泥岩

续表 7-3

观测区段	弹模平均值 GPa		弹模增强度 E_Z（绝对值，比例）	岩性
	注浆前 E_1	注浆后 E_2		
64～70 m	2.5	7.9	5.4(216%)	灰岩
70～79 m	1.3	4.9	3.6(277%)	砂岩
79～84 m	2.8	8.1	5.3(189%)	灰岩

可以看到，注浆加固后，56～64 m 区段的泥岩弹性模量增强度最大，达到 733%；其次是砂岩，为 277%～300%；灰岩最小，为 146%～216%。断层带由于岩体破碎、裂隙发育，所以原始弹性模量比正常段低，但注浆后可接近正常值，表明注浆效果好。

五、注浆加固工作面突水影响因素

通过对焦作矿区注浆改造工作面典型突水事故的分析，认为导致工作面突水的主要影响因素有以下几方面。

1. 断层影响

断层及其伴生裂隙带是工作面突水的主要原因，工作面突水事故基本都位于断层带或接近较大断层。在断层破碎带，由于高承压水压力的作用，易发生掘进工作面和采煤工作面发生突水事故。有 6 起工作面突水事故是由于工作面位于断层带或接近较大断层，断层直接或间接影响了出水。

2. 矿压影响

(1) 采动影响情况

4 次突水事故发生在工作面初次来压期间，另外赵固一矿 11111 工作面突水时，工作面周期来压明显。工作面来压期间底板破坏深度的增加，易出水。由突水事故发生的位置可以看出，突水一般位于风道和工作面交接的不远处，该位置为采动底板破坏深部最大的区域。

(2) 采动影响实例计算

赵固一矿 11011 工作面，煤层平均厚度为 6.14 m，开采 3.5 m，沿顶板开采，采深 570 m，在煤层底板下方的 26 m 处是 L_8 灰岩含水层，水压最大达到 5.8 MPa，工作面长度为 180 m，底板岩层主要为泥岩、砂质泥岩和砂岩。

① 基本顶来压时底板的最大破坏深度

赵固一矿底板岩层平均抗压强度为 $\sigma_c = 25.3$ MPa。将数据带入基本顶来压期间底板的最大破坏深度计算公式，得出底板最大破坏深度：

$$h_{max} = \frac{1.57\gamma^2 H^2 L_x}{4\sigma_c^2} = \frac{1.57 \times 9.8^2 \times 2\ 600^2 \times 570^2 \times 180}{4 \times 25.3^2 \times 10^{12}} = 23.16 \text{ m}$$

此时，底板最大破坏深度距离工作面的端部距离：

$$L_{max} = \frac{0.42\gamma^2 H^2 L_x}{4\sigma_c^2} = \frac{0.42 \times 9.8^2 \times 2\ 600^2 \times 570^2 \times 180}{4 \times 25.3^2 \times 10^{12}} = 6.2 \text{ m}$$

通过计算可以得出，在基本顶来压阶段，工作面长度为 180 m 时，底板的最大破坏深度在 23.16 m 左右，其最大破坏深度位置距离工作面端部 6.2 m。

② 正常回采阶段底板破坏深度

根据岩石物理试验结果，对力学参数进行折减，得出需要的参数：煤的内摩擦角 $\varphi=28^\circ$，$n=1.6$，内聚力 $C_m=1.05$ MPa，采厚 $m=3.5$ m，代入煤层塑性区宽度计算公式：

$$L=\frac{m}{2K\tan\varphi}\ln\frac{n\gamma H+C_m\cot\varphi}{KC_m\cot\varphi}$$

$$=\frac{3.5}{2\times2.77\times0.53}\ln\frac{1.6\times9.8\times2\,600\times570\times10^{-3}+1.05\times1.89}{2.77\times1.05\times1.89}=9.95\text{ m}$$

将 L 和 $\varphi_0=37^\circ$ 代入底板最大破坏深度计算公式：

$$D_{\max}=\frac{L\cdot\cos\varphi_0}{2\cos\left(\frac{\pi}{4}+\frac{\varphi_0}{2}\right)}e^{\left(\frac{\pi}{4}+\frac{\varphi_0}{2}\right)\tan\varphi_0}$$

$$=\frac{9.95\times\cos37}{2\cos\left(\frac{\pi}{4}+\frac{37}{2}\times\frac{\pi}{180}\right)}e^{\left(\frac{\pi}{4}+\frac{37}{2}\times\frac{\pi}{180}\right)\times\tan37}=20.75\text{ m}$$

底板最大破坏深度距工作面端部的距离：

$$l=\frac{L\cdot\sin\varphi_0}{2\cos\left(\frac{\pi}{4}+\frac{\varphi_0}{2}\right)}e^{\left(\frac{\pi}{4}+\frac{\varphi_0}{2}\right)\tan\varphi_0}=20.75\times\tan\varphi_0=15.64\text{ m}$$

通过计算可以得出，在正常开采阶段，工作面长度为 180 m 时，底板的最大破坏深度在 20.75 m 左右，其最大破坏深度位置距离工作面端部 15.64 m。

通过以上计算表明，工作面来压期间底板破坏深度增加 11.6%。

3. 原始富水性

焦作矿区根据底板注浆钻孔的出水量对工作面底板富水性分 3 类：富水区（钻孔涌水量 >10 m³/h）、中等富水区（5 m³/h <钻孔涌水量<10 m³/h）和低富水区（钻孔涌水量<5 m³/h）。

富水区和中等富水性的比例按大小排列：古汉山矿为 67.7%～91.4%，演马山矿为 48.9%～81.4%，赵固一矿为 56.1%～53.5%，九里山矿为 47.7%。

注浆加固工作面 12 个突水点中有 9 个位于富水区，1 个位于中等富水区，2 个位于低富水区，说明富水区突水危险性大。富水区域一般岩体裂隙发育且充水。电法和电磁法探测为低视电阻率的低阻异常区；但也有个别的突水点，电法和电磁法探测为高阻异常区（图 7-19），该区域岩体裂隙发育但未充水，为Ⅱ型岩体，受采动影响后裂隙贯通升级为Ⅲ型岩体，出水。

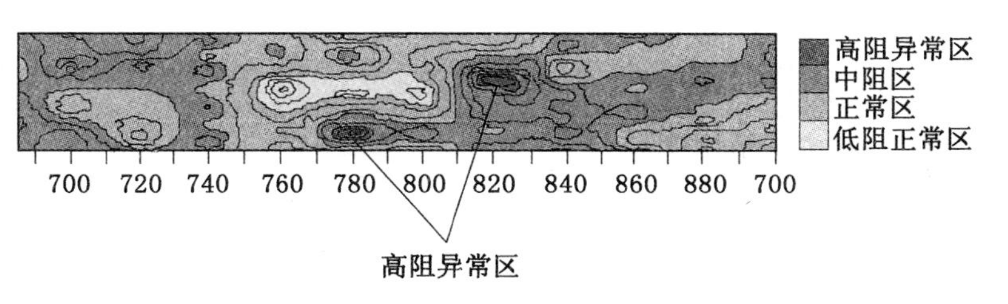

图 7-19　视电阻率高阻异常区

4. 加固改造技术

(1) 加固工程参数偏小

2010 年之前的出水事故,底板注浆加固改造技术不完善是一个重要原因,主要表现在:加固深度偏小,一般为 L_8 灰或 L_8 灰下 10 m;工作面外侧没有加固,工作面外侧的底板移动和破坏易出水;钻孔间距局部较大,钻孔间距达到 60 m。如古汉山矿 13051 工作面采用单侧钻窝钻进,工作面外侧没有加固。2010 年以后,赵固一矿和赵固二矿进行了改进。

(2) 加固工程效果的检测不到位

2010 年之前没有对注浆工程前后底板的富水性进行系统检测,因此难以掌握加固工程效果;也没有对底板破坏深度进行探测,未能指导加固工程。如古汉山矿 13091 工作面底板注浆加固改造后,开切眼 40～87 m 为低阻异常区,为易出水区域,表明注浆加固工程不完善。

第四节　底板注浆加固模拟实验及探测验证

一、底板突水及加固效果模拟试验研究

利用突水地质力学试验平台,结合赵固二矿具体的地质条件和开采方法,进行了底板突水及加固效果相似模拟试验。试验得出了顶底板的破坏规律、视电阻率变化规律和底板岩层应力分布规律。

试验装置示意图如图 7-20 所示。模拟分两次进行:一台为注浆前底板突水模拟试验,采用通水管道模拟岩层原生裂隙及断层,导通奥灰和 L_8 灰含水层;一台为注浆后底板加固模拟试验,即撤去通水管道,视 L_8 灰含水层为隔水层。根据相似比例换算水压,保持底板含水层供水水压在 0.032～0.039 MPa 范围内,使水压近似恒压状态,然后进行 2 次完整模拟实验。

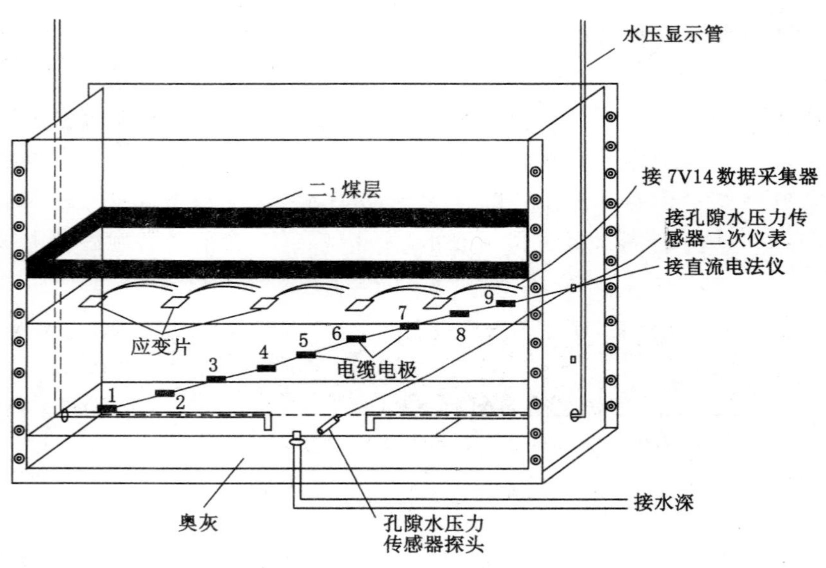

图 7-20　赵固二矿突水模拟试验装置示意图

注浆前底板突水模拟试验的顶底板破坏现象与注浆后底板加固模拟试验的顶板破坏规律大体一致。但由于后者撤去模拟岩层原生裂隙及断层的通水管道后，奥灰和L_8灰含水层之间无法导通，L_8灰含水层则被视为隔水层，因此在工作面推进度和奥灰供水水压大体一致的情况下，两者之间底板的破坏情况差异较大：即在工作面推进度 45 cm 处，水压均保持在 0.032～0.039 MPa 范围内，前者底板破碎严重，并且随之出现严重的底板突水现象，如图 7-21 所示；后者底板相对完整，并且在此后推进相当长的距离后仍无明显破坏裂隙产生，如图 7-22 所示。

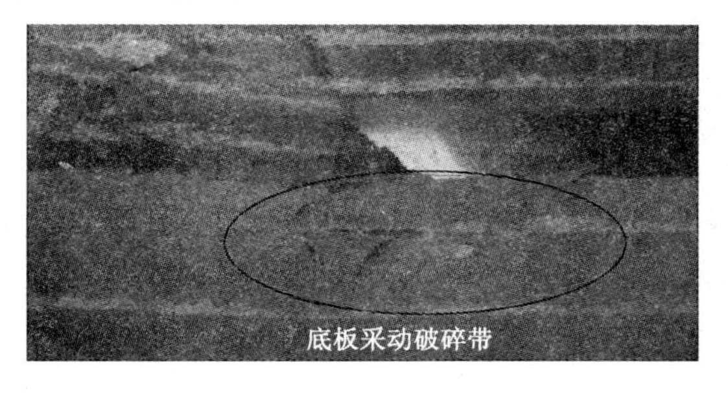

图 7-21　注浆前底板破碎情况

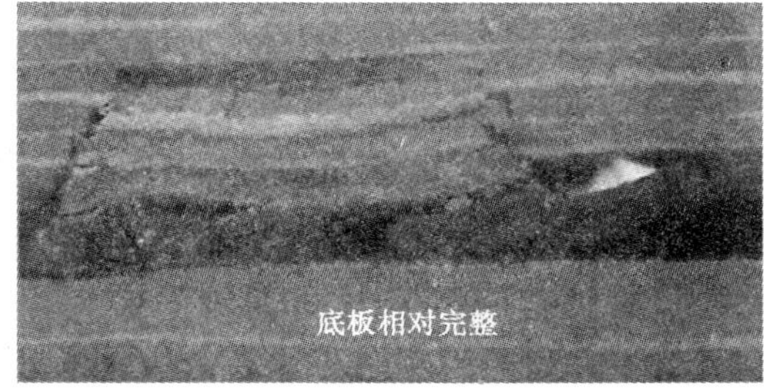

图 7-22　加固后底板破碎情况

底板岩层视电阻率变化特征如图 7-23 和图 7-24 所示。电法和电磁法对岩体破裂和充水现象十分敏感，是目前普遍使用的探测方法，可根据工作面回采前后底板岩层的视电阻率变化情况来确定底板破坏深度。其原理是底板岩层未受采动影响，是测得相应的岩层视电阻率初试背景值；若底板岩层破坏后其岩层裂隙内会迅速充满水，测得的视电阻率将急剧减小；如果裂隙不充水，测得的视电阻率将增大。由此可判定出底板岩层在回采过程中的突水位置及破坏规律。

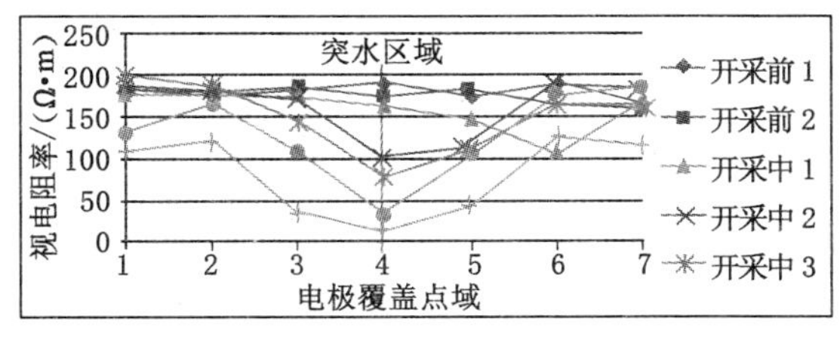

图 7-23　未加固底板视电阻率曲线图

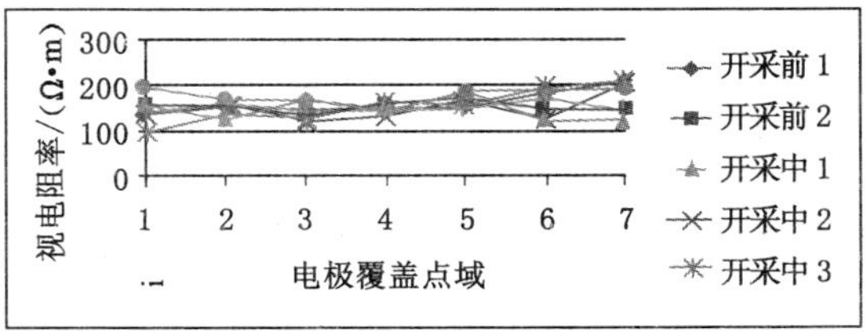

图 7-24　底板加固后底板视电阻率曲线图

底板岩层应力分析如图 7-25 所示。

通过相似模拟试验的观察研究及分析可得出如下结论：

① 注浆前后的两台试验中，岩层底板应力分布大体一致：在工作面后方采空区范围内，底板岩层卸压，压力呈现下降趋势；工作面前方呈上升趋势，并在煤壁前方达到应力峰值点，随着远离工作面渐渐趋于缓和，这与顶板支承压力规律相一致，说明顶底板的应力变化规律基本上是同步的。

② 在供水水压近似恒压状态下，突水试验台出现明显的煤层底板突水现象；加固试验台煤层底板则相对完整，并且在此后推进相当长的距离后仍无明显破坏，从试验的角度验证了煤层底板注浆加固的重要性。

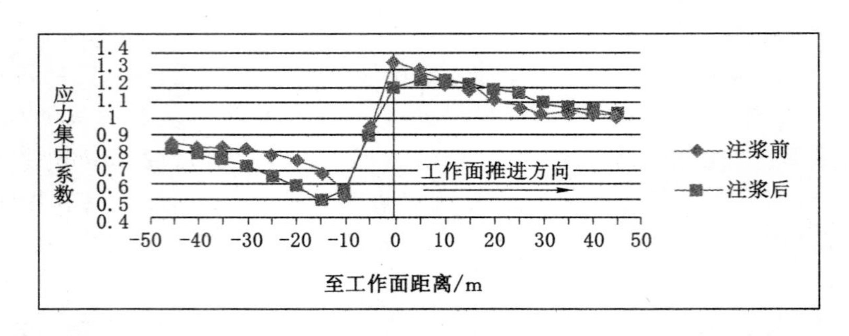

图 7-25 注浆前后同一埋深不同位置底板岩层应力分布图

③ 通过分析底板岩层视电阻率的变化特征可知，突水试验在工作面推进至距开切眼 45 cm 左右发生了底板突水现象，视电阻率明显减小，可为此后煤层安全开采提供借鉴；而注浆加固试验中底板岩层视电阻率基本稳定，说明加固效果良好。

④ 由底板岩层应力分析得出在工作面前后方 10 m 范围内为突水敏感区域，当底板的压力高峰值超过其抗压强度时，便会破断并发生突水事故；经分析顶底板应力分布趋势大体一致，而且在顶板周期来压阶段底板很容易发生突水。

⑤ 通过对底板进行注浆加固，改良底板隔水岩层结构和提高岩层强度，能够积极有效地防治底板突水事故。

二、加固改造效果的物探验证

1. 直流电法探测

（1）探测仪器及方法

使用的高分辨率直流电法仪器如图 7-26 所示。它可以用于巷道底板富水区域探测，巷道底板隔水层厚度、原始导高、掘进头和巷道边帮前方导、含水构造的超前探测，注浆治理效果检测。其主要技术参数有：4 个发射通道，发射电压为 100 V，最大发射电流 50 mA/100 mA 可选，接收道数为 32 道，接收电压精度为 0.02%（100 mA），接收电压范围为±2 V，输入阻抗为≥100 MΩ；探测距离为 100 m；防爆型式为煤矿用本质安全型设备，防爆标志为“ExibI”。工作方式为自动观测/即时数据处理/接地条件自检。

观测方法用的是井下三极电阻率技术，该技术在井下巷道中进行，A、B 为供电电极，其中一个接到无穷远处（比如说 B 极），M、N 为测量电极，固定 M、N 电极间距，通过逐步增大供电电极 A 与 M、N 电极的距离实现深度测量的目的，其示意图如图 7-27 所示。该方法可以获得测量巷道下方一定深度的岩石电阻率，据此分析其富水性。

（2）探测实例

为保障注浆加固效果，采用直流电法在注浆前、后分别对底板进行了探测，图 7-28 为赵固一矿 11011 工作面回风巷注浆前后视电阻率断面图，图中等值线值越小表示岩层可能越为破碎，裂隙发育或赋水性相对较强，以等值线数值小于 5 所圈定区域为相对低阻异常区，表明富水区域。

图 7-28 表明，注浆对底板加固改造后富水区域明显减小，起到了明显效果。同时，目前工作面已回采完毕，工作面未发生突水事故，说明底板注浆加固起到了关键作用。

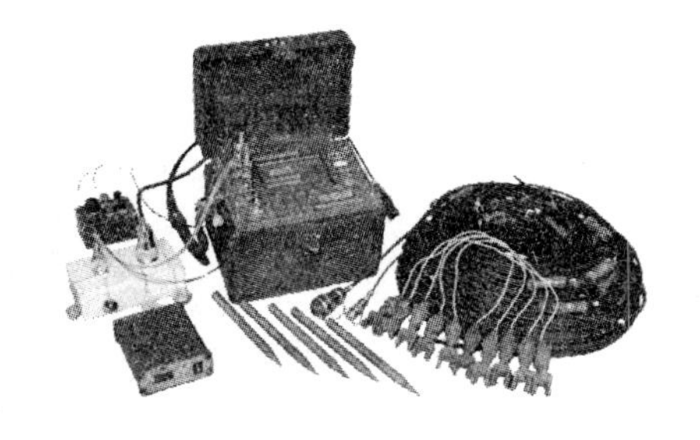

图 7-26　高分辨直流电法仪

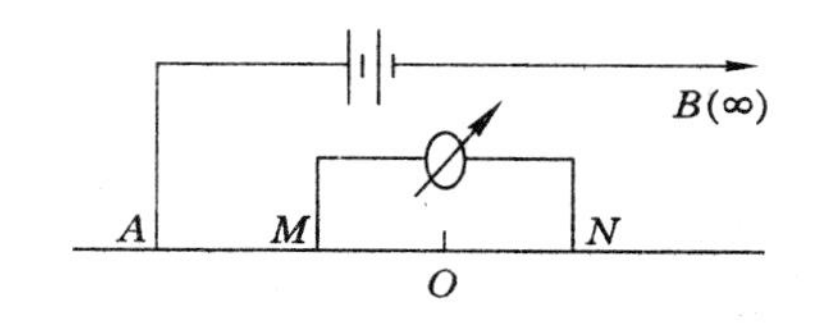

图 7-27　三极装置示意图

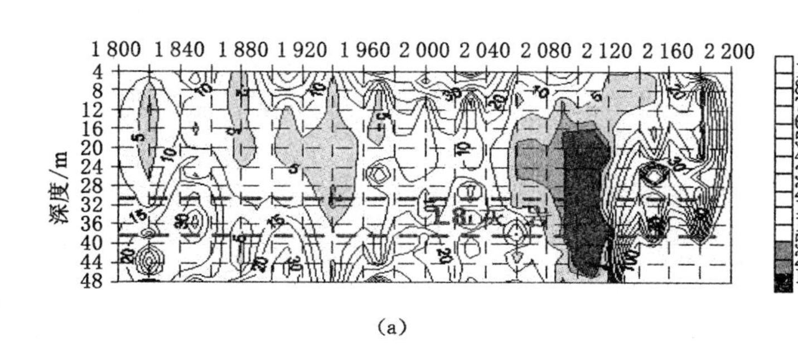

(a)

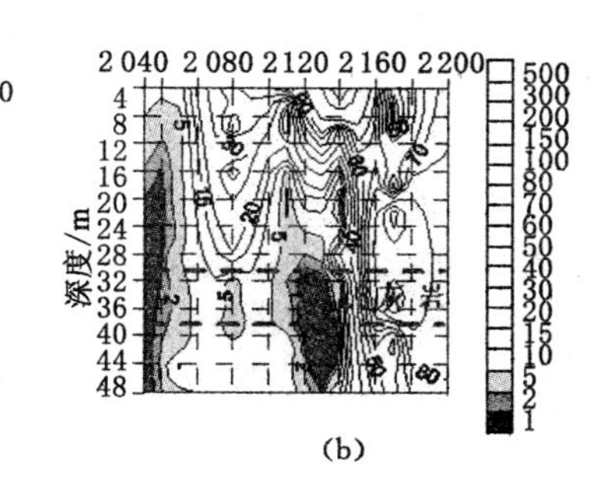

(b)

图 7-28　赵固一矿注浆前后回风巷电阻率断面图

(a) 注浆前;(b) 注浆后

2. 瞬变电磁法探测

(1) 矿井瞬变电磁法的原理

矿井瞬变电磁法基本原理与地面瞬变电磁法原理基本一样,井下测量的各种装置形式和时间序列也相同。由于矿井瞬变电磁法勘探是在煤矿井下巷道内进行,与地面比较矿井瞬变电磁场应为全空间,如图 7-29 所示,在供电线圈两侧都产生感应电磁场。

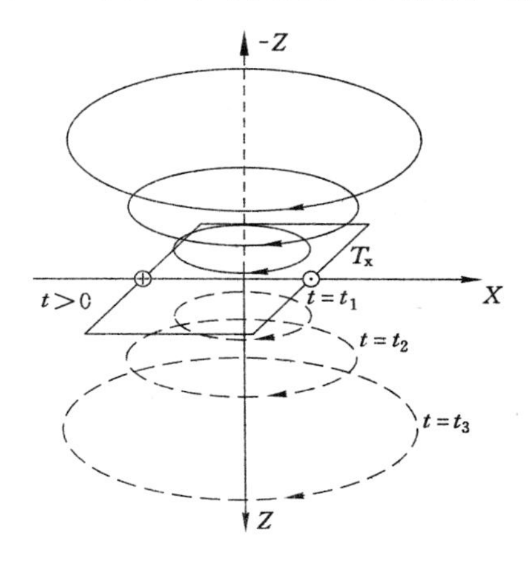

图 7-29　全空间瞬变电磁场的传播(烟圈效应)

矿井瞬变电磁法同样面临全空间电磁场分布的问题。因煤层通常为高阻介质,电磁波易于通过,所以煤层对 TEM 来说就没有像对直流电场那样的屏蔽性,故 TEM 所测信号为线框周围全空间岩石电性的综合反映。但可利用小线框体积效应小、电磁波传播具有方向性的特点，通过改变线框平面方向并结合地质资料来判断地质异常体的空间位置。

由于特殊的井下施工环境，矿井瞬变电磁法与地面瞬变电磁法以及其他的矿井物探方法有很大的不同，主要有以下几方面的特点：

① 受井下巷道施工空间所限，无法采用地表测量时的大线圈（边长大于 50 m）装置，只能采用边长小于 3 m 的多匝小线框，因此与地面瞬变电磁法相比具有测量设备轻便、工作效率高、成本低等优点，可用于其他矿井物探方法无法施工的巷道（巷道长度有限或巷道掘进迎头超前探测等）。

② 由于采用小线圈测量，点距更密（一般为 2～20 m），体积效应降低，横向分辨率提高，再者测量装置靠近目标体，异常体感应信号较强，具有较高的探测灵敏度。

③ 利用小线框发射电磁波的方向性，可以探测采煤工作面顶、底板含水异常体的空间分布，探测巷道迎头掘进前方隐伏的导（含）水构造。

④ 受发射电流关断时间的影响，早期测量信号畸变，无法探测到浅层的地质异常体，一般存在 20 m 左右的浅部探测盲区。

⑤ 井下施工时，测量数据容易受到金属物（采煤机械、变压器、金属支架、排水管道等）的干扰，需要在资料处理解释中进行校正或剔除

（2）探测实例

赵固一矿回风巷成果图分析。图 7-30 为 11050 工作面上顺槽 D3 方向通尺 1 600 m 位置至切眼范围工作面顺槽外侧底板视电阻率断面图。该范围内，巷道中主要为锚网支护，液压支架、胶带架以及排水管、动力管、电缆等，情况基本一致，背景条件基本相同，其中在 2 050～2 010 m 位置处没有液压支架存在，并且在个别位置处存在金属干扰体，具体位置在图中标注。图中 0 点位置即为工作面上顺槽 1600 通尺位置，500 点位置为工作面上顺槽 2100 通尺位置，下面以图中点号进行叙述。该区域内在 40～100、140～190、290～380 测点范围内存在相对低阻异常区，视电阻率值均小于 2 Ω · m，且范围较为连续，依次给这 3 个低阻异常区命名为：A1、B1、C1 相对低阻异常区。

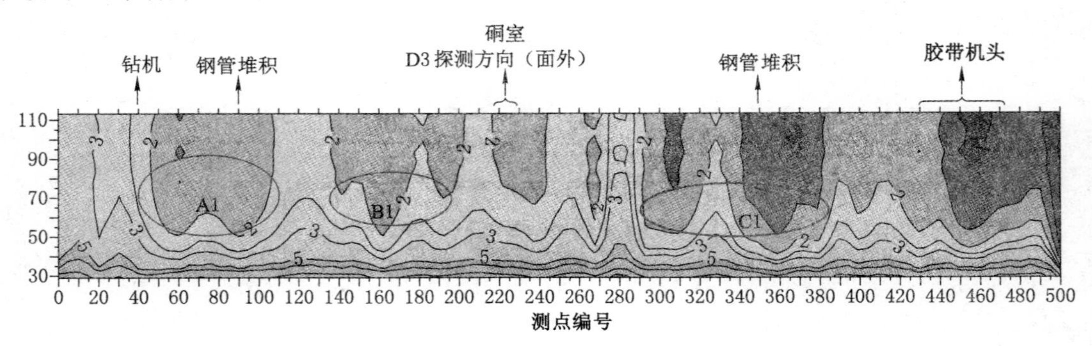

图 7-30　11050 工作面回风巷 D3 方向视电阻率等值线断面图

三、直流电法探测底板破坏深度

20 世纪 80 年代以来，全国已经进行了许多有关采动底板破坏的现场观测，常用的观测方法有钻孔双端封水注水法、电磁波法、钻孔声波法、超声成像法和震波 CT 技术。以上常

用的为钻孔双端封水注水法，该观测方法有 3 个主要缺点：① 需要在工作面开采探测过程中，敞开钻孔以便下探头观测，因此钻孔可能成为导水通道。② 在含水层内部观测时，当出现岩层原始漏水量大于仪器最大观测漏水量情况，则难以分辨采动破坏深度。③ 测站布置限制较多。

由于注浆加固工作面均为突水危险较高的工作面，底板含水层较多，因此需要新的观测方法，以减小观测钻孔导水的危险性。直流电法观测方法预先在工作面底板钻孔中埋入专门的电极电缆，然后封孔。在工作面开采接近和采过观测钻孔期间，采用四极剖面法进行观测，最后进行成果解释。该方法的主要优点是：① 由于有封闭钻孔，观测较安全。② 观测者有远离钻孔和工作面观测的优点，布置便利。③ 分析采动岩体视电阻率的变化，因此对于含水层解释较优。以往由于是物探成果定量解释有难度，为此提出了空间定位的方法，达到了较好的效果。

1. 现场观测

在赵固一矿 11011 工作面未回采区域的轨道巷外侧选择适当位置施工钻场(图 7-31)，在钻场内向工作面采空区方向施工倾斜钻孔，钻孔俯角 30°，钻孔施工完毕之后利用塑胶管作为伴管和持力管将专门电极电缆顺入孔中，待电极电缆顺到钻孔内部预定位置之后采用高压注浆封孔，注浆材料采用黏土和水泥浆按 5∶1 的混合物；由于钻孔在施工过程中接触到了 L_8 灰岩水，水头压力达到 5 MPa 以上，因此采用超过 10 MPa 的高压力注浆从而避免了钻孔在工作面回采后期形成人为导水通道。

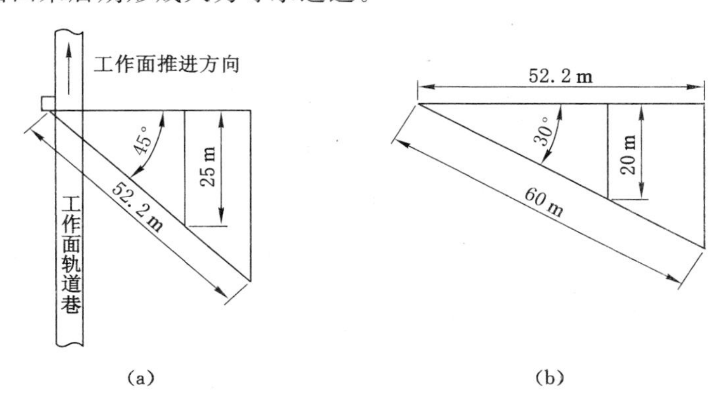

图 7-31　D02 观测钻孔参数示意图

(a) 平面图；(b) 剖面图

电缆电极是根据观测钻孔特点专门加工制作的。俯角 30°钻孔采用每米一个电极，电极间的深度差为 0.5 m，如图 7-32 所示。

数据观测使用直流电法仪自动记录数据。观测电极基本不受采动矿压影响，电极与岩石接触良好，真实反映岩层破坏情况；钻孔周围岩层破坏后对数据观测影响不大，易于重复观测，电极电缆埋设在底板岩层中能全程监控底板岩层视电阻率的变化，间断性重复采集工作面推进过程中底板岩层视电阻率数据并进行分析。

2. 观测成果分析

观测采用改变供电极距的办法，分别采取单倍距、双倍距和三倍距在同一时期内重复观测底板岩层的视电阻率，以达到分析获取底板破坏深度的唯一解。

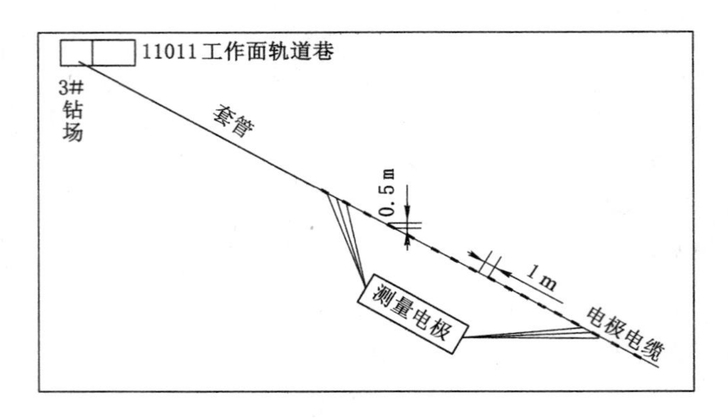

图 7-32　电极电缆结构示意图

(1) 底板岩层视电阻率变化规律

按照赵固一矿已有的矿压资料,工作面超前支撑压力影响距离在 30 m 左右。为了能够取得足够的数据分析工作面采动对底板岩层的破坏影响以及底板岩层在工作面回采过程中的破坏规律,电极电缆安装完成之后总共进行了十多次的数据观测;为了使数据结果清晰地反映在图表上,准确地分析观测数据,此次选择采动过程中 5 次在理论上最能反映工作面采动对底板岩层破坏影响的数据曲线进行重点分析。

图 7-33 为 5 次数据观测时工作面相对钻场平面位置,亦即为工作面回采位置相对于电极电缆端部水平位置。

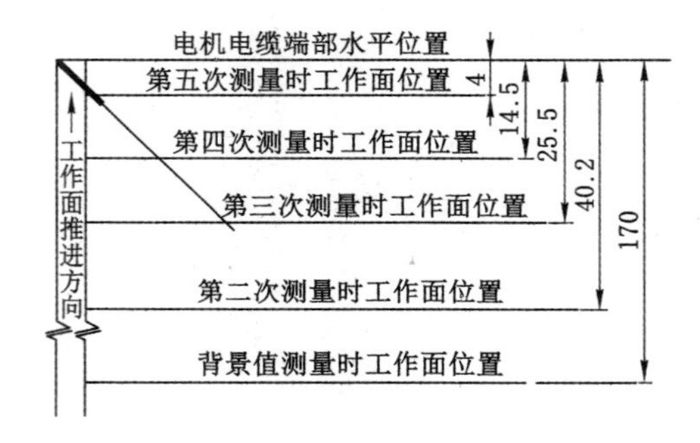

图 7-33　D02 钻孔测量时工作面位置图

根据各次测量的数据,分别得到工作面推进过程中电极电缆单倍距($AB/2$=1.5 m)、双倍距($AB/2$=3 m)和三倍距($AB/2$=4.5 m)三种情况下的视电阻率观测曲线,如图7-34、图 7-35 所示。

① 单倍距数据分析

由图 7-34 可见,单倍距观测结果表明电极电缆周围岩层初始视电阻率背景值比较稳定,基本在 40～140 Ω·m 之间,中间局部较大,为岩层岩性变化所致。

工作面回采之后,电极电缆两端数据变化不大,在浅部和深部皆未触及岩体破碎带,视电阻率基本和背景值一致。中部 11～17 测点视电阻率数值较背景值明显增大。以 14 点为例,背景值为 105 Ω·m,第二次观测时工作面刚刚采过电极电缆端部水平位置,电极电缆周围岩层视电阻率总体降低,视电阻率值为 103 Ω·m,第三次为 300 Ω·m,第四次为 205

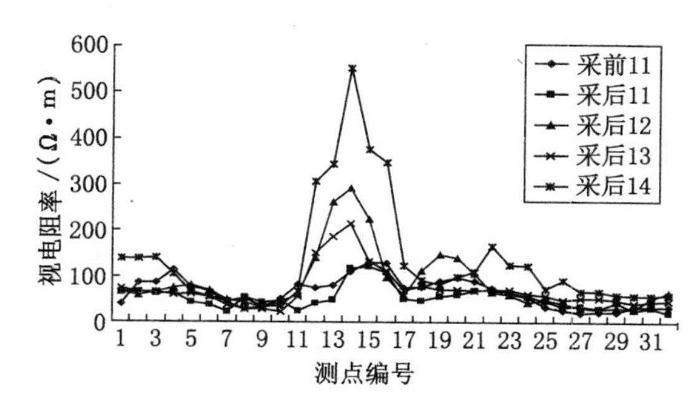

图 7-34　D02 钻孔单倍距测量数据图

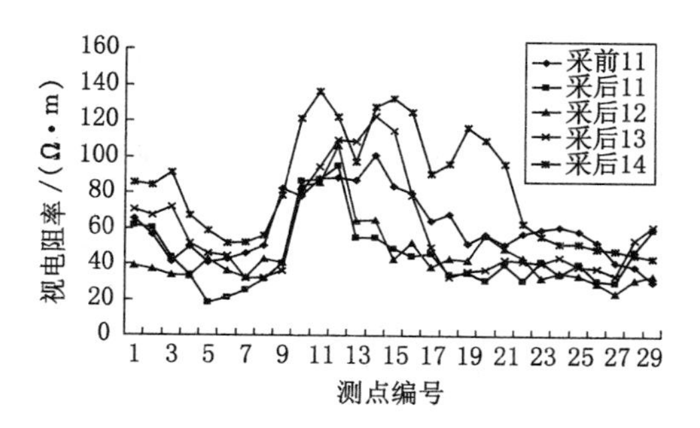

图 7-35　D02 钻孔双倍据测量数据图

Ω·m,第五次为 550 Ω·m。视电阻率增大近 5.2 倍。

② 双倍距数据分析

由图 7-35 可见,双倍距观测结果表明视电阻率背景值为 40～100 Ω·m;采后第一、二次测量时视电阻率小于背景值,因为此时底板岩层处于工作面煤壁下方的压缩区内,岩层被压实而使小裂隙闭合,使得底板岩层视电阻率变小。采后第三、四次测量视电阻率有小幅度的增大,说明底板岩层受到小幅度破坏产生一些小裂隙。

底板岩层破坏相对于工作面推进过程有一个滞后过程,工作面采过之后视电阻率在 10～16 测点之间有明显的变大现象,视电阻率较背景值增大 1 倍多。

③ 三倍距数据分析

由图 7-36 可见,三倍距观测结果表明视电阻率背景值为 35～90 Ω·m;采后第一次测量视电阻率小于背景值也是由于岩层处于压缩区时裂隙闭合的原因。采后第二、三、四次测量的数据皆大于背景值;底板破坏深度的极大值位置出现在三倍距 15 测点位置,视电阻率较背景值增大不足 1 倍。

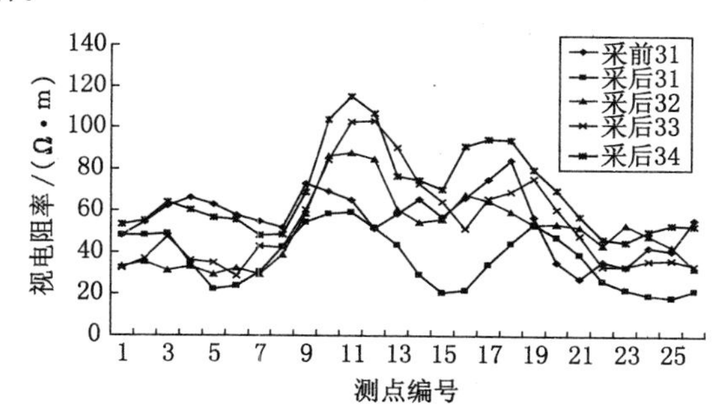

图 7-36　D02 钻孔三倍据测量数据图

(2) 底板破坏深度空间定位方法

地球物理探测技术的关键部分是观测成果解释,而定量解释物探成果也是技术难点。直流电法在地面探测地下导水构造方面是比较成熟的技术,但由于钻孔中电极电缆周围岩层是全空间的,因此底板岩层视电阻率与底板导水破坏深度的关系尚有待深入研究与探讨。

① 观测成果的地质点定位

直流电法四极剖面观测法观测数据所代表的地质点为四个电极中间距电缆 1/3 的位置。钻孔中电极周围岩层是全空间的地质体,所以理论上地质点应为一个圆环。进行 3 种电极距观测则形成三层圆环，剖面位置如图 7-37 所示。例如，单倍距第 1 个观测数据的地质点为 A101，双倍距第 15 个观测数据的地质点为 A215。考虑到水体上采煤的安全性，选择电缆下面的地质点。上面的地质异常对较远地质点例如双倍或三倍极距地质点的观测数据可能有一定影响。

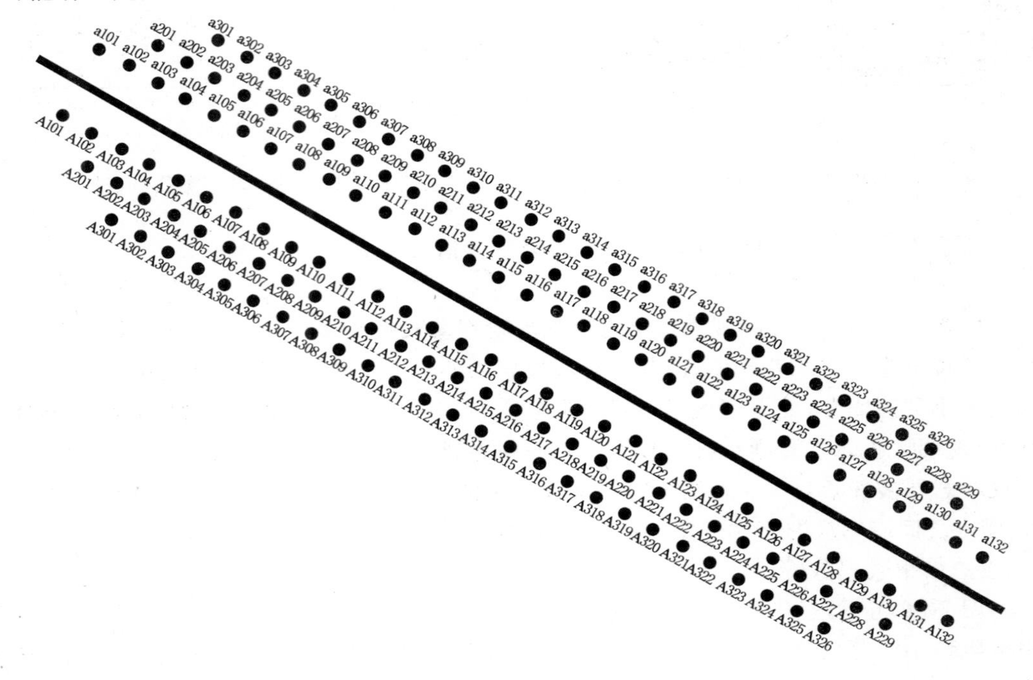

图 7-37　地质测点空间位置图

② 底板导水破坏深度的定位方法

根据视电阻率变化特征，确定适当的临界视电阻率值，从而确定底板破坏深度是该方法应用的重要内容。鉴于物探方法的多解性和复杂性，观测成果的解释有多种方法。

倍数确定法：通过杨村煤矿 301 工作面瞬变电磁探测覆岩破坏与兖州煤田钻探“两带”成果对比（参见图 5-22），获得基岩的背景视电阻率为 13～15 Ω·m，导水裂缝带视电阻率为 30～50 Ω·m；垮落带视电阻率为 150～190 Ω·m，大于背景值 10 倍。通过研究和对比“导水裂缝带和垮落带”实测资料表明，在弯曲变形带内，岩体的视电阻率变化不大。在导水裂缝带中，其上部裂隙发育弱，岩层视电阻率值一般是正常值的 1.5 倍，而在该带下部裂隙发育，其视电阻率值是正常值的 2.5 倍左右；在垮落带中，采后一定时间内松散岩块被压实，视电阻率远比正常值大得多，一般是正常值的 4～5 倍以上。这样，便可按照电阻率值的变化情况来确定“三带”的范围。

异常区确定法：绝大多数电磁法探测均是通过确定正常区域岩体的背景视电阻率，然后将高于背景视电阻率的区域划为异常区。该方法主要适用于对边界要求不高的探测。例如刘店煤矿采用电法探测巷道松动圈时，根据以往经验砂岩的视电阻率为 100～1 000 Ω·m，结合探测结果确定 1 000 Ω·m 作为松动圈的分界。

类比确定法：由于不同矿区、不同岩性的岩体视电阻率差异大，因此难以采取通用的方法对底板导水破坏深度这种要求精确的界面进行解释划分。可以采用类比法，即根据本矿区的钻孔测井资料和电法在采前观测获得背景视电阻率值。根据本矿区以往瞬变电磁观测、钻孔注水探测和理论预计底板破坏深度结果对比电法采后观测结果，然后确定视电阻率的临界值或倍数，用于解释本矿区的电法观测成果。

结合实际情况，钻孔电法观测底板破坏深度应采用倍数确定法，选取岩层视电阻率值一般是正常值的 1.5 倍作为底板破坏深度的边界。

(3) 底板破坏深度的确定

① 视电阻率变化的位置

为了得到在工作面回采过程中底板破坏深度的极大值位置以及出现极大值时底板破坏深度极大值位置距离工作面煤壁的距离，将观测所得视电阻率数据曲线与工作面实际位置相合成，得到图 7-38～图 7-40。

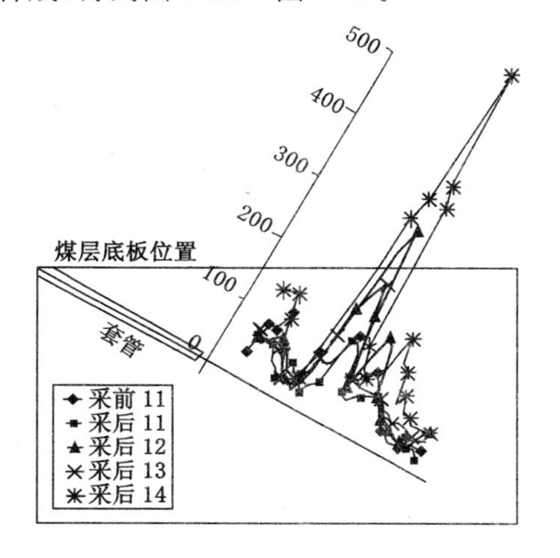

图 7-38　D02 钻孔单倍距测量曲线合成图

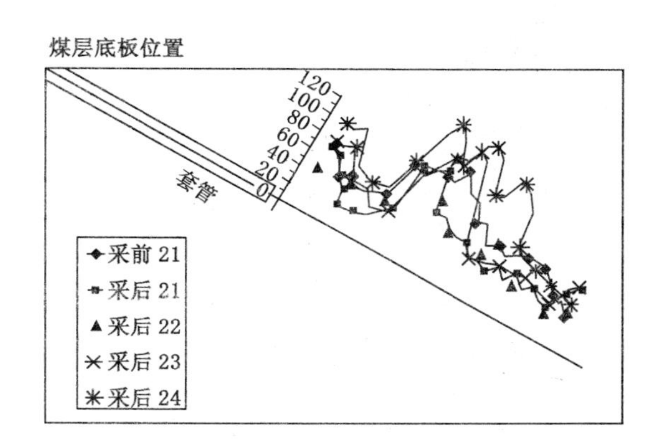

图 7-39　D02 钻孔双倍距测量曲线合成图

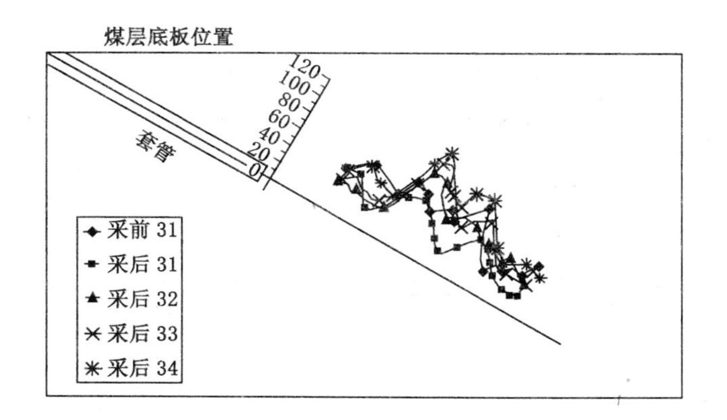

图 7-40　D02 钻孔三倍距测量数据曲线合成图

由图 7-38～图 7-40 分析可得，底板岩层视电阻率出现明显变大是在第三次测量时，异常区单倍距测量数据显示在 a117 测点位置，双倍距才发展到 A213，三倍距出现在 A313 测点位置；第四次观测数据时，异常区双倍距已经发展到 A216 测点，三倍距异常区发展至 A315 测点，并且此时所得的极大值与后面稳定状态下测得的极大值位置相同。第四次测量数据结果分析已经得出底板异常区深度最大值位置与第五次在稳定状态下观测数据分析结果一致。

② 底板破坏最大深度的确定

根据倍数确定法，认为取视电阻率异常段最深探测点、大于 1.5 倍视电阻率值为底板导水破坏深度的临界值，从而确定一倍距 17 测点的地质点(A117)为底板破坏深度极大值位置，深度为 23.48 m(图 7-41)。

底板岩层视电阻率在第四次测量时底板破坏深度出现极大值，极大值位置在 A117 测点位置，此时 A117 测点在水平方向上距离电极电缆端部位置为 26.7 m，而且 A117 测点距离煤层底板在垂向深度上为 23.48 m。第四次测量时工作面煤壁距离电极电缆端部位置距离为 14.5 m，如图 7-42 所示。

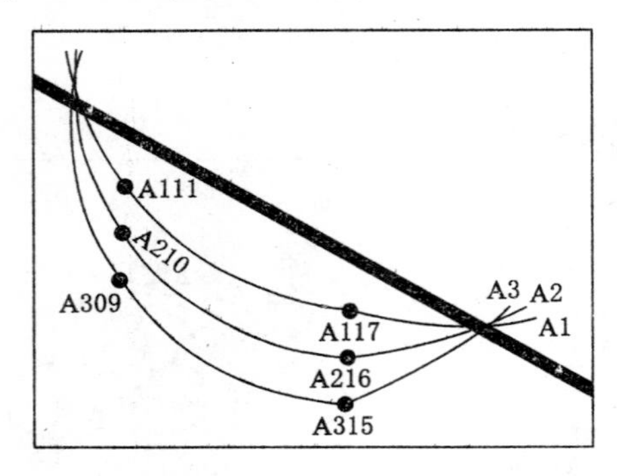

图 7-41　底板导水破坏深度定位图

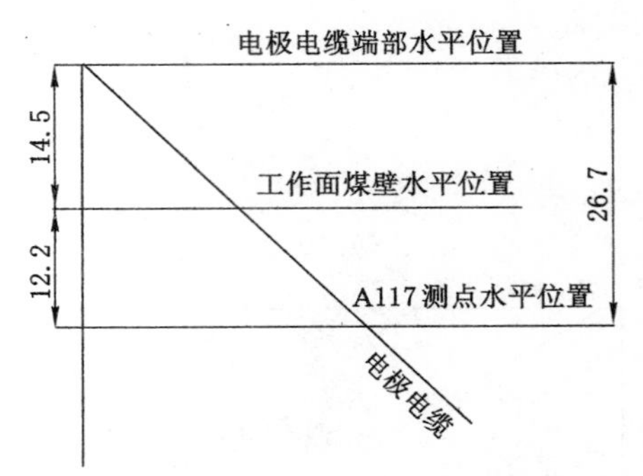

图 7-42　底板破坏深度位置与工作面煤壁距离

由上图 7-42 可以看出，当底板破坏深度发展到极大值位置时，底板破坏的极大值位置与工作面煤壁水平距离为 12.2 m；底板破坏深度的极大值为 23.48 m。通过与其他方法获得的底板破坏深度对比(表 7-4)，探测结果符合一般规律。

表 7-4　　赵固一矿底板破坏深度探测与计算结果

煤矿名称	实测/m	经验公式/m	理论公式/m	ANN 计算值/m	SVM 预测值/m
赵固一矿	23.48	20.12～22.76	21.83～23.63	22.60	21.16

第五节　区域超前探测和注浆治理

一、区域超前治理方法

以往煤层底板注浆加固和含水层改造工程，从空间尺度上看，均以单工作面进行；从时间尺度上看，均是在工作面运输巷和回风巷已经完成、采煤工作面形成后实施；从治理目标层来看，主要以煤系薄层灰岩含水层治理为主；从治理场地来看，主要以井下为主。该技术存在以下缺点：① 在大采深高承压水条件下，井下钻探涉及钻机固定、钻杆卡紧装置、施工后路畅通等作业人员安全等问题；② 孔口管及附近围岩体加固存在着自结可靠性问题，其一旦发生突水将难以控制；③ 对区域隐伏导(含)水陷落柱、导水断层及富水裂隙带难以提前探测和治理。例如近10多年来，邯邢矿区相继发生了7起较大以上的隐伏导(含)水陷落柱、断层及裂隙带突水。

为解决上述问题，探索在地面或井下施工定向多分支水平钻井，区域超前探测突水危险源，进而对突水危险源开展预注浆加固治理。对煤层底板从“一面一治理”转变为以采区或更大区域以及受构造所分割的水文地质单元实施区域治理；从采煤工作面形成后再治理提前到掘前预先主动治理；从以井下治理为主转变为以地面治理为主；从以煤系薄层灰岩含水层作为主要治理对象延伸到以奥灰含水层顶部作为主要治理对象。

二、地面钻孔超前治理示范工程

1. 工程背景

邯邢矿区某矿自1998年10月开采4号煤保护层以来，4个采煤工作面发生突水，尤其以2009-01-08作为保护层的15423N工作面采空区发生滞后突水，突水量超过矿井最大排水能力被迫停产。根据水文观测及水质化验资料确定突水水源为奥灰水，突水通道为4号煤以下的隐伏导水陷落柱。在采深已达到850 m以深，突水系数逐步接近《煤矿防治水规定》上限情况下，采取以地面治理为主、井下治理为辅的区域超前治理立体防治水模式。

2. 地面定向钻孔治理工程

将奥灰岩含水层顶部作为改造目标层，以−850 m水平北翼二采区为单元，依据已有水文探测成果设计布置3个地面垂向主孔，主孔间距约1 000 m；每个主孔根据浆液扩散半径和工程需要，设计了4～7个水平分支孔，原则上覆盖全区域(图7-43)。应用T200XD多功能全液压车载顶驱钻机定向钻进技术，钻机平均钻进速度为0.6～2.0 m/min。先施工垂向主钻孔到奥灰岩顶面七、八段(孔深约971.6 m)层位，再沿不同方位施工水平分支孔。

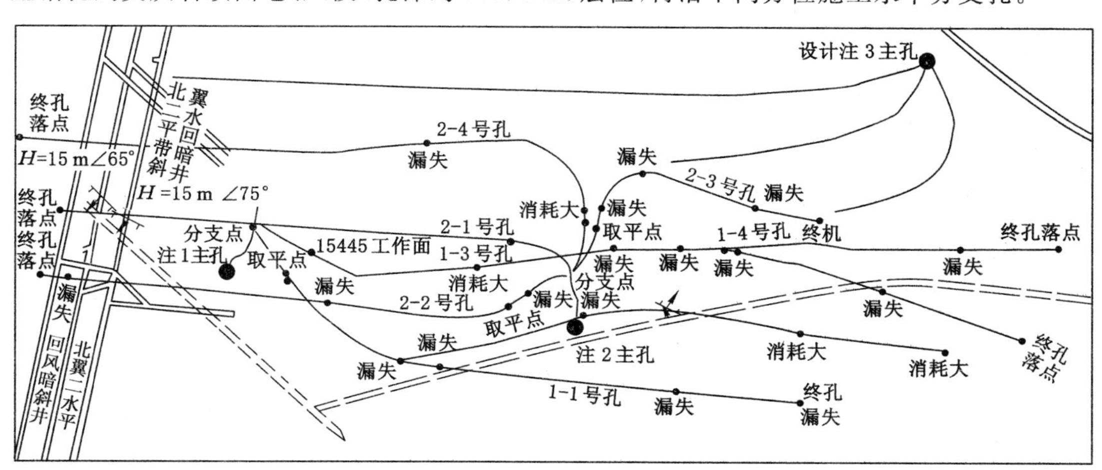

图7-43 区域治理地面钻孔轨迹

4号煤层底板各含水层注浆治理伴随着水平钻孔施工的整个过程，孔口注浆打压不低于4.0 MPa，注浆材料以R32.5矿渣硅酸水泥为主，浆液出现大量流失时添加粉煤灰等作为辅助注浆材料。钻探施工的各个阶段均采用下行式分段注浆方式，即钻探施工过程中一旦浆液大量漏失就立即进行注浆加固。施工至奥灰含水层后出现钻进中漏浆量大时，在压水试验的前提下，确定注浆参数。注浆过程中发现有串浆现象采取各注浆孔联合注浆方式，上一阶段注浆结束后，注浆孔、串浆孔均应进行扫孔，以防堵孔。以孔口终压 1.0 MPa、稳定 30 min 和单孔吸浆量小于 50 L/min 作为注浆结束标准。治理中，根据钻探、注浆情况，及时反馈，不断优化设计，按浆液扩散半径设计施工另一方位水平钻孔，直至达到区域治理设计要求。

3. 区域超前治理效果

该矿北翼－850 m 水平二采区区域治理钻孔累计进尺 15 651 m，其中水平定向井进尺 12 386 m，最大水平钻距达 836 m，共探查出漏失点 25 个，累计注浆量为 77 689 t。区域治理成果如图 7-43 所示。由于钻孔以“带状、羽状”的轨迹进入奥灰顶部目标层后，以水平或近水平状态沿目标层延伸，能够探知所钻范围内地质构造的情况，并使原来在水平方向无联系的裂隙、断层及溶蚀溶洞等渗流或通道互相连通，扩大了钻孔控制范围，改善了区域水文地质条件，为井下“不掘突水头”提供了保障。

三、井下定向水平钻进区域防治工程实例

峰峰矿区辛安矿目前开采 2 号煤层，平均厚度为 4.01 m，目前最深开采至－600 m。在对辛安矿－280 m 水平和－500 m 水平开采过程中，大青和奥灰水对矿井安全的影响较大，开采中如遇到导水断层可能诱发大青、奥灰水突出。

11216 采区 2 号煤层底板标高为－550～－670 m，承受水压达 9.5 MPa，为确保 2 号煤层安全开采，采用井下水平定向钻进为主、普通回转钻进为辅的复合定向钻进技术，对 11216 采区煤层底板进行区域全面注浆加固改造，减低底板水害威胁，确保工作面安全回采。

底板注浆加固定向钻孔间距可依据单孔注浆扩散范围确定，根据辛安矿的施工经验，钻孔单孔注浆扩散范围为 30～40 m，因此在设计中将定向钻孔水平间距确定为 55～75 m(图 7-44)。底板注浆加固定向钻孔首选目标层位为大煤(2 号)底板以下 86.9 m 伏青灰岩，由于伏青灰岩坚硬(坚固性系数 f=16～17)，若实钻机械钻速过低、施工难度大时，底板加固定向钻孔目标层上调至距大煤(2 号)底板以下 67.2 m 的粉砂岩作为备选目标层。

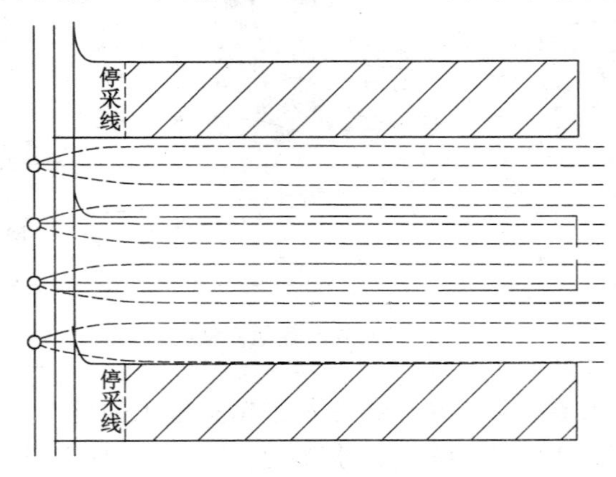

图 7-44　井下走向水平钻区域治理平面图

2号煤层底板向下采用复合定向钻进施工，进入目标层位后的钻孔间距控制在55～75 m，定向钻孔层位控制在2号煤层底板以下78～87 m范围内沿设计轨迹延伸(图7-45)，钻孔延伸地层以伏青灰岩为主，并采用边施工边注浆的方法，达到2号煤层底板注浆加固的目的。

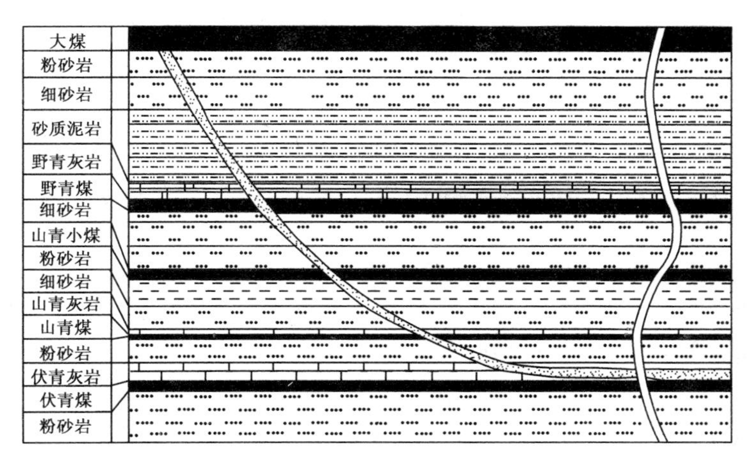

图7-45　煤层底板定向水平钻孔剖面示意

思考题

1. 阐述底板注浆加固防治水的机理。
2. 注浆加固工作面突水影响因素有哪些？
3. 简述区域超前治理方法。

第八章　井筒煤柱开采与井壁破裂防治

第一节　井筒煤柱开采与井壁破裂防治简介

煤矿需要有井筒进行人员、煤炭、材料和设备的运输，可以说井筒是煤矿的咽喉。因此需要对井筒留设保护煤柱，以免受到采动等不利因素的影响，同时也造成了大量的压滞煤量。在矿井服务的后期，可以在不影响井筒安全使用的情况下，对井筒煤柱进行回采。我国自 20 世纪 70 年代开始进行立井保护煤(岩)柱开采研究与实践，主要有淮南九龙岗矿的井筒煤柱开采。吕泰和设计了淮南大通煤矿井筒与工业广场煤柱开采方案并成功应用；张华兴研究员在井筒煤柱开采的变形计算方面，提出了概率积分法并开发了计算软件。

煤矿生产后特殊情况下井筒会出现破裂事故。煤矿立井井筒破裂主要有四种类型：第一类为开采井筒保护煤柱引起井筒破裂，在矿井后期为解放井筒煤柱大量压滞的煤炭，进行井筒煤柱开采，需要进行井筒破裂防治。第二类为煤矿疏水导致的井筒破裂。第三类为井筒通过采空区的破裂防治，一般情况是井田有多个主采煤层，上层煤已经被小煤窑采空，并且没有准确的技术资料，导致新井筒在建设时期揭露采空区，覆岩残余沉降变形导致井筒破裂。第四类为特殊条件下井筒破裂，包括井筒穿过断层，断层活化导致井筒破裂；注浆堵水时井壁破裂；井筒处在含水层的排泄区域，导致井壁剪切破坏；冻结井壁解冻期间的破裂；软岩膨胀导致井壁破裂等。本章主要介绍第一、二类立井破裂防治与井柱开采。

黄淮地区地处黄河、淮河平原，普遍存在着深厚的新生界含水松散层(厚度大于 100 m)，是我国重要的煤炭能源基地，分布有淮南、淮北、大屯、徐州、枣庄、兖州、济宁等大型矿区，建有数百个通过厚松散层的立井井筒。

1987 年淮北和大屯矿区相继有两个立井井筒突发破裂灾害，此后井壁破裂灾害逐步扩展至兖州、徐州、永夏、枣庄等矿区。至 2010 年年底破裂井筒已经达到百余个。根据文献，俄罗斯、德国、加拿大、澳大利亚、日本和美国等国家也发生过立井破裂，并对破裂机理进行了分析。但据资料文献检索和查新，国外只有建井施工和生产期间因采动影响造成的破裂实例，没有类似黄淮地区煤矿竖井受疏水引起松散层沉降形成的破裂。

崔广心教授等采用大型竖井模拟试验台，模拟了黄淮地区第四含水层失水后井壁附加应力的存在和大小。根据模型试验结果，认为松散层沉降、压缩，在井壁内产生附加压应力是井壁破坏的主要原因。李文平教授等通过模拟试验研究了井筒的附加压应力，研究了黏土最大吸附水含量对井筒破坏的影响，从弹塑性力学方面分析了地层变形、沉降对井筒的影响。娄根达、苏立凡研究员于 1988 年采用土力学方法首先对地层变形、沉降导致井壁破坏的机理进行了解析，并且分析了井壁温度应力与负摩擦力的共同作用。耿德庸、许延春研究员等通过对淮北矿区松散层内部竖向压缩变形和井壁变形进行观测，对松散层沉降、变形特征进行了较深入的研究，为证明松散层沉降、变形是井筒破坏的主要原因提供了重要依据。许延春研究员提出了井筒破坏评价方法，开展了注（补）水法防治井筒破裂的理论与试验研究。介玉新教授开发疏水引起井筒破坏的数值分析软件。

1988～1992 年以淮北矿业集团黄定华、喻怀君等为主与科研院校合作研究确定了井筒破裂机理，开发了“井圈加固”、“卸压槽”、“壁后注浆”和“套壁”等多种治理技术。1995 年以后以兖州矿业集团倪兴华、王通福、官云章和席京德等为主，与科研院校合作探索出“地面钻孔注浆加固”、“濒于破坏井壁的预防性治理技术”、“注水法预防井筒破坏成套技术”和“自动补水法预防井筒破裂技术”。

第二节　井筒保护煤柱的留设与开采

一、立井与工业场地保护煤柱的留设

1. 立井分类及保护煤柱的留设

(1) 立井的分类

立井按深度、用途、煤层赋存条件及地形特点划分为六类：

第一类——深度大于和等于 400 m 或者穿过煤层群的主、副井。

第二类——深度小于 400 m 的主、副井；各类风井、充填井。

第三类——穿过急倾斜煤层及其顶、底板的立井。

第四类——穿过有滑移危险的软弱岩层、软煤层及高角度断层（断层面延展至基岩面）的立井。

第五类——位于有滑移危险的山区斜坡处的立井。

第六类——各类暗立井。

(2) 保护煤柱范围的确定

必须在矿井、水平、采区设计时划定立井（含暗立井）和工业场地保护煤柱。立井和工业场地保护煤柱受护范围按以下要求确定：

① 立井地面受护范围应当包括井架（井塔）、提升机房和围护带，带宽 20 m。

② 暗立井井口水平的受护范围应当包括井口、提升机房、车场及硐室护巷煤柱和围护带（图 8-1），带宽 20 m。

③ 留设工业场地受护范围应当包括受护对象和围护带。工业场地受护对象是指工业场地内为煤炭生产直接服务的工业厂房和服务设施，如提升机房、装煤系统、办公楼、选煤厂、灯房、压风机房、通风机房、变电所、机修厂等，带宽 15 m。

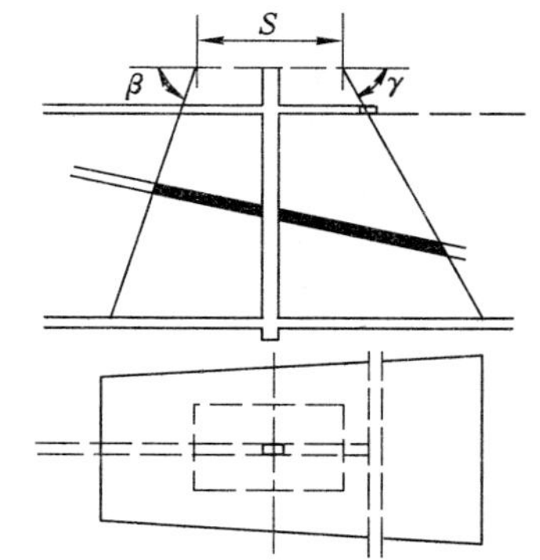

图 8-1　暗立井保护煤柱设计方法

2. 斜井保护煤柱的留设

斜井保护煤柱根据受护范围按移动角留设。斜井受护范围应当包括井口（含井口绞车房或者暗斜井绞车硐室）及其围护带、斜井井筒和井底车场护巷煤柱。井口围护带在井筒的底板一侧留设 10 m。车场护巷煤

柱是指为斜井井底巷道所留的巷道两侧煤柱。

对位于单一煤层底板或者煤层群底板岩层中并且与煤层倾角相同的斜井，应当根据斜井至煤层的法线距离(图 8-2)、煤层厚度及其间的岩性(表 8-1)确定是否留设保护煤柱。当该法线距离大于或者等于表 8-1 中的数值时，斜井上方的煤层中可以不留设保护煤柱；当该法线距离小于表 8-1 中的数值时，斜井上方的煤层中应当留设保护煤柱。该保护煤柱的宽度可以参照“三下采煤规范”第九十条第一款的设计。

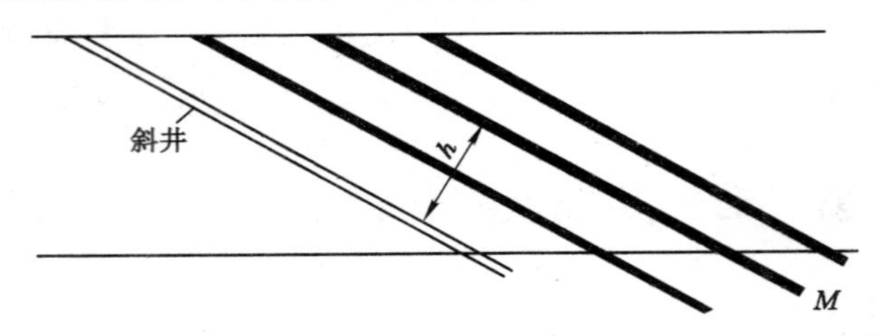

图 8-2 斜井上方保护煤柱的设计

h——斜井至各煤层的法线距离；M——斜井上方各煤层的厚度

表 8-1 斜井上方煤层中留设保护煤柱的临界法线距离

岩性	岩石名称	临界法线距离 h/m	
		薄、中厚煤层	厚煤层
坚硬	石英砂岩、砾岩、石灰岩、砂质页岩	$(6\sim10)M$	$(6\sim8)M$
中硬	砂岩、砂质页岩、泥质灰岩、页岩	$(10\sim15)M$	$(8\sim10)M$
软弱	泥岩、铝土页岩、铝土岩、泥质砂岩	$(15\sim25)M$	$(10\sim15)M$

注：M 表示斜井上方各煤层的厚度，m。

对位于单一煤层或者煤层群的最上一层煤中并且与煤层倾角相同的斜井，在斜井两侧的各个煤层中都应当留设保护煤柱。保护煤柱宽度可以按下述方法设计：

① 煤层中的斜井保护煤柱宽度按实测资料取煤层中的铅垂应力增压区与减压区宽度之和设计或者按下式计算(图 8-3)。

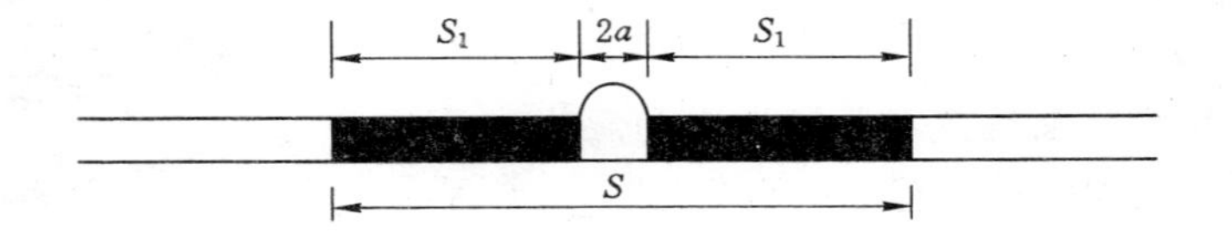

图 8-3 斜井或巷道保护煤柱的设计方法

煤层(倾角小于 35°时)中的斜井保护煤柱宽度 S 为：

$$S = 2S_1 + 2a$$

式中 a——受护斜井或巷道宽度的一半，m；

S_1——斜井或巷道护巷煤柱的水平宽度，m，可按下式计算；

$$S_1=\sqrt{\frac{H(2.5+0.6M)}{f}}$$

其中　H——斜井或巷道的最大垂深，m；

M——煤厚，m；

f——煤的强度系数，$f=0.1\sqrt{10R_c}$；R_c 为煤的单向抗压强度，MPa。

② 如果煤层底板岩层的强度小于上覆岩层抗压强度或者其内摩擦角小于 25°时，应当加大按上述方法设计的斜井煤柱宽度的 50%。

③ 当煤层倾角大于 35°时，斜井或者巷道保护煤柱宽度可以参照本矿井（区）经验数据或者用类比法设计。

④ 斜井或者巷道下方煤层中的保护煤柱从护巷煤柱边界起，按移动角设计（图 8-4）。

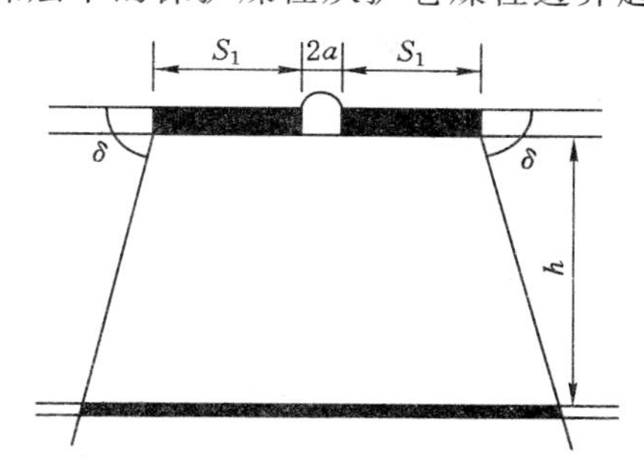

图 8-4　斜井或者巷道下方煤层中保护煤柱的设计方法

δ——走向移动角

二、立井煤柱开采方案

1. 水平与缓倾斜煤层的开采

对于正常地质采矿条件下的水平与缓倾斜煤柱，开采方案选择的宗旨是使地面工业广场主要建（构）筑物位于小变形域，并按照预定保护级别予以满足；使立井的偏斜变形值控制在预定允许的范围内，并要防止其产生竖向拉、压破坏以及空间扭曲破坏，确保有足够的使用空间（横截面）。

开采技术措施为：首先以井筒为中心，开采一定面积的方块煤柱。方块煤柱的开采方法根据煤层的开采厚度而定，可用充填法开采，也可用条带或条带充填法开采，总之要确保井筒安全正常使用功能并确保地面工业广场主要建（构）筑物的变形控制在预定的保护级别范围内。另外，方块煤柱开采范围的确定还要考虑方块煤柱外煤柱单向开采过程中井筒允许的偏斜变化量。

在上述方块煤柱开采设计条件下，其外围煤柱最理想的开采措施是组织联合开采工作面，实现较大面积的单向开采或大面积的对称开采均可。然而，对于我国一些中小型矿井，其开采技术和能力都较低，无能力组织联合开采工作实现较大范围的同时开采，一般都是小工作面开采。另外在矿井即将报废、储量有限、无条件增加新的充填系统的情况下，要满足地面工业广场主要建（构）筑物与井筒保护基本要求，则选择井下开采程序与方向的技术原则自然就要高，基本上有以下几种技术选择：① 背向和相向对称开采；② 单向推进开采法，如图 8-5 所示。

图 8-5 所给出的背向或相向对称开采，不仅可以防止在采动影响过程中，井筒产生较大的偏斜变形，而且还能够确保使采动引起井筒围岩水平方向的附加应力场分布较为均衡，对井筒的保护创造一定的有利条件。

另外一种开采方法是单向推进开采法，如图 8-6 所示。在采用这种开采方法时，一定要注意井筒的偏斜变形影响，特别是小工作面的多次重复开采影响。在这种情况下，可适当地扩大方块煤柱的开采面积，将井筒偏斜变形控制在允许的范围内，确保井筒的安全使用功能。

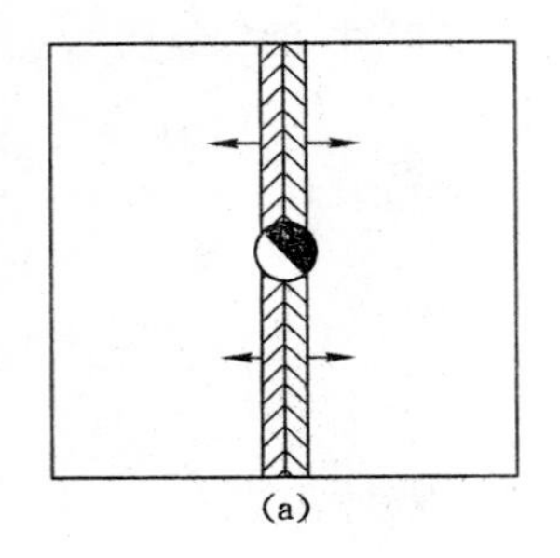

(a)

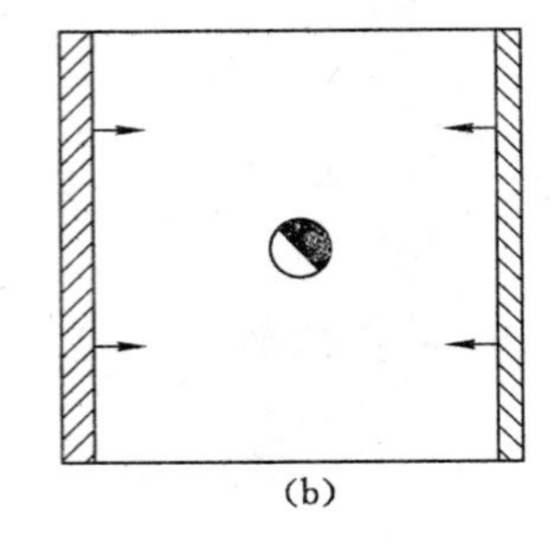

(b)

图 8-5　双向开采方法示意图

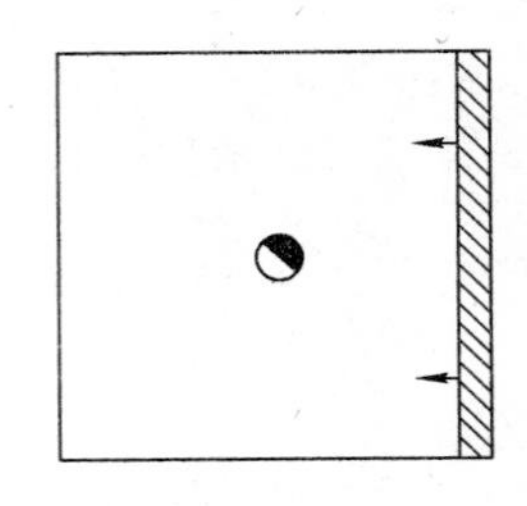

图 8-6　单向开采方法示意图

2. 倾斜煤层开采

在正常地质采矿条件下的倾斜井筒与工业广场煤柱开采，选取井下开采技术措施的约束条件，基本上与水平煤柱开采约束条件一样，然而却比水平煤柱开采的技术难度还要大得多。

对于倾斜条件下的全煤柱开采，井筒周围的小面积煤柱开采就不一定是仍以井筒为中心的方块煤柱。一般为了防止井筒发生较大的偏斜变形，将井筒位于小面积开采引起的地表倾斜方向水平位移为零的位置上，如图 8-7 所示。

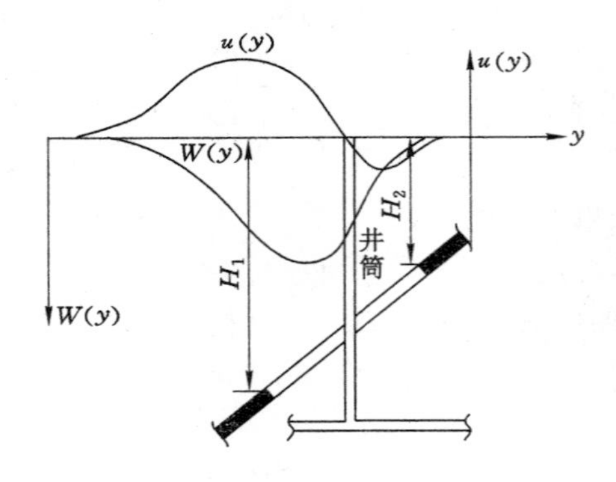

图 8-7　倾斜煤层开采与地表变形示意图

对于倾斜煤层的条件下，井筒周围小面积煤柱开采设计中，在充分考虑采动影响过程中井筒允许偏斜变形的情况下，然后就可进行两翼对称或协调以及单向推进开采。在条件具备的情况下，最好是组织联合工作面进行较大面积的协调开采，对于地面工业广场的主要建(构)筑物及井筒保护都是有利的。

3. 急倾斜煤层开采

急倾斜煤层条件下的竖井井筒煤柱开采，一般情况下最简单的位置关系是井筒位于开采煤层的底板岩层之内，如图 8-8 所示。

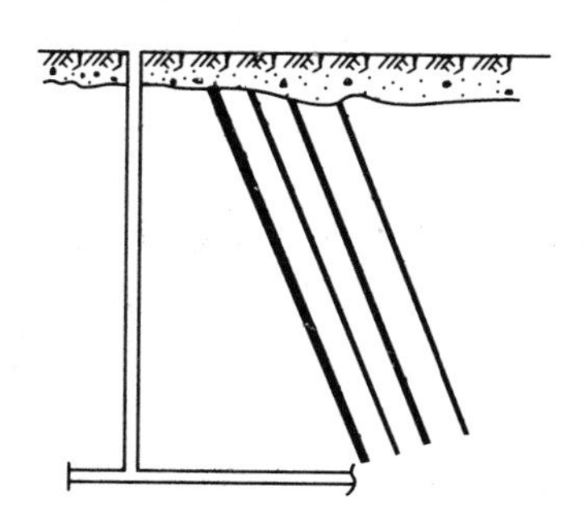

图 8-8　急倾斜条件下的煤柱开采

对于图 8-8 给出的急倾斜条件下的煤柱开采，由于煤层赋存的特殊性与井筒相互位置关系，要想使在急倾斜煤柱开采过程中立井始终不发生偏斜变形是不可能的，而主要措施是从开采技术上来控制其偏斜变形量和偏斜方向，并避免在采动影响过程中立井发生较大的扭曲变形。

在一般情况下，立井基本上位于开采煤层沿走向的中部位置。为了控制在采动过程中井筒的偏斜方向，其开采程序是由上向下分阶段开采；开采方向是以井筒为中心，进行背向对称开采或由两翼向井筒相向对称开采，如图 8-9 和 8-10 所示。

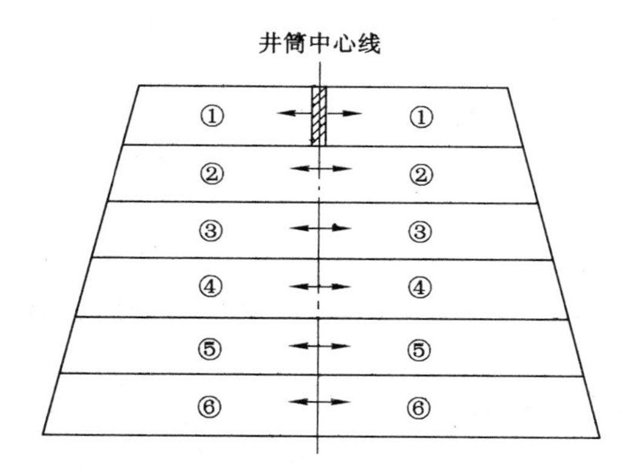

图 8-9　背向对称开采

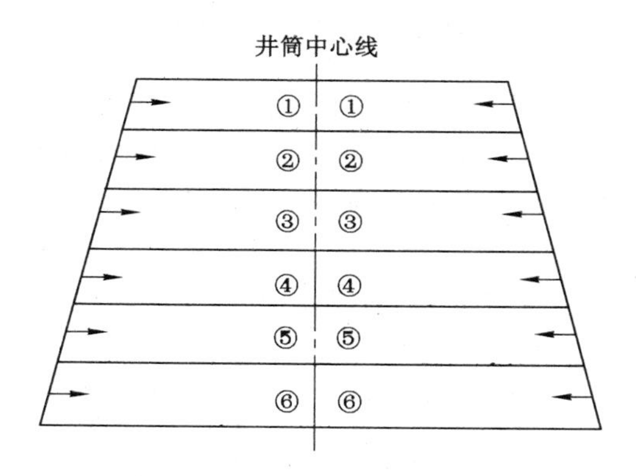

图 8-10　两翼向井筒相向对称开采

采用图 8-9 或图 8-10 的开采技术措施，完全可以控制井筒的偏斜方向，防止在采动过程中产生较大的扭曲变形和破坏。一般采用由两翼向中间相向对称开采易于管理。另外，要想控制井筒偏斜变形量，可采用冒落条带、充填条带或充填法开采技术，其开采程序和方向及其条带的设计都应以井筒为中心而进行对称开采。

三、井筒保护的技术要求

井筒煤柱开采都可分为提升井与风井两种情况。对于提升井煤柱开采，由其使用功能决定，技术要求较为严格，特别是提升立井煤柱开采，其保护的技术要求如下。

1. 防偏斜变形

如若井筒发生较大偏斜，必然引起提升中心和运行轨迹改变，从而增大罐道磨损和提升阻力，另外也改变了提升容器与井壁及井筒内安装的其他设备之间的安全间隙，从多方面增加了不安全因素。

2. 防井筒发生错动破坏

所谓井筒发生错动破坏，系指在特殊地质采矿条件下，有较大的断层破碎带或软弱岩层穿过井筒，在采动影响下，使岩体沿断层破碎带或软弱岩层面发生滑动，致使井筒产生错动破坏，严重影响立井的安全使用。

3. 防井筒水平断面的改变

井筒水平断面的面积大小是根据矿井设计产量的大小而确定的。其使用面积不仅要满足提升容器与井筒内其他安装设备的占用空间，而且还要确保提升容器与井壁及其他设备之间有足够的安全间隙，才能使井筒安全正常地提升。

4. 防井壁出现竖向压缩破坏

立井是构筑于岩体内的重要工程结构，是矿井联系井上下安全生产的主要通道，要求井壁必须具有足够的强度和整体的稳定性。井筒煤柱开采的实践经验说明，防止井壁出现竖向压缩破坏是主要任务。

第三节　煤矿疏水导致井筒破裂的机理

一、煤矿疏水导致井筒破坏的原因

通过多年的观测与研究对井筒破坏机理已经有一致的认识，主要有三个方面：

① 井壁内产生附加应力：采矿引起新生界松散层底部含水层水位下降，导致深部土层固结压缩，其上面的地层不断沉降。地层在沉降过程中，由于对井壁有向下的相对运动，在外井壁产生向下的摩擦力，外井壁的摩擦力在井壁内产生竖直向下的压应力（又称“附加应力”）。井壁压应力随埋深增大，一般在松散层底部断面达到最大，当超过井壁强度时，井壁出现破裂，并且造成井筒内的设备变形。

② 井壁设计的原因：在黄淮地区的厚松散层矿井，松散层井壁多为双层井壁，内外壁共同承压按 1.3 倍静水压力设计。在各种侧压力作用下的内力计算，没有考虑竖向应力。尽管在侧压力验算中考虑了一些安全系数，但由于厚松散层沉降形成的竖向应力大，因此仍然出现了大量的井筒破裂。通过增加井壁厚度的方法防治井壁裂效果不佳，经济成本较高。

③ 井壁结构与施工质量：当松散层厚度大，地层持续压缩、沉降的情况下，井筒一般均出现了破裂。但破裂的具体位置、时间以及严重程度则是与井壁结构和施工质量密切相关的。一般情况井壁强度低，井壁厚度薄，则井壁就易破裂。

国内井壁破裂的共同现象是：井筒罐道纵向弯曲变形影响提升，甚至造成卡罐事故；井壁均为横向断裂，破裂带内混凝土成片剥落，井壁内纵向钢筋向井内弯曲，横筋出露；井壁处呈近于水平的裂缝，破裂带在水平方向交圈；破裂处漏水，有时带砂；工业广场地面均有沉降，累积沉降量大于 200 mm，地下水位下降 30～100 m；发生井筒破裂的时间多在每年 4～

10 月份；井壁破坏带都在第四系松散层与基岩交界面附近。

厚松散层中的立井井筒是矿井的咽喉，是人员、煤炭、设备上下井以及动力、通风、灭火材料入井的通道。井壁破裂灾害给矿井安全生产造成很大危害并造成了巨额经济损失：

① 安全威胁严重：井壁破裂处大量涌水有可能造成井壁垮塌，给矿井带来灭顶之灾；治理工程施工期间有可能诱发多种严重安全事故；罐道变形，造成卡罐，易引发重大伤亡事故；破裂井壁掉块，易损坏设备和造成人员伤亡。

② 经济损失严重：包括矿井停产治理；治理工程费用；井筒直径缩小导致提升和通风能力降低，影响生产。

二、井壁附加应力计算

1. 外井壁所受摩擦力

根据土力学理论，疏水造成松散层沉降在井筒外表面导致的向下的最大摩擦力可简化表示为：

$$F_m = R \cdot \pi \cdot \overline{K}_m \cdot \overline{K} \cdot \overline{\gamma}' \cdot H^2 \tag{8-1}$$

式中　R——井筒外半径，m；

$\overline{K}_m$——松散层平均摩擦系数；

$\overline{K}$——松散层平均侧压系数；

$\overline{\gamma}'$——松散层平均有效重度，kN/m^3；

H——发生沉降的冲积地层厚度，m。

2. 井壁的断面积

用以下公式表示：

$$A_d = \pi(R^2 - r^2) \tag{8-2}$$

式中　R——井筒外半径，m；

r——井筒内半径，m。

3. 井壁最大附加压应力

公式为：

$$\sigma_{max} = \frac{F_m}{A_d} = \frac{R \cdot \overline{K}_m \cdot \overline{K} \cdot \overline{\gamma}' \cdot H^2}{R^2 - r^2} \tag{8-3}$$

由上式可见，疏水引起的冲积地层压缩、沉降在井壁内产生的附加压应力与发生沉降的松散层厚度成平方关系；井筒的外径越大则井壁附加应力越大，土层与井壁的摩擦系数越大则井壁附加应力增大，井壁厚度大则井壁附加应力减小。

三、松散层内部沉降变形规律

工程实例以兖矿集团井筒防治为主。

1. 含水层水位变化特征

兖州煤田第四系松散层地层自上而下分为上组（$Q_{上}$）、中组（$Q_{中}$）和下组（$Q_{下}$）含水层（组），各含水层（组）的水位动态见图 8-11～图 8-13。

(1) $Q_{上}$ 含水层水位动态特征

由图 8-11 可见，$Q_{上}$ 含水层水位受大气降水的补给，水位有一定量的波动，但没有明显

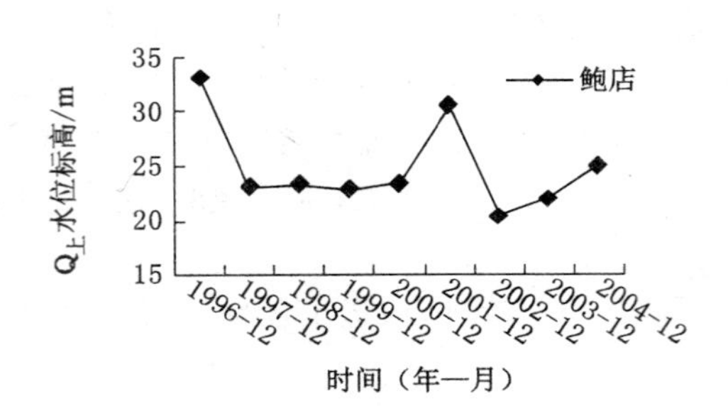

图 8-11　鲍店矿 $Q_上$ 水位动态

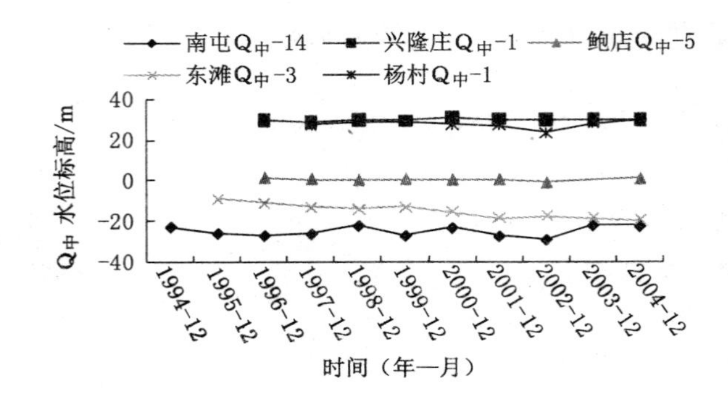

图 8-12　兖州煤田部分矿 $Q_中$ 水位动态

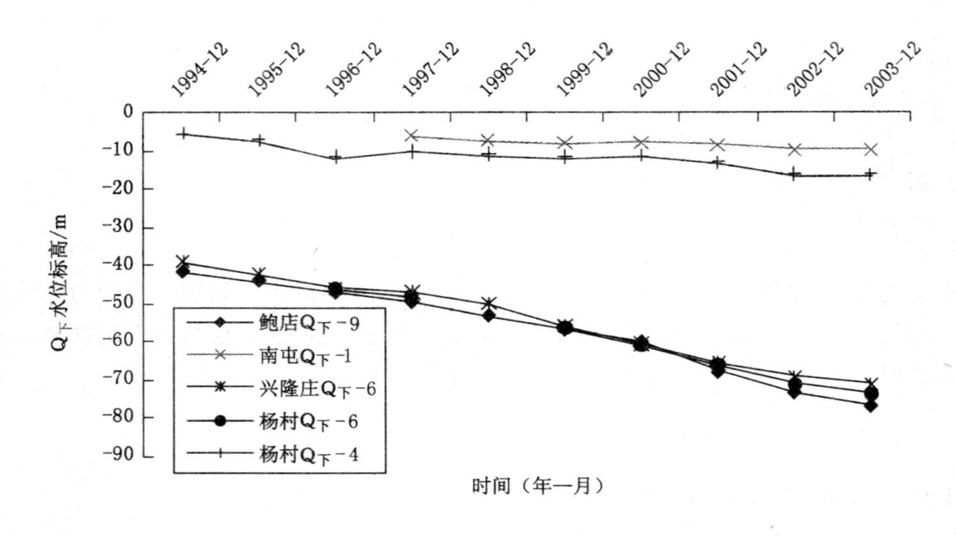

图 8-13　兖州煤田部分矿 $Q_下$ 水位动态

下降趋势。

(2) $Q_中$ 含水层水位动态特征

由图 8-12 可见，东滩矿 $Q_中$ 水位有持续下降的趋势，平均年下降 0.53 m。鲍店矿、南屯矿、兴隆庄矿和杨村矿的 $Q_{中}$ 水位在下降的大趋势下有一定的波动，没有持续下降，局部有回升的现象。

(3) $Q_{下}$ 含水层水位动态特征

由图 8-13 可见，已经出现井筒破裂的鲍店矿、兴隆庄矿和杨村矿均有 $Q_{下}$ 水位的持续大幅度下降，1994 年 12 月至 2003 年 12 月下降速率为：鲍店矿 $Q_{下}$-9 孔 3.89 m/a，兴隆庄矿 $Q_{下}$-6 孔 3.69 m/a，杨村矿 $Q_{下}$-6 孔 3.88 m/a。南屯矿 $Q_{下}$-1 孔水位下降速率 0.59 m/a 比相邻矿井鲍店矿的 $Q_{下}$-9 孔低得多。杨村矿的 $Q_{下}$-4 和 $Q_{下}$-6 的水位降速也有较大的差异，分析其原因主要是钻孔观测的含水层层位不同以及所处水位疏降漏斗的位置不同造成的。

2. 松散层内部沉降变形特征

(1) 累计压缩观测结果及分析

根据兴隆庄矿沉降孔岩性柱状及测点布置，松散层各层位所对应的观测段长度见表 8-2。

表 8-2　　松散层层位划分及观测长度

主、副井沉降孔			东风井沉降孔			西风井沉降孔		
层位	埋深/m	段长/m	层位	埋深/m	段长/m	层位	埋深/m	段长/m
起始	3.688		起始	14.454		起始	5.426	
一含	39.713	36.025	一含	40.443	25.989	一含	41.526	36.100
一隔	55.566	15.853	一隔	88.539	48.096	一隔	57.270	15.744
二含	69.701	14.135	二含	128.934	40.395	二含	137.544	80.274
二隔	167.772	98.071	$二隔_{上}$	144.947	16.013	二隔	155.594	18.050
三含	189.829	22.057	$二隔_{下}$	178.592	33.645	三含	185.593	29.999
基岩	207.707	17.878	基岩	184.453	5.861	基岩	191.638	6.045

注：表中一含、二含和三含对应 $Q_{上}$、$Q_{中}$ 和 $Q_{下}$ 地层。

沉降观测结果见图 8-14～图 8-16。由图 8-14 可见，主、副井地层在 1998 年 1 月～2003 年 12 月近 6 年期间，松散层累计压缩量为 300 mm，平均每年压缩约 50 mm。其中，压缩变形主要发生在三含地层，为 230 mm；其次是二隔地层为 90 mm，分别占地层总压缩量的 76.7%和 30.0%。基岩和一含地层变形量很小，二含和一隔有微量拉伸变形。

由图 8-15 可见，东风井地层在 1999 年 4 月～2003 年 12 月近 5 年期间，松散层累计压缩量为 127 mm，平均每年压缩约 25 mm。松散层压缩变形为波浪式。

由图 8-16 可见，西风井地层在 2000 年 7 月～2003 年 7 月近 3 年期间，松散层累计压缩量为 232 mm，平均每年压缩约 77 mm，在 3 个沉降孔中压缩量最大。其特点是每个层位均为压缩层位，并且一含地层压缩量也较大。三含地层压缩 118 mm，一含地层压缩 73 mm，分别占地层总压缩量的 50.9%和 31.5%。二含地层变形量很小。

全观测段松散层为波浪式压缩，表现为深部地层持续压缩，而浅部地层有波浪式压缩—

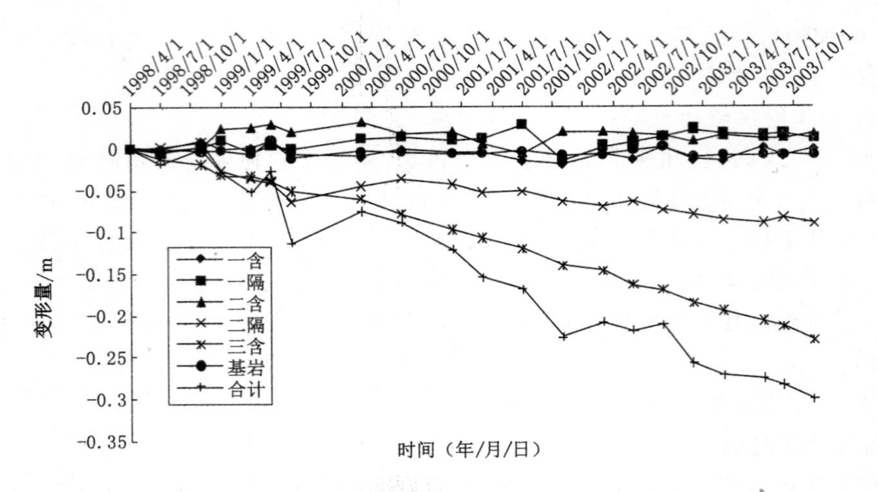

图 8-14　兴隆庄矿主、副井地层实测变形曲线

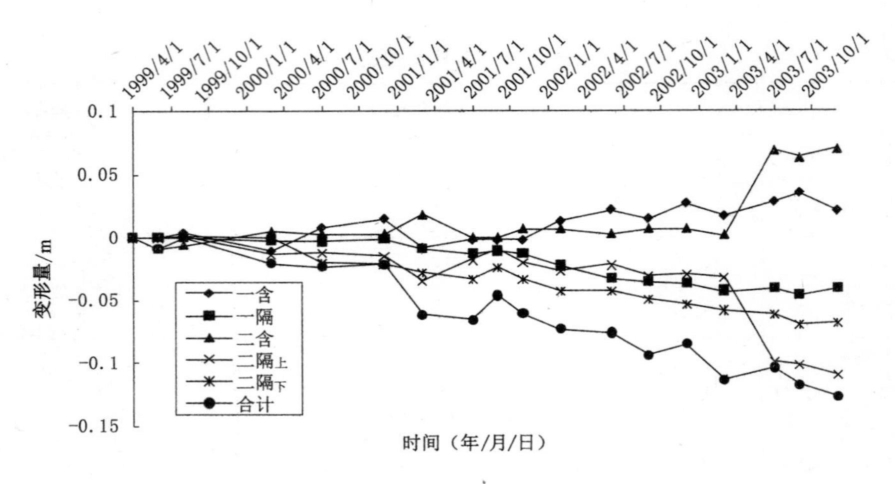

图 8-15　兴隆庄矿东风井地层实测变形曲线

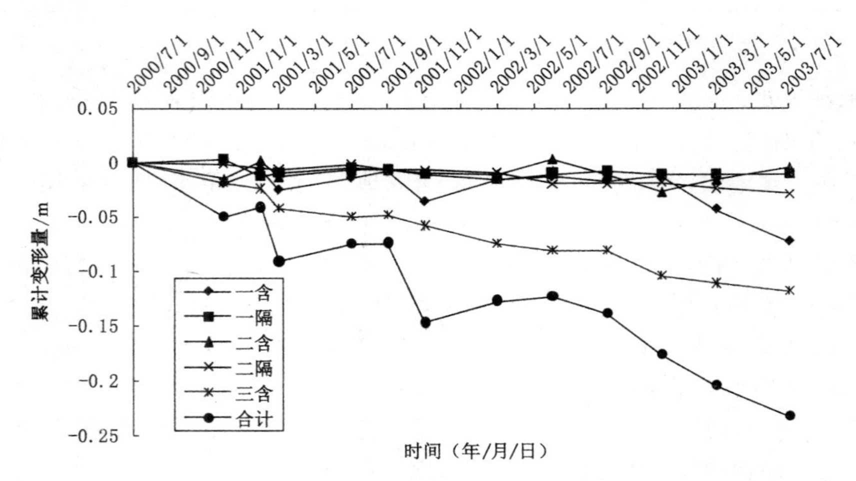

图 8-16　兴隆庄矿西风井地层实测变形曲线

拉伸现象。深部地层持续压缩主要是由于三含水位的持续疏降。浅部地层的波浪式压缩—拉伸变形主要原因是受大气降水补给的影响。

比较3个沉降孔，西风井地层压缩速度最快，其次为主、副井，东风井最小。分析原因认为，西风井附近三含地层除受全煤田采矿影响水位下降外，西风井井壁破裂处漏水，加大了西风井附近的三含水位下降速度。东风井压缩变形量小的主要原因是三含地层缺失，因此深部冲积地层压缩量小。

（2）各层位变形速率

地层变形速率，即地层单位时间和单位厚度的变形。

主、副井地层总体压缩变形速率为-18.33×10^{-3} mm/(m·月)，最大变形速率地层为三含地层，为-130.39×10^{-3} mm/(m·月)，最小变形速率地层为一含地层，接近“0”。

东风井地层总体变形速率为-13.8×10^{-3} mm/(m·月)。最大变形速率地层为二隔$_{上}$地层，为-121.57×10^{-3} mm/(m·月)，最小变形速率地层为一含地层，为-14.45×10^{-3} mm/(m·月)。

西风井地层总体压缩变形速率为-35.76×10^{-3} mm/(m·月)。最大变形速率地层为三含地层，为-109.22×10^{-3} mm/(m·月)，最小变形速率地层为二含地层，为-1.71×10^{-3} mm/(m·月)。

主、副井和西风井地层的最大压缩层位均为三含地层，而变形最小的层位是一含和二含地层。西风井地层压缩量大，但其主压缩层的压缩速率小于主、副井与东风井地层。

3. 地层压缩量预计模型

根据观测结果，按数理统计规律整理地层变形量与时间和三含水位降的关系，得出预计公式。

（1）按时间因素预计

① 主、副井地层沉降预计

根据观测资料（自1998年4月3日至2003年12月13日），分析得出全观测段地层和三含的压缩变形预计公式。

全段地层：

$$\begin{cases} y = -0.0046t + 0.0118 \\ R^2 = 0.893 \end{cases} \tag{8-4}$$

三含地层：

$$\begin{cases} y = -0.0031t + 0.0018 \\ R^2 = 0.9925 \end{cases} \tag{8-5}$$

式中 y——压缩量，m；

t——时间，月；

R^2——相关系数。

② 东风井地层沉降预计

根据观测资料（自1999年4月8日到2003年12月13日），分析得全观测段地层压缩变形的预计公式：

$$\begin{cases} y = -0.0021t + 0.004 \\ R^2 = 0.952 \end{cases} \tag{8-6}$$

③ 西风井地层沉降预计

根据观测资料(自 2000 年 7 月 27 日 2003 年 7 月 20 日),三含地层压缩变形的预计公式:

$$\begin{cases} y = -0.0036t - 0.0019 \\ R^2 = 0.9296 \end{cases} \tag{8-7}$$

由上式可见,三含地层压缩变形比较稳定,相关系数较高,达到 0.99,地层压缩变形与时间的关系基本是线性的。

(2) 按含水层水位降预计地层变形

松散层压缩变形的主要原因是三含水位的持续疏降。图 8-17 为三含水位与主、副井地层变形的关系。

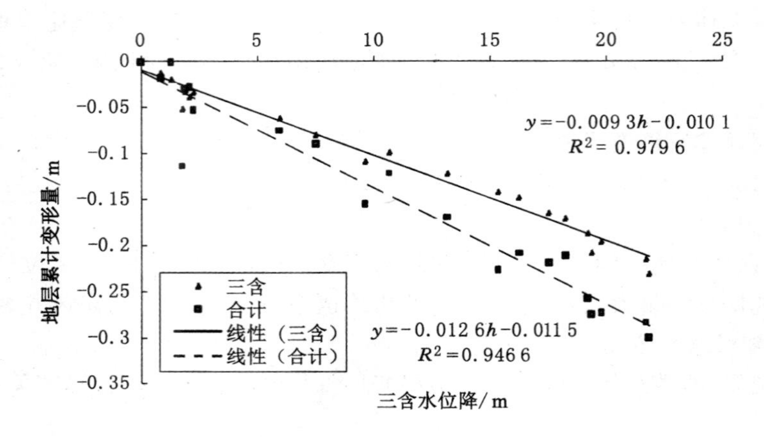

图 8-17　主、副井地层变形与三含水位的关系

三含地层是松散层变形的主要层位,三含水位降是地层压缩变形的主要动力。由于兴隆庄矿三含水位基本上是一直下降的,选择 Q_{11} 三含长观孔代表三含水位,按统计规律得出三含水位变化与地层变形的相关关系,得出以下预计公式。

主、副井三含地层:

$$\begin{cases} y = -0.0093h - 0.0101 \\ R^2 = 0.9796 \end{cases} \tag{8-8}$$

主、副井全段地层:

$$\begin{cases} y = -0.0126h - 0.0115 \\ R^2 = 0.9466 \end{cases} \tag{8-9}$$

式中　y——压缩量,m;

h——水位降,m;

R^2——相关系数。

由以上两公式可见,三含水位降与三含地层压缩关系密切,相关系数为 0.979 6,三含水位降与全段地层压缩的相关性为 0.946 6,基本为线性关系。

四、疏水引起井筒破裂及治理措施的数值分析

1. 模型与参数

模拟软件(NM2D)由清华大学介玉新教授开发，该软件具有空间轴对称、平面应力和平面应变模型；具有多种加载方式；本构关系有修正剑桥、邓肯—张、线弹性等本构关系；具有三维固结理论(Biot)单元，刚、塑性接触面单元；具有可处理复杂边界条件的功能。该软件使得计算可以建立模拟疏水引起土层三维固结过程、土层变形、沉降对井壁作用的空间轴对称模型的统一的较理想的数学模型，不仅可以模拟分析疏水导致土层固结压缩对井壁的影响，还可以模拟分析井壁开卸压槽和地层注浆等治理措施的机理、效果。

(1) 数学模型

由于松散层厚度大，土的性质差异大，并且还要反映井壁和基岩风化带的性质，计算选用不同类型的本构关系。对浅部(埋深小于 50 m)黏土选用较适合软土又被广泛应用的修正剑桥模型；对深部(埋深大于 50 m)选用较适合砂土和硬黏土的邓肯—张模型；对井壁和基岩风化带采用线弹性模型。选择比奥(Biot)固结理论的空间轴对称模型分析地层固结变形的过程。选择兴隆庄矿主、副井附近沉降观测孔的地层为模型地层，见图 8-18(井壁横向显示放大 50 倍)。

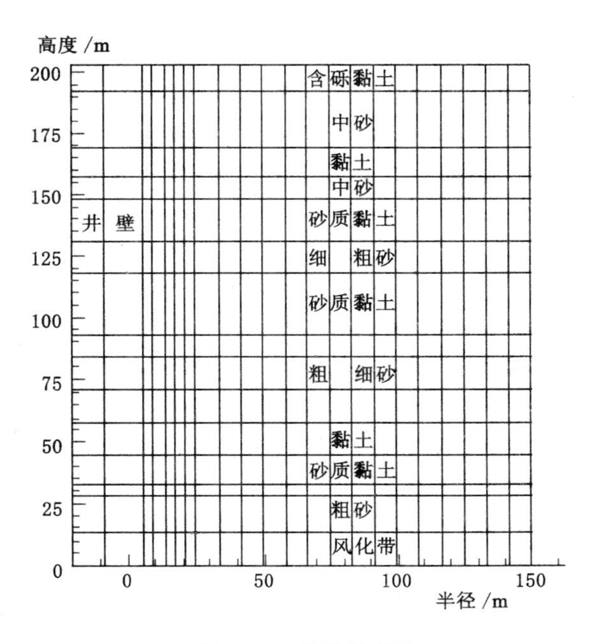

图 8-18　计算模型图

(2) 地层力学性质参数

地层性质参数主要根据沉降观测孔土样的土工实验反求参数结果，地层结构及其力学参数见表 8-3～表 8-5。

(3) 计算方案

计算方案包括 4 类(表 8-6)：

表 8-3　邓肯—张模型参数

土层序号	岩性	埋深/m	天然密度/(g/cm^3)	K	K_{ur}	N	R_f	K_b	m	黏聚力 C	内磨擦角 φ_0	$\Delta\varphi$	侧压系数 K_0	水平渗透系数 K_{hs}	垂直渗透系数 K_{vs}	S_f	初始孔隙比 e_0	饱和度 S_0	应力参数 σ_{30}
2	粗砂	189.32	2.14	130	150	0.3	0.62	125	0.21	0	30	1.33	0.42	2.83E-02	2.83E-02	0	0.75	1	0
3	砂质黏土	174.44	2.14	800	600	0.7	0.62	640	0	3	22	11.7	0.62	1.19E-02	1.19E-02	0	0.75	1	0
4	界面单元	174.44	2.14	800	600	0.66	0.62	640	0	3	22	11.7	0.62	1.19E-02	1.19E-02	0	0.75	1	0
5	黏土	159.19	2.14	500	500	0.59	0.72	45	0.59	5	22	17	0.62	2.33E-05	2.33E-05	0	0.75	1	0
6	粗砂，细砂	119.17	2.04	500	588	0.37	0.71	95	0.21	0	30	1.33	0.42	1.19E-02	1.19E-02	0	0.75	1	0
7	砂质黏土	110.97	2.14	400	480	1.07	0.62	640	0	3	22	11.7	0.72	2.33E-05	2.33E-05	0	0.75	1	0
8	细、粗砂	85.45	2.04	380	588	0.37	0.71	95	0.21	0	30	1.33	0.42	1.61E-02	1.61E-02	0	0.75	1	0
9	砂质黏土	72.66	2.18	200	210	0.6	0.62	640	0	3	22	3.2	0.72	2.33E-05	2.33E-05	0	0.75	1	0
10	中砂	54.25	2.04	380	588	0.37	0.71	95	0.21	0	30	1.33	0.42	2.36E-02	2.36E-02	0	0.75	1	0
12	中砂	34.16	2.04	380	588	0.37	0.71	95	0.21	0	30	1.33	0.42	2.36E-02	2.36E-02	0	0.75	1	0

表 8-4　井壁和风化带线弹性模型参数

土层序号	岩性	天然密度/(g/cm^3)	弹性模量 E/MPa	泊松比	侧压系数 K_0	水平渗透系数 K_{hs}	垂直渗透系数 K_{vs}	S_f	初始孔隙比 e_0	S_0
1	风化带	3.5	1 000	0.25	0.191	7.46E-05	7.46E-05	0	0.214	1
14	井壁	2.4	150 000	0.167						
15	卸压槽 1	2.4	150	0.167						
15	卸压槽 2	2.4	15 000	0.167						

表 8-5　浅部黏土剑桥模型参数

土层序号	岩性	天然密度/(g/cm^3)	K	有效应力截距	斜率 M	水平渗透系数 K_{hs}	垂直渗透系数 K_{vs}	S_f	饱和度 S_0	破坏压力 P' Break	破坏截距 P_r	破坏后斜率	先期固结压力	拉伸强度	初始孔隙比 e_0
11	黏土	2.14	0.001	13.62	0.571	2.33E-05	2.33E-05	0	1	1.00E+06	13.615	0.571	0	0	0.75
13	含砾黏土	2.14	0.001	13.62	0.571	2.33E-05	2.33E-05	0	1	1.00E+06	13.615	0.571	0	0	0.75

表 8-6　　计算方案及其内容

方案类型	方案	内容
疏水影响	机理方案 1	为周年级计算方案，以一年时间为计算级、三含水位降
	$Q_中$疏水方案 1	方案 1，加上$Q_中$疏水，0.5 m/a
	$Q_中$疏水方案 2	$Q_中$疏水，2.0 m/a，松散层厚度为 119 m 左右
	$Q_中+Q_下$方案 3	$Q_中$疏水，2.0 m/a，$Q_下$疏水，松散层厚度为 179 m 左右
卸压槽	方案 1，完好井壁	为周年级计算方案，以一年时间为计算级、三含水位降
	方案 2，软卸压槽	方案 1 内容，增加低刚度井壁卸压槽的影响
	方案 3，硬卸压槽	方案 1 内容，增加高刚度井壁卸压槽的影响
地层注浆	注浆方案 1	第一类方案 1(完好井壁，周年级)参数，考虑井壁后注浆宽 4 m，高度 30.13 m，岩性为风化带，模型为线弹性
	注浆方案 2	注浆方案 1 参数，注浆范围宽增大为 12 m
	注浆方案 3	注浆方案 1 参数，注浆范围宽增大为 20 m
	注浆方案 4	注浆方案 1 参数，注浆范围宽改为 4 m，高度改为 14.88 m
	注浆方案 5	注浆方案 4 参数，注浆范围宽增大为 12 m
	注浆方案 6	注浆方案 4 参数，注浆范围宽增大为 20 m
注水法	注水方案 1	三含地层疏水沉降对井壁的影响
	注水方案 2	向三含地层注水 0.1 MPa，井壁的应力变化
	注水方案 3	向三含地层注水 1 MPa，井壁的应力变化

① 不同疏水类型：以一周年时间为载荷级，分别考虑松散层二含、三含单独疏水以及联合疏水的影响，分析计算地层压缩变形对井壁的影响。

② 不同卸压槽性质：将卸压槽设置在井壁最易出现破裂的区域，埋深 174.44 m，高度为 0.5 m。对卸压槽的刚度分别按低(1/1 000 井壁弹性模量)和高(1/10 井壁弹性模量)进行计算，以便研究卸压槽刚度对井壁应力的影响。

③ 不同注浆加固地层的方式：注浆加固地层就是通过向冲积地层的主要压缩层高压注入水泥等材料，使地层的压缩性降低，当水位下降时，地层的压缩量会相应减少，从而减小井壁的应力。注浆加固后松散层采用强风化带的力学参数和本构关系。确定 6 个注浆计算方案。

④ 注水法预防井筒破裂：计算方案为 3 个，分别是松散层疏水、按 0.1 MPa 低水压注水以及按 1 MPa 高水压注水情况下，计算井壁的应力变化，以研究注水法的治理效果。

2. 疏水引起地层变形对井壁的影响

(1) 三含疏水对井壁应力的影响

当第 1 载荷级(第 1 年)结束，地层压缩 46 mm 时，见图 8-19。当有地层沉降时，地层对井壁有向下的摩擦力，使井壁内产生附加压应力。当松散层深度大于 120 m 后，完好井壁的应力明显高于井壁自重应力(井壁的自重应力为 γH，随深度增大为线性关系增大)，这就是产生附加应力的结果。附加应力最大位置在松散层深部地层的井壁段(埋深 174.44 m)，井壁自重应力为 4.17 MPa，完好井壁的应力达 7.53 MPa，增大 3.36 MPa，增大部分就是附加压应力。表明疏水造成地层压缩导致井壁产生附加压应力是井壁破裂的主要因素。

各井壁的最大竖向应力随地层压缩量的变化情况见图 8-20 所示。随着荷载级增多和地层的持续压缩，井壁的最大应力随之增大。

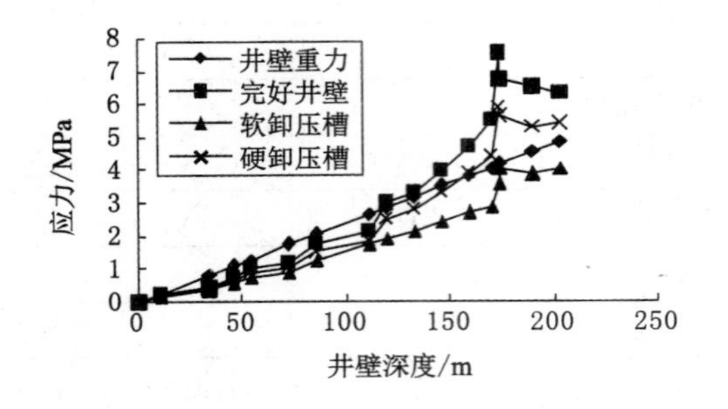

图 8-19 井壁自重应力与第 1 级井壁竖直应力的关系

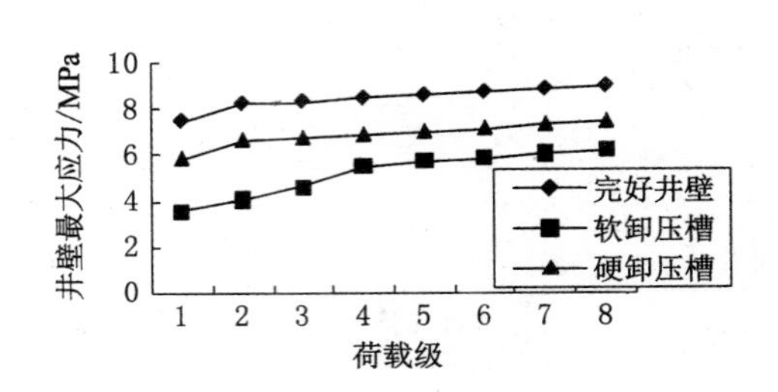

图 8-20 井壁最大应力的变化

(2) 三含、二含联合疏水对井壁应力的影响

根据计算结果，整理第 5 荷载级井壁竖向附加应力随埋深的变化，见图 8-21。由图 8-21 可见：

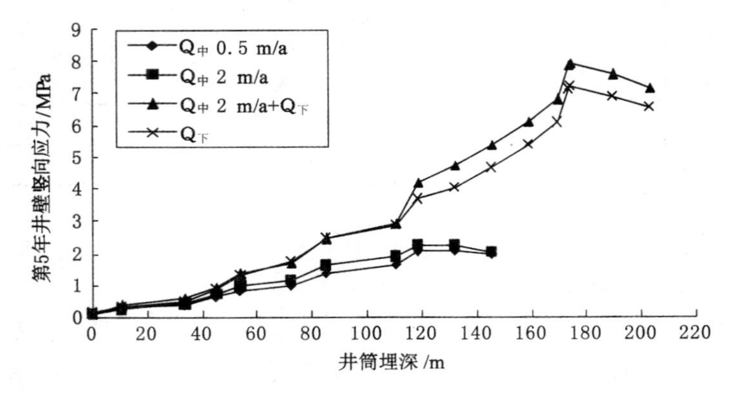

图 8-21 二含疏水第 5 荷载级计算井壁竖向附加应力

在三含疏水的同时，119.17 m 处的二含水位也以 2 m/a 的速率下降，则井壁的垂向附加应力在埋深大于 100 m 段明显增大，在松散层底部 189 m 左右，竖向附加应力由 7.19 MPa 增大到 7.93 MPa，增长幅度为 10.3%。表明中组与下组含水层同时疏水可对井壁稳定造成更不利的影响。

如果三含底部缺失(类似于南屯矿和东滩矿的情况)，松散层厚度为 119.17 m，则二含为底部含水层。当二含水位降速为 2 m/a 时，松散层底部井壁的竖向附加应力为 2.26 MPa；如果二含水位降速为 0.5 m/a，松散层底部井壁的竖向附加应力为 2.05 MPa。表明二含水位降速的下降，可减小井筒竖向附加应力，但减小的幅度很小。

二含疏水时，二含为松散层底部含水层，则井壁在松散层底部产生的附加应力为 2.26 MPa；二含为中部含水层时，则在同样位置造成的井壁竖向应力增量为 0.56 MPa，在松散层底部造成的井壁竖向应力增量为 0.74 MPa。分析认为，由于受到基岩对松散层沉降的阻力影响，底部含水层疏水可在井壁内产生较大的附加应力。

计算表明，只要含水层有疏水，则井壁就将产生附加压应力，井壁应力随疏水层位的埋深增大而增大；疏水速率高，可小量增大井壁的附加压力，增大井壁的破裂可能性。

(3) 卸压槽对井壁应力的影响

井壁开卸压槽后，当卸压槽刚度低时，井壁应力大幅下降(仅为 3.58 MPa)，甚至低于井壁自重应力(参见图 8-19)。分析认为，卸压槽刚度低，井壁在重力作用下向下压缩、沉降，局部有大于地层压缩沉降的趋势，因此井壁反而受到向上的摩擦力的作用，使井壁应力低于自重应力。当卸压槽刚度较高时，井壁应力为 5.87 MPa，虽然有明显下降，但在松散层底部仍然有附加力的存在。

井壁开卸压槽后，井壁应力降低，其中"软"卸压槽降低井壁应力 52.4%～31.3%；"硬"卸压槽降低井壁应力 21.9%～17.2%。这表明设置卸压槽是减少井壁应力的有效措施，卸压槽刚度低则卸压效果较好。

(4) 注浆加固地层对内井壁竖向应力的影响分析

各注浆方案第 1 级井壁内侧竖向应力情况见图 8-22。通过图 8-22 可见：

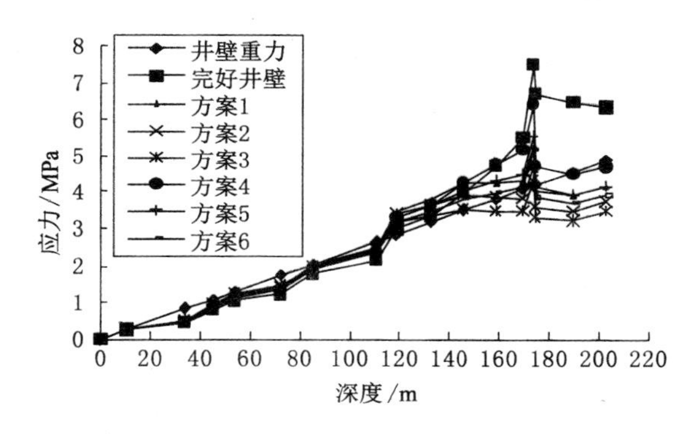

图 8-22　注浆方案第 1 载荷级内井壁应力

与完好井壁的应力相比，注浆加固地层后井壁应力减小，应力减少井壁段主要是附加应力大的、埋深大于 140 m 的井壁段，并且地层注浆对埋深 170 m 以下井壁段的应力减小十分明显。

在相同注浆段高时，注浆范围越大，则井壁应力减小越多。在相同注浆宽度时，注浆段高约 30 m 比注浆段高约 15 m 的情况，井壁应力减小的多。注浆方案 2、3 的效果最好，使大部分井壁段的应力接近自重应力。

各注浆方案井壁最大竖向应力随地层压缩量增大的变化见图 8-23，由图 8-23 可见：

随着地层的压缩量增大，井壁的最大应力相应增大。例如，注浆方案 1 和方案 2 中第 8 级比第 1 级井壁最大应力分别增大 60.5%和 43.1%；注浆后井壁的最大应力相比未注浆井壁的均有所降低，第 1 级降低井壁应力 17.3%～75.7%，第 8 级降低井壁应力 6%～50.3%。

相同注浆段高，注浆范围越大，井壁的最大应力相比完好井壁(未注浆)的减小就越多。方案 3(段高 30 m、宽度 20 m)时，井壁竖向应力减小约 3 MPa，初期接近井壁自重应力。

方案 1 类似常规破壁注浆治理措施，当地层压缩量小时，对井壁最大应力减小幅度明显，但 4 年后当地层压缩量大时，井壁应力增大很快，最后接近未注浆时的井壁应力。说明破壁注浆措施不能长期改善井壁应力状态，这与临涣矿区的实测结果是一致的。

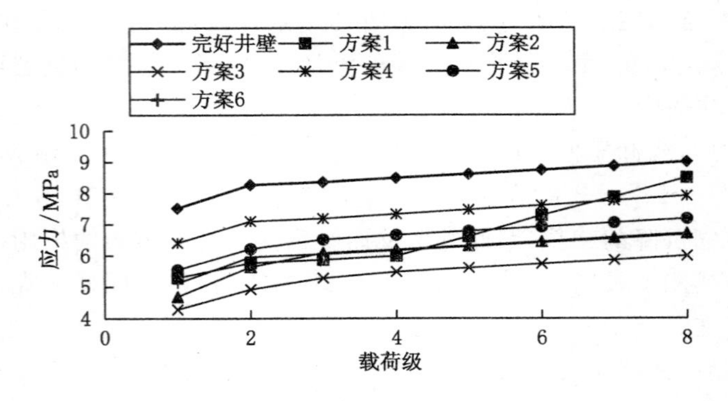

图 8-23　井壁最大竖向应力变化曲线图

(5) 注水法井壁应力变化

长期注水(方案二 0.1 MPa 和方案三 1.0 MPa)对井壁及地层影响变化。在图 8-24 和图 8-25 中应力出现负值,表示模拟当中的井壁此时已经产生拉应力。但是在济三煤矿真实井壁的情况下并不会出现拉应力,因为模拟当中所选取的自然疏水时间和水位降远小于济三煤矿含水层实际的自然疏水时间和水位降,并且井壁已经累积了一定量的附加压应力,所以模型中井壁因自然失水压缩地层所受的附加压力远远小于实际值,导致注水后井壁产生拉应力。

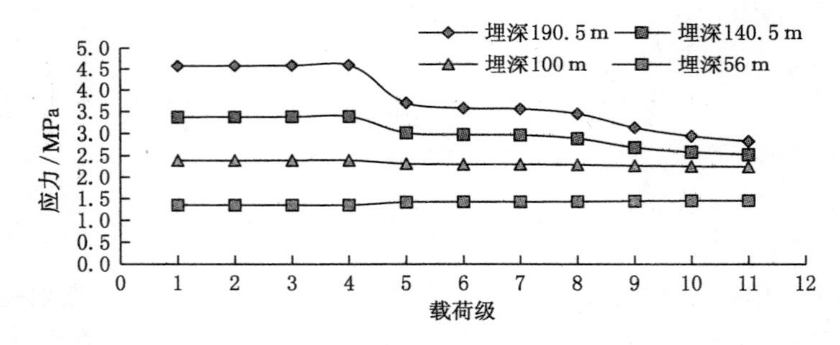

图 8-24　方案二(0.1 MPa 注水)井壁不同埋深处竖直应力随时间的变化曲线

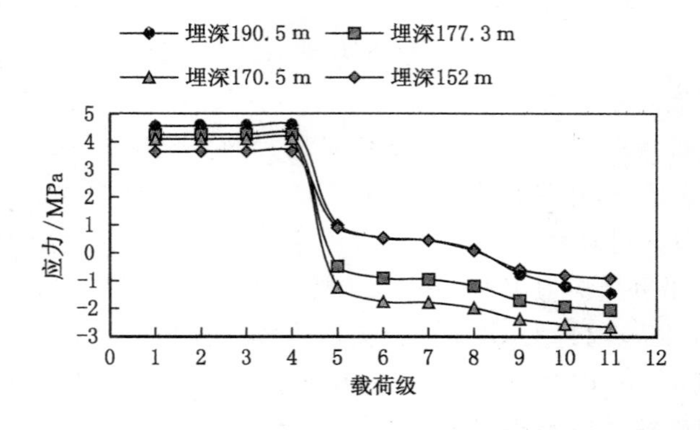

图 8-25　方案三(1 MPa 注水)井壁不同埋深竖直应力随时间的变化曲线

第四节　井壁破裂防治技术

一、“井圈”抢险加固防治方案

井壁破坏有突发性并且发展很快，为了避免井壁破坏进一步发展引发重大安全事故，尽快对井筒破坏段实施抢险加固工程。主要内容如下：

1. 快速形成施工条件

主、副井内有提升设备，可选用现有罐道和箕斗搭建施工平台，形成施工的条件。

风井内没有提升设备，因此首先平整场地，建立井塔和稳车的基础，并制造吊盘，形成施工的条件，全面观察井壁的破坏情况，制定抢险与治理工程方案。

2. 井圈加固

一般采用 20b 槽钢制成的井圈(图 8-26)，对破坏段及上、下 5 m 的范围进行加固，控制破坏的发展。考虑到破坏处井壁破坏严重，通常不清除已经开裂的井壁，以提高抢险工程的安全性。

图 8-26　井圈加固图

3. 壁后注浆堵水

在井圈的掩护下，在井筒内施工钻孔对井壁后的含水层进行注浆堵水，将涌水量控制在 5 m^3/h 以下，为后续治理工程的顺利开展提供便利条件。

二、“卸压槽”防治方案

卸压槽就是在井壁高附加应力段，采用较软材料环状置换井壁，使井壁具有一定的可缩性，从而减小井壁附加应力，防止井壁发生突发性破裂。1996 年 10 月兴隆庄矿西风井发生了井筒破裂事故。根据大量实测数据，开展了井筒安全状况的评价和破裂预测，认为主、副井筒也已濒临破裂。由于主、副井井筒内设备多，箕斗和罐笼上、下高速运行，一旦出现井壁破裂，将形成重大安全隐患和造成严重经济损失。通过对治理方案和施工工艺论证，决定在兴隆庄矿主、副井井壁破裂以前采用以“卸压槽”为主的防治措施，在国内率先实现了对濒于井壁破裂灾害的主动预防性治理。

1. 方案参数

(1) 破壁注浆参数的选取

破壁注浆就是在井筒内部打钻穿过井壁对松散层进行注浆，注浆范围一般小于 5 m。主要任务是改善壁后岩层的力学性质，加固外围地层，增强井壁防水能力，确保切割井壁和开设卸压槽的施工安全。

在已破坏井筒，破壁注浆均在井圈加固后进行施工。而对于未破坏井筒，井壁并无井圈保护，井壁应力未得到释放，应对施工工艺进行改进。下面以兴隆庄煤矿副井为例，介绍具体的注浆方案：

① 确定注浆段高度。副井 15 m(标高－134～－149 m)。

② 注浆方式为下行式。在破壁注浆前，先进行内、外井壁的夹层注浆，夹层注浆的分段高为 6～8 m。然后从上至下进行壁后注浆，破壁注浆的钻孔排距在基岩风化带及上覆砂砾、砾石层中为 3 m，其他岩性地段为 4～6 m；每排孔数分别为副井 10 个，钻孔采用“对称插花”式布置。

③ 注浆材料选用水泥和水玻璃。

④ 注浆压力考虑前述计算结果，为静水压力的 2～3 倍(最大取 6 MPa)。

⑤ 注浆帷幕厚度要求大于壁后 2.5 m。

(2) 卸压槽的参数

① 卸压槽的位置

卸压槽应设置在地层压缩的集中变形段，一般是松散层底部地层，在此部位如果是含水层则开卸压槽时注浆堵水难度较大。可将卸压槽设计在基岩风化带或上部隔水层中较为稳妥，但卸压槽的卸压效果会受到一定的影响。卸压槽只设置在内层井壁中，以便使外层井壁仍能起到一定的施工保护作用。

② 卸压槽服务的年限

在保障稳定时，尽量加大卸压槽高度，以增加防治工程的服务年限。兴隆庄矿副井卸压槽高度为 500 mm (图 8-27 和图 8-28)。

根据淮北童亭矿的观测资料，卸压槽的压缩变形量约为地层固结压缩量的 60%，压缩木的压缩变形系数取 $C=0.4$，松散层压缩量为 40 mm/a，则服务年限 $T=500\times0.4/(40\times0.6)=8.3$ 年。

(3) 卸压槽的施工

① 开卸压槽前的准备工作

为了确保卸压槽的施工安全，在卸压槽上、下位置四个方位各打 1 个探水孔，共 8 个钻孔，孔深穿壁后 1.8 m，经确认无渗漏水方可进行开槽施工；否则还需注浆处理，直至达到要求为止。

② 开槽方法

用风镐将内层井壁上 50～80 mm 厚的钢筋保护层挖掉，然后用氧炔焰将钢筋割去。

采用静力爆破开凿卸压槽(图 8-29)，其方法是先把卸压槽沿环向平均分成 10 段，每段对称开挖。挖齐后采用防腐木块充填，缝隙用砂浆充填。而后再继续开挖另一对称区段。挖凿卸压槽采用人工凿岩机，沿环向轮廓线打水平眼。每一区段中间再分成 2～3 个小方块，两侧打倾斜孔，以井筒内壁作自由面，按说明书装入 88AB 型静力破碎剂，6 小时爆裂后可用风镐将卸压槽找平刷齐，使之达到设计尺寸。严禁大小混凝土块坠入井下，以免砸伤井内电缆管路等设施。

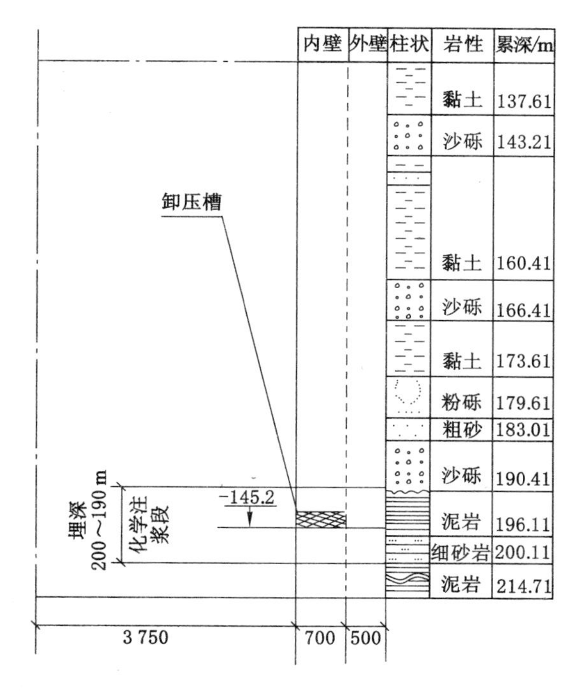

图 8-27　兴隆庄矿副井破裂防治工程方案示意图

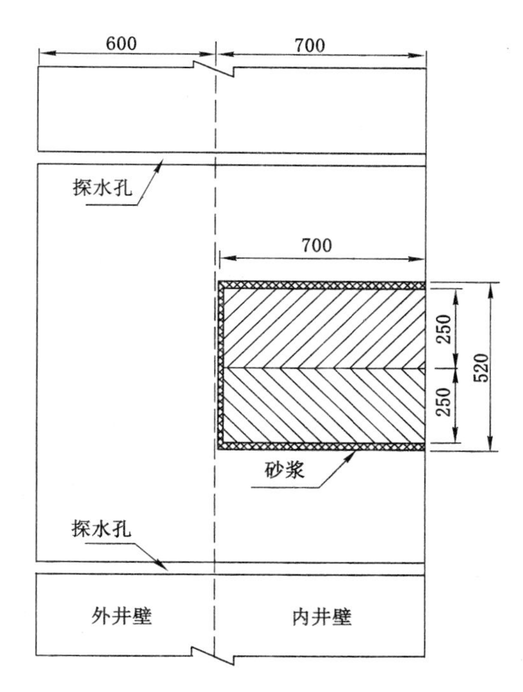

图 8-28　兴隆庄矿副井卸压槽结构图

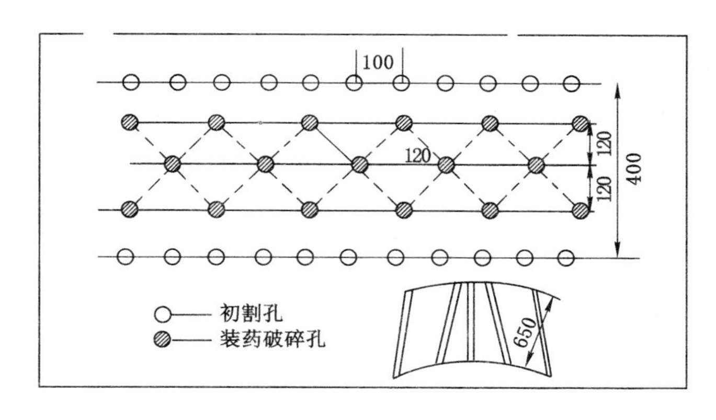

图 8-29　卸压槽孔眼布置图

③ 充填材料

卸压槽采用沥青防腐松木砖块充填，木砖块为扇形，分两层充填。充填前应把槽内清理干净，铺上防水水泥砂浆，木块充填后周围再用砂浆充填密实，顶部空隙大时可用防腐木板充填。木块充填上下两层要有压茬。压缩木照片如图 8-30 所示。

三、松散层"注浆加固"防治方案

由于主、副井提升工作繁忙，卸压槽施工和壁后注浆均需要在井筒内部施工，对井筒提升干扰较大。因此部分矿井选择对压缩地层进行注浆加固，从而减少地层压缩量，降低井壁附加应力。注浆加固工程的示意图见图 8-31 所示。下面以鲍店煤矿主、副井破裂后地层加

图 8-30　卸压槽压缩木

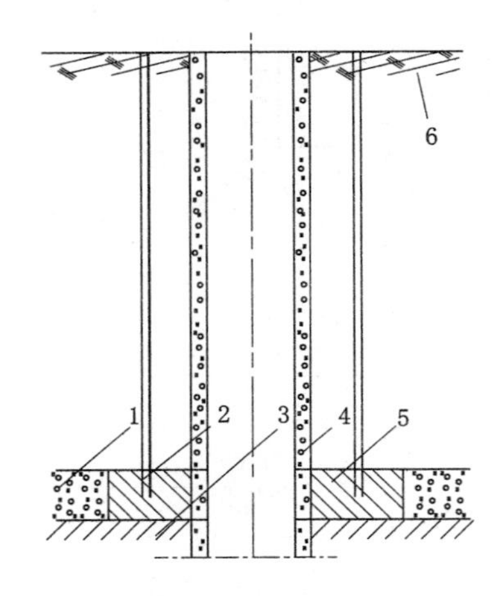

图 8-31　注浆加固治理井壁破裂示意图

1——含水层；2——注浆管；3——基岩；4——井壁；5——加固区；6——表土层

固法治理工程为例说明该技术。

1．井筒地层及破裂情况

（1）井筒地层

鲍店煤矿位于兖州煤田中部，为第四系及侏罗系地层覆盖下的隐蔽式井田，设计年产300万t煤，于1986年6月投产。主、副井井筒特征参数见表8-7。

表 8-7　鲍店煤矿主、副井井筒特征

序号	项目	主井	副井
1	表土段深/m	148.69	148.60
2	井筒净直径/m	6.5	8.0
3	表土段井壁厚/mm	1 000	1 100
4	表土段井壁材料	C30 双层钢筋混凝土	C30 双层钢筋混凝土

（2）井壁破裂情况

1995年6月28日，鲍店煤矿副井井壁在垂深126.7 m处破裂；7月12日主井井壁又在垂深 136～144 m 处发生破裂，致使鲍店煤矿不得不停产进行井壁抢险加固，造成重大经济损失。

井壁破裂变形及灾害情况如下：在主、副井井壁破裂处，内壁混凝土成楔形块状剥落，最大剥落面积达 2 m^2 以上，最大剥落深度超过 150 mm；暴露出来的钢筋向内弯曲并“跪倒”；破裂带在水平方向交圈；主井混凝土掉块砸坏箕斗上部的保护罩；两个井筒的罐道均发生扭曲变形。另外，排水管的托管梁与托管座脱开，连接螺栓被崩断；排水管、压风管均在纵向呈“S”形变形。经调查，到井壁发生破裂灾害之日，鲍店煤矿工业广场已下沉了约 120 mm；表土下部含水层水位下降了约 75 m。

2. 注浆工程方案

以鲍店煤矿副井为例，注浆孔见图 8-32 所示。井筒周边布置 10 个注浆孔，注浆层位为松散层下部 93.58～153.6 m 深度段的砂砾层、砂层及黏土层。注浆工艺参数所下：

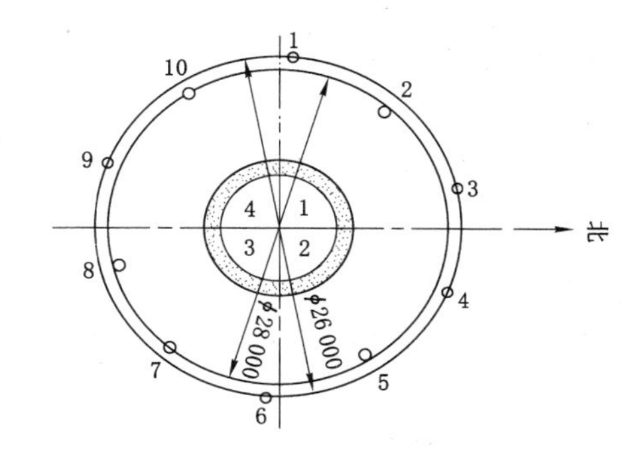

图 8-32　鲍店矿副井地面注浆孔布置示意图

① 浆液有效扩散半径 5～8 m。

② 注浆孔数量 10 个。

③ 注浆材料为特制 425＃超细硅酸盐水泥。浆液为单液水泥浆，浆液重度为 12.1～14.6 kN/m^3，速凝早强剂为 40 波美度水玻璃，单孔注入水泥量 274.3～386.5 t。

④ 注浆帷幕厚度 4.68～5.86 m。

⑤ 注浆终压 6～9 MPa。

⑥ 注浆方式为下行长段裸孔压入式注浆。

⑦ 注浆起止深度为 93.58～153.6 m(60.02 m)。

⑧ 注浆段个数：注浆深度范围内划分为 7 段。

⑨ 钻孔结构：深 93 m 之上，下入 ϕ127 mm 套管；93 m 之下采用 ϕ89 mm 钻头钻进，钻孔为裸孔。

四、松散层“注(补)水法”防治方案

1. 注水法的机理

(1) 注水法作用机理

井筒发生破坏的关键原因就在于冲积含水层的水位下降，注水法就是通过向水位发生下降的冲积含水层注水的方法，补充失水、升高水位、增大水头压力，抑制土层的固结压缩，阻止上覆土体下沉，进而减小井壁上的竖直附加压应力，达到防治井筒变形破坏的目的。

(2) 注水含水层膨胀量计算

根据土力学原理，作用在土体骨架上的有效应力 σ' 取决于总应力 σ 和孔隙水压力 $u(u \approx 0.01H_w)$，即：

$$\sigma' = \sigma - \mu \approx \sigma - 0.01H_w \tag{8-10}$$

式中 H_w——含水层水头高度，m。

含水层注水时土体的有效应力变化为：

$$\Delta\sigma' = -0.01\Delta H_w = -0.01(H_{w注} - H_{w原}) \tag{8-11}$$

式中 ΔH_w——含水层水头变化，m；

$H_{w注}$——注水后的含水层水头值，m；

$H_{w原}$——注水前的含水层水头值，m。

注水后含水层的膨胀量 ΔS 为：

$$\Delta S = \frac{\Delta\sigma'}{E}h = \frac{0.01h}{E}(H_{w原} - H_{w注}) \tag{8-12}$$

式中 ΔS——含水层注水后的膨胀量，m；

E——含水层的平均弹性模量，MPa；

h——含水层厚度，m。

(3) 井壁附近应力变化计算

对井筒破坏机理进行了土力学分析，经过公式推导，含水层上方内层井壁的轴向附加应力变化可用下式计算：

$$\sigma_z = \frac{2RH'\overline{G}'_1 gS_f K_1(gR)}{a(R^2 - R_0^2)K_0(gR)} \tag{8-13}$$

式中 σ_z——含水层上方内层井壁的轴向附加应力；

H'——计算水平井深，$H' \leqslant H$，m；

$\overline{G}'_1$——计算水平上方土层的平均长时剪切模量，MPa；

R_0，R——井壁的内半径和外半径，m；

S_f——含水层压缩量或者膨胀量，m；

$K_1(gR)$——一阶第Ⅱ类贝塞尔函数；

$K_0(gR)$——零阶第Ⅱ类贝塞尔函数；

$a = \dfrac{A_1E_1 + A_2E_2 + A_3E_3}{\pi(R^2 - R_0^2)E_1}$，$A_1$、$A_2$、$A_3$、$E_1$、$E_2$、$E_3$ 分别为第一、二、三层井壁的横截面积(m^2)和弹性模量(MPa)；对于普通双层现浇混凝土井壁可取 $a=1$。

计算含水层中内层井壁的轴向附加应力时，在公式(8-12)中取 $H'=H$，$\overline{G}'_1=\overline{G}_1$ 即可(H 为含水层上覆地层厚度，m；$\overline{G}_1$ 为含水层上方土的平均长时剪切模量，MPa)。

2. 注水防治工程方案

下面以济三煤矿注水防治工程为例介绍注水防治井筒破裂。

(1) 注水孔布置方式

在前期理论分析和注水工业性试验的基础上，防治工程有 Z2、Z4、Z5 和 Z6 四个注水孔，主要布置原则如下：

① 钻孔对称布置：对于主、副井和风井，采用 4 孔布置的方法，基本实现了对称布置，防止单边注水对井壁的水平推力，导致井筒偏心。

② 增加与井筒的距离：考虑注水间歇时井筒压应变的弹性增大现象，适当增大注水孔间距，便于注水量减小时，通过短时增大效应方法扩大注水量。

③ 钻孔位置优化和结构：通过计算优化，减少了 Z3 号孔施工；由于注水孔与水文孔结构相同，将 Z1 孔作为水文观测孔。

(2) 注水孔位置

4 个注水工程孔与井筒相对位置关系见图 8-33。

① Z2 注水孔在副井西南 49 m 处，用于防治副井破坏；距 $Q_{下}$-3 号孔 123 m，距 $Q_{下}$-4 号孔 302 m，距 $Q_{下}$-1 号孔 391 m，距地层沉降观测孔 303 m。Z2 号孔注水层位为下组下段含水层，注水段为埋深 142～175.4 m 之间的粗砂和粉砂层。

② Z4 注水孔选择在主、副井之间。该孔距副井 66 m，距主井 77 m，距风井 276 m，距 Z1 孔 45.6 m，距 $Q_{下}$-3 号孔 78.5 m，距 $Q_{下}$-4 号孔 193 m，距 $Q_{下}$-1 号孔 275 m，距地层沉降观测孔 193.6 m。设计 Z4 号孔注水层位为下组下段含水层，注水段为埋深 141～170.5 m 之间的粗砂和粉砂层。

③ Z5 注水孔选择在主、风井之间。Z5 号孔距副井 274.5 m，距主井 135 m，距风井 67 m，距 $Q_{下}$-3 号孔 227 m，距 $Q_{下}$-4 号孔 49 m，距 $Q_{下}$-1 号孔 77 m，距地层沉降观测孔 44 m。Z5 号孔注水层位为下组下段 138.30～167 m 的中、粗砂层。

④ Z6 注水孔选择在风井东北方向 42 m 处，距副井 383 m，距主井 243 m，在风井东北部约 42 m，距 Z1 号孔 274 m，距 $Q_{下}$-3 号孔 332 m，距 $Q_{下}$-4 号孔 138 m，距 $Q_{下}$-1 号孔 63 m，距地层沉降观测孔 135 m。Z6 号孔注水层位为下组下段含水层，注水段为埋深 138.80～176 m 的中、粗砂层。

(3) 监控系统体系

注水恒压控制系统根据供水要求，可实现供水管路压力和流量的在线检测，实现恒压供水控制，通过网络接口和通信协议，可以接入矿自动化环网，检测数据可以通过网络进行浏览和检测。部分试验仪器设备及注水孔孔口见图 8-34～图 8-37 所示。

其他监测内容包括：井壁竖向和横向的应力、应变监测，地层内部变形光栅监测，含水层水位监测，工业场地地表沉降观测等。

3. 注水治理效果

(1) 含水层水位变化

Z1 孔注水期间，位于工广区的第四系水位观测孔($Q_{下}$-1、$Q_{下}$-3、$Q_{下}$-4 号孔)水位均有所升高。其中 $Q_{下}$-3 号孔与注水孔相距较近，观测层位与注水段层位相近，注水期间反应最灵敏。Z1 孔注水后，$Q_{下}$-3 孔水位迅速升高，约 2 d 时间内水位升高约 10 m，之后维持在高位相对稳定。水位标高随注水流量发生相应变化，注水流量增大，水位上升；水位标高受停开泵影响较明显，停泵后，水位迅速下降，开泵后，又迅速回升。注水期间 $Q_{下}$-3 号孔的水位变化见图 8-38 所示。

(2) 地层沉降孔附近松散层抬升量

地层变形采用光纤监测，光纤光栅孔位于 $Q_{下}$-4 孔附近，两者水平距离 5 m。该孔共埋设 3 根光纤光栅，用于监测附近地层移动。

松散地层沉降观测孔距离 Z1 注水孔 153 m，注水期间有 5 个光纤光栅观测层位反应明显，见图 8-39 所示(以 FBG0203 为例)。具体表现为：3 月 6 日 15:00 左右开泵注水后，光纤

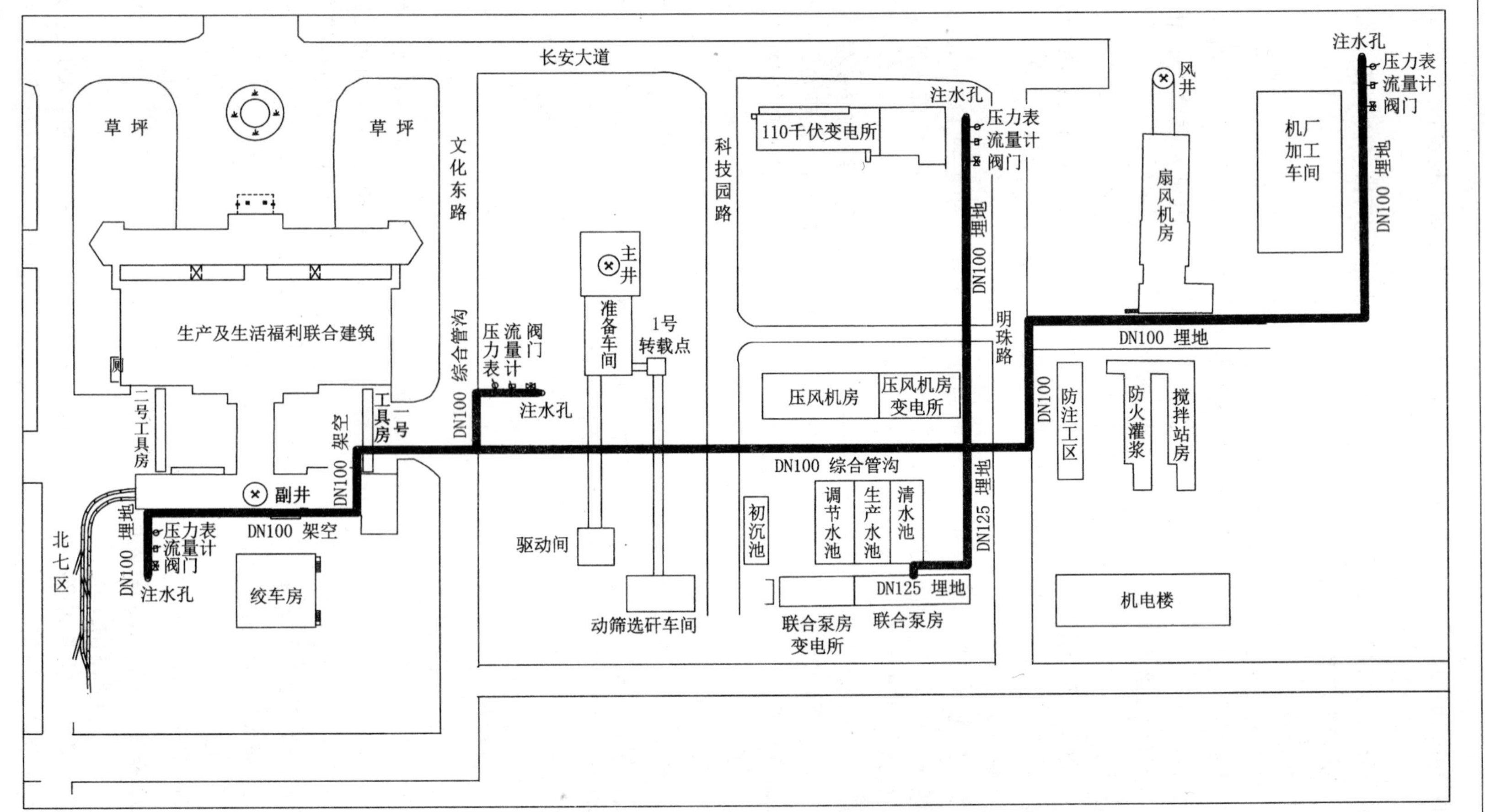

图8-33　注水孔位置及地面供水系统

图 8-34　注水孔及水压、流量机械观测

图 8-35　注水孔及水压流量电子监测

图 8-36　Z5 两台注水水泵

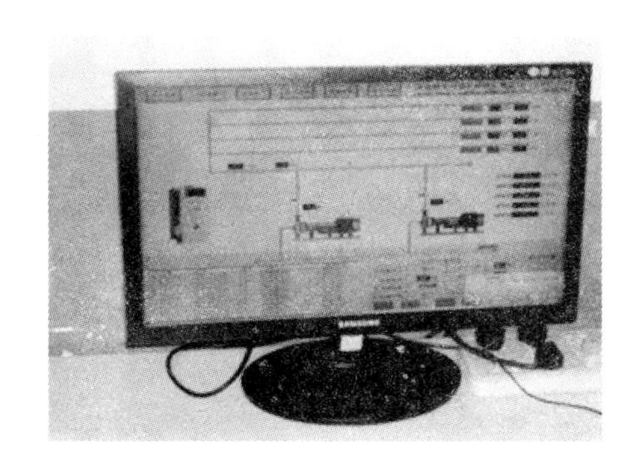

图 8-37　室内集中控制与监测系统

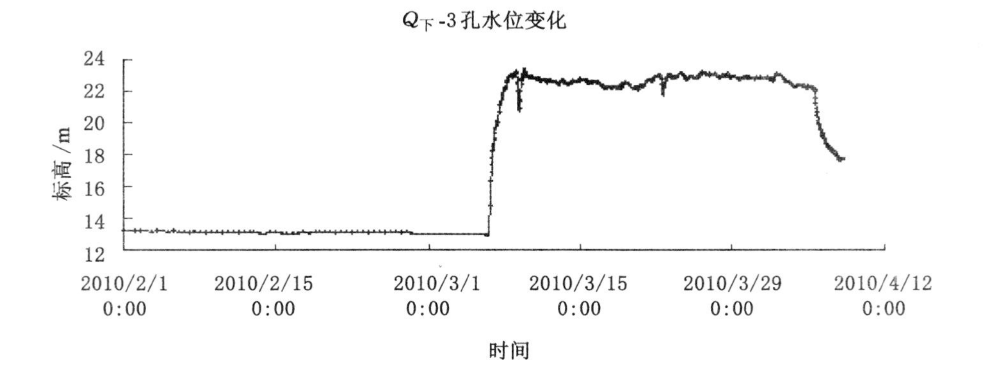

图 8-38　注水期间 $Q_下$-3 号孔水位变化曲线图

光栅中心波长值明显上升，4 月 5 日 15:00 左右停泵注水后中心波长值明显下降，开泵注水期间中心波长值维持在高位波动。

根据光纤光栅传感器中心波长值每变化 1 pm 对应松散层 1 $\mu\varepsilon$ 的应变变化量，对注水期间地层沉降孔附近地层抬升量计算如下：

$$\Delta S = \sum_{i=0}^{n} S_i = 1\ 000 \sum_{i=0}^{n} \Delta\varepsilon_i H_i \tag{8-14}$$

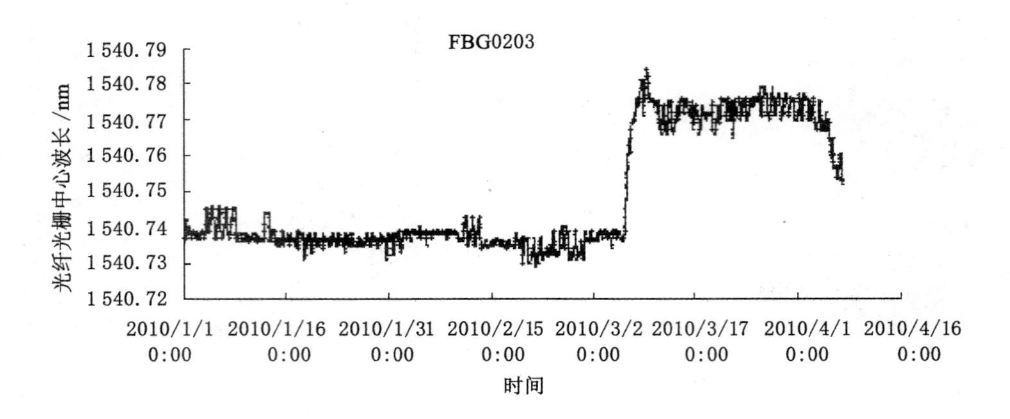

图 8-39 光纤光栅中心波长变化

式中 ΔS——松散地层沉降变形量，mm；

H_i——松散地层组厚度，m；

$\Delta\varepsilon_i$——该松散地层组监测层位应变变化量，$\mu\varepsilon$(10^{-6} m/m)。

将监测数据带入公式(8-14)计算，到 2010 年 4 月 5 日，地层沉降孔附近地层抬升量 0.543 8 mm。

(3) 井壁应变量变化

Z1 号孔注水期间松散含水层水位升高，地层抬升，进而引起井壁发生变化。

注水后主井井壁应力应变监测数据变化明显，具体表现为：2010 年 3 月 10 日起有 10 个垂直应变测点和 3 个水平应变测点压应变逐渐减小或拉应变逐渐增大，相应数据曲线表现为逐渐上升。以 13 V 为例，注水期间压应变由 $-286.4\ \mu\varepsilon$ 变为 $-261.8\ \mu\varepsilon$，压应变减小 $24.6\ \mu\varepsilon$。表明注水导致井壁压缩变形减小，有利于井壁稳定。部分测点 2009 年与 2010 年应变量变化曲线见图 8-40，出现井壁压缩变形减小的情况。

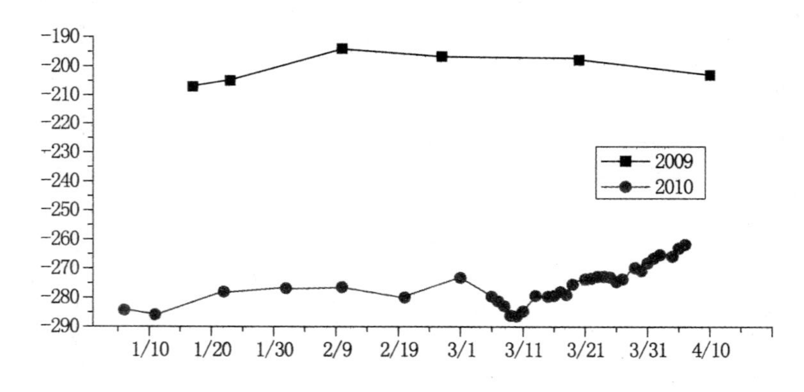

图 8-40 2009 年与 2010 年同期主井 13 V 应变量变化情况比较

4. 各治理方案优缺点

前述各治理方法各有优缺点(见表 8-8)，应当根据矿井的地质、水文地质和井筒的实际条件确定防治措施。

表 8-8　　井筒防治方案的优缺点对比表

项目	卸压槽＋壁后注浆＋井圈加固	地面注浆加固地层	地面钻孔补水稳定水位法
适用条件	已经破坏的井筒，井筒内有施工断面	井筒内没有施工条件，治理对矿井生产影响大	没有破坏的井筒，第四系底部有一定范围的隔水层
优点	1. 井壁竖向应力减小明显； 2. 对破坏段直接加固，防止掉物伤害； 3. 注浆堵水的效果好； 4. 卸压槽的施工技术和工艺方法成熟	1. 不影响矿井的正常生产； 2. 服务年限较长； 3. 井筒内无施工量，对矿井提升影响小； 4. 避免井筒破坏防治工程实施的安全风险	1. 不影响矿井的正常生产； 2. 工程材料简单，施工方便； 3. 地面补水钻孔的施工技术和工艺方法成熟； 4. 避免井筒出现突发性破坏，消除安全隐患； 5. 避免井筒破坏防治工程实施的安全风险
缺点	1. 过几年后卸压槽压实，需多次治理； 2. 井筒内施工，安全条件较差； 3. 在主、副井施工，需占用提升时间	1. 注浆范围大，工程费用较高； 2. 采用定向钻进、注浆等，施工技术难度较高； 3. 对破坏段不能直接加固	1. 含水层需要一定的可补性； 2. 难以对井壁破裂段直接加固

第五节　井筒变形监测与评价方法

一、监测系统

安全状况监测与报警系统主要监测井壁应变，卸压槽的应力与压缩变形，罐道缝的变化。通过判断是否达到井壁应变临界报警值、卸压槽设计允许压缩量和罐道缝允许压实量，进行井壁破裂监测。井筒安全监测报警系统和监测地点见表 8-9。

表 8-9　　井筒安全监测报警系统及观测地点

序号	监测内容	监测地点
1	井壁应变、温度监测与报警	鲍店矿主井、副井、南风井、北风井； 济宁二号矿主井、副井、风井； 东滩矿主井、副井、西风井； 济宁三号矿主井、副井、风井
2	罐道缝变化监测与报警	鲍店矿主井、副井； 杨村矿主井、副井； 兴隆庄矿主井、副井； 济宁二号矿主井、副井； 济宁三号矿主井、副井
3	卸压槽、应力变形监测	所有治理井筒

续表 8-9

序号	监测内容	监测地点
4	地面注浆和壁后注浆期间井筒应变监测与报警	鲍店主井、副井； 兴隆庄矿主井、副井； 济宁三号矿副井
5	地面及壁后注浆厚度探测	兴隆庄矿西风井； 鲍店矿主井、副井
6	井壁强度探测	兴隆庄矿西风井

二、井筒的安全状态评价

1．影响因素指标方法

对于未破裂井筒破坏可能的主要指标有：松散含水层水位降，地表沉降，井壁变形和罐道缝压缩。

对于卸压槽为主的井筒治理后，再次需要治理的指标有：卸压槽压缩量、工程服务年限、含水层水位降。

对于注水法为主的井筒治理后，再次需要治理的指标有：含水层水位降，井壁压变形增大量。

2．模糊聚类分析方法

模糊数学是研究和处理模糊现象的科学，它所揭示的是客观事物之间差异的中介过渡性引起的划分上的一种不确定性。井筒可分为已经破裂和尚未破裂两类，井筒破裂是由地层结构性质、变形沉降、水位变化和井筒结构等诸多因素共同决定的，而且各因素发展的程度与井筒发生破裂是具有非线性关系的。因此采用模糊聚类的方法，通过建立模糊关系将客观事物予以分类，并且变多因素判别为单因素判别，提高了评价和预测的准确性。

(1) 井筒初次破裂特征因素的选择

影响井筒破裂的特征因素有 7 项：

① 地表沉降速度(y_1)：反映地层的压缩速率，标志地层压缩对井筒作用影响的程度。压缩速率越大对井筒越不利。

② 地表累计下沉量(y_2)：用来反映地层压缩变形程度的指标。地表累积下沉量越大，对井筒稳定性越不利。

③ 主压缩层埋深(y_3)：新生界地层中主压缩层埋深对井筒有如下影响——一是反映地层压缩变形对井筒的扰动作用程度，即附加应力的影响。土层的主压缩层埋深越大，其上部随之沉降的土层厚度越大；相对井筒有运动趋势的土层越厚，则土层对井壁产生向下摩擦力的作用面积越大，附加应力将随之迅速增大，对井壁稳定性越不利。二是静态作用力。新生界土层压缩层埋深越大，表明新生界地层厚度越大。

④ 井筒净直径(y_4)：井筒净直径是影响井筒强度的一个因素。按弹性力学拉梅公式，在其他条件相同的情况下，井筒内半径越大，对井筒稳定性越不利。

⑤ 井壁厚度因素(y_5)：井壁混凝土强度。井壁承载力主要取决于井壁厚度，井壁越厚，

承载力越高。

⑥ 施工方法(y_6):井筒的施工方法对井筒稳定性有直接影响。一般认为钻井法施工较冻结法为优。

⑦ 井壁施工质量及井塔因素(y_7):井壁施工质量直接影响井筒强度。井塔因素是指井塔坐落在地表还是直接坐落在井壁上。如果坐落在井壁上无疑会增大井壁载荷。

井壁受力破裂是多因素综合作用影响的结果。这些因素中,有些是主要和关键性的,有些是次要和一般性的。关键因素初选权重大,次要因素初选权重小。具体参数要通过试算进行调整。

聚类选取 18 个井筒样本,样本各特征因素参数为特定时间井筒的状态参数,有的参数是变化的,例如松散层累计压缩量一般是增大的;有些参数是不变的,例如井筒直径和壁厚等。已知样本和待判样本参数分别见表 8-10 和表 8-11。

表 8-10　　已知井筒聚类样本参数和结果

井筒名	y_1 /(mm/a)	y_2 /mm	y_3/m	y_4/m	y_5/m^{-1}	y_6	y_7	状态	聚类值
权重	0.2	0.1	0.15	0.12	0.25	0.13	0.05		
标准值 X_1	60	510	242	8	2.2	1	1		1.000
临涣矿副井 X_2	47	426	240	7.2	0.77	1	0	已破裂	0.160
海孜矿风井 X_3	60	503	247	4.5	0.77	1	1	已破裂	0.158
海孜矿主井 X_4	60	503	247	6.5	0.8	1	1	已破裂	0.178
海孜矿副井 X_5	60	503	247	7.2	0.71	1	0	已破裂	0.170
芦岭矿主井 X_6	50	400	200	5.2	1.25	1	0	已破裂	0.174
芦岭矿副井 X_7	50	400	200	6.1	1.25	1	0	已破裂	0.182
张双楼矿主井 X_8	38	466	242	5.5	0.83	1	1	已破裂	0.150
张双楼矿副井 X_9	38	466	242	5.5	1	1	1	已破裂	0.165
童亭矿主井 X_{10}	30	306	230	5.3	2.2	0	0	已破裂	0.211
童亭矿副井 X_{11}	30	306	230	6.55	1.67	0	0	已破裂	0.175
童亭矿风井 X_{12}	30	306	230	5.0	1.11	1	0	已破裂	0.148
朱仙庄矿风井 X_{13}	0	0	254	4.9	1.33	1	1	未破裂	0.136
兴隆庄矿主井 X_{14}	51	400	190	7.5	0.77	1	0	已破裂	0.150
兴隆庄矿副井 X_{15}	51	400	190	6.6	0.83	1	0	已破裂	0.147
兴隆庄矿东风井 X_{16}	20	300	176	5.0	1.42	1	0	已破裂	0.151
兴隆庄矿西风井 X_{17}	77	400	190	5.5	1.05	1	0	已破裂	0.179
南屯矿白马河风井 X_{18}	21.51	272.5	140.5	5	1.25	1	1	已破裂	0.137

表 8-11　　井筒破裂可能性评价

井筒名	y_1	y_2	y_3	y_4	y_5	y_6	y_7	评价结果	聚类值
东滩煤矿西风井 X_{19}	16.98	382.1	134.79	6	1.25	1	1	破裂	0.138
东滩煤矿北风井 X_{20}	10.34	232.7	111.04	6	1.25	1	1	未破裂	0.120
东滩煤矿主井 X_{21}	15.7	353.3	108.17	7	0.91	1	1	未破裂	0.107
东滩煤矿副井 X_{22}	15.226	342.6	108.35	8	1.1	1	1	未破裂	0.131

① 样本 1 为标准样本，取各样本特征因素参数中最不利的值。

② 样本 2～18 为已经知道结果的样本。其中，淮北矿区 9 个破裂样本，1 个未破裂样本；徐州矿区 2 个破裂样本；兖州矿区 5 个破裂样本。

(2) 模糊聚类结果分析

通过计算，模糊等价关系矩阵中第 1 行(或第 1 例)第 i 个值为第 i 个样本的聚类值，聚类结果参见表 8-10 和表 8-11。

已经破裂的井筒的聚类值大于 0.137，以该值作为判断井筒是否破裂的临界聚类值，并且聚类值越大，井筒越易破裂。东滩煤矿以现在的条件来进行模糊数学评价，破裂可能性排序为：西风井、副井、北风井和主井。其中西风井聚类值为 0.138，达到破裂准则，现正在治理。副井、北风井和主井的聚类值分别为 0.131、0.120 和 0.107。

(3) 井筒再次破坏评价

井筒初次破裂治理后由于增加了治理工程的影响因素，因此评价和预测井筒再次破裂更加复杂。选择以下 8 个影响因素：

① 井筒直径(Y_1)：根据弹性力学理论，井筒直径越大，井壁受力越大。

② 松散层厚度(Y_2)：根据土力学理论，松散层厚度越大，井壁受力越大。

③ 水位降(Y_3)：水位降是地层压缩与井筒破裂的动力，水位降大，地层压缩量大，井筒破裂可能性大。

④ 卸压槽压缩率(Y_4)：在卸压槽有效的情况下，卸压槽压缩率越高，越接近压实。

⑤ 多处破裂(Y_5)：由于井壁多处破裂，卸压槽的压缩量不能表示井壁所有的压缩量，或套壁后卸压槽卸压效果不佳。

⑥ 服务年限(Y_6)：井筒治理后时间越长，越接近上一次治理的实际服务年限和设计服务年限，再次治理的可能性就越大。

⑦ 治理方式(Y_7)：地层注浆与卸压槽治理方法的不同，其治理效果也不同。

⑧ 松散层压缩率(Y_8)：地层压缩率越大，则井筒受力越大。

思考题

1. 论述疏水导致井筒破坏的原因。
2. 推导附加应力的计算公式，并分析附加应力与各因素的关系。
3. 井壁破裂有哪几种防治技术？分析各种防治技术的适应条件及优缺点。
4. 井筒破裂有哪几种评价方法？

5. 某矿西风井的基础参数为：井壁内半径 $R_0=3$ m，井壁外半径 $R=3.8$ m，上覆地层厚度 $H=126.4$ m，含水层厚度 $h=108.95$ m，$a=1$，$K_1(gR)/K_0(gR)=2.161$，$g_2=E_s/hHG$，砂层厚度$=79.79$ m，其土性参数为 $G=1$ MPa；黏土层厚度$=29.21$ m，其土性参数为 $G=4$ MPa。隔水层由黏土及砂质黏土组成。压缩系数 $a_{1\text{-}2}=0.07\sim0.24$ MPa^{-1}，为低—中等压缩性，含水层的平均压缩模量 $E_s=13.667$ MPa。自 1996 年 1 月到 2012 年 6 月，西风井累计水位下降量 ΔH_w 为 -8.07 m，求自 1996 年 1 月到 2012 年 6 月西风井井壁附加应力。

参考文献

[1] 白矛,刘天泉.孔隙裂隙弹性理论及应用导论[M].北京:石油工业出版社,1999.
[2] 蔡荣,姜振泉,梁媛,等.煤矿井筒重复破坏的化学注浆治理[J].煤田地质与勘探,2003,31(4):46-48.
[3] 陈湘生.华东地区立井井壁破坏原因浅析[J].建井技术,1997,18(6):1-3.
[4] 崔广心.特殊地层条件竖井井壁破坏机理及防治技术[J].建井技术,1998,19(1):28-32.
[5] 戴华阳,郭俊廷,阎跃观,等."采—充—留"协调开采技术原理与应用[J].煤炭学报,2014,3(8):1602-1610.
[6] 董青红,满海英,郭典伟.厚松散层下近风化带保水采煤的GIS研究[J].中国矿业大学学报,2004,33(2):190-192.
[7] 杜计平,汪理全.煤矿特殊开采方法[M].徐州:中国矿业大学出版社,2011.
[8] 冯光明.陶一矿超高水材料充填开采试验研究[J].煤炭工程,2011(11):63-66.
[9] 高延法.岩石强度理论与采场底板变形破坏规律研究[D].湖北:武汉水利电力学院,1991.
[10] 郭惟嘉.矿井特殊开采[M].北京:煤炭工业出版社,2008.
[11] 国家安全监管总局,国家煤矿安监局,国家能源局,等.建筑物、水体、铁路及主要井巷煤柱留设与压煤开采规范[S].2017.
[12] 国家安全生产监督管理总局.煤矿防治水规定[S].北京:煤炭工业出版社,2009.
[13] 国家安全生产监管管理总局.煤矿安全规程[S].北京:煤炭工业出版社,2016.
[14] 胡炳南,张兴华,申宝宏.建筑物、水体、铁路及主要井巷煤柱留设与压煤开采指南[M].北京:煤炭工业出版社,2017.
[15] 洪伯潜.钻井井壁局部破坏原因分析[J].煤炭科学技术,1992(2):38-41.
[16] 虎维岳.矿山水害防治理论方法[M].北京:煤炭工业出版社,2005.
[17] 虎维岳.新时期煤矿水害防治技术所面临的基本问题[J].煤田地质与勘探,2005,33(S):27-30.
[18] 靳德武.我国煤层底板突水问题的研究现状及展望[J].煤炭科学技术,2002,30(6):1-4.
[19] 康永华.我国水体下综放开采技术的应用[J].煤炭科学技术,2003,6(12):31-34.
[20] 李白英.预防矿井底板突水的"下三带"理论及其发展与应用[J].山东科技大学学报,1999,18(4):11-18.
[21] 李文平.徐淮矿区深厚表土底含失水压缩变形实验研究[J].煤炭学报,1999,24(3):231-235.

[22] 李振华,许延春,陈新明.高水压工作面底板注浆加固技术研究[J].煤炭工程,2013(5):32-35.
[23] 刘建功.煤矿充填法采煤[M].北京:煤炭工业出版社,2011.
[24] 刘树才.煤矿底板突水机理及破坏裂隙带演化动态探测技术[D].徐州:中国矿业大学,2008.
[25] 刘天泉.厚松散含水层下近松散层的安全开采[J].煤炭科学技术,1986,(2):14-18.
[26] 刘天泉.露头煤柱优化设计理论与技术[M].北京:煤炭工业出版社,1998.
[27] 楼根达.井壁负摩擦力的传递分析[A]//中国煤炭学会井筒破坏治理学术研讨会[C].北京:煤炭工业出版社,2000.
[28] 骆念海,杨维好.井壁竖直附加力的影响因素分析[J].煤炭科学技术,2000,28(12)41-43.
[29] 煤炭科学研究院北京开采所.煤矿地表移动与覆岩破坏规律及其应用[M].北京:煤炭工业出版社,1983.
[30] 缪协兴,刘卫群,陈占清.采动岩体渗流与煤矿灾害防治[J].西安石油大学学报,2007,22(2):74-77.
[31] 倪兴华,隋旺华,官云章,等.煤矿立井井壁破裂防治技术研究[M].徐州:中国矿业大学出版社,2005.
[32] 倪兴华,许延春,王同福,等.厚松散层立井破坏机理与防治[M].北京:煤炭工业出版社,2007.
[33] 彭苏萍,王金安.承压水体上安全采煤[M].北京:煤炭工业出版社,2001.
[34] 祁和刚,许延春,吴继忠.水体下薄基岩近距离厚煤层组安全采煤技术.北京:煤炭工业出版社,2015.
[35] 钱鸣高,缪协兴,黎良杰.采场底板岩层破断规律的理论研究[J].岩土工程学报,1995,17(6):55-62.
[36] 申宝宏.松散含水层水的治理途径[J].煤矿开采,1995,33(2):31-35.
[37] 施龙青,尹增德,刘永法.煤矿底板损伤突水模型[J].焦作工学院学报,1998,17(6):403-405.
[38] 施龙青,翟培合,魏久传,等.三维高密度电法技术在岩层富水性探测中的应用[J].山东科技大学学报(自然科学版),2008,27(6):1-4.
[39] 施龙青,朱鲁,韩进,等.矿山压力对底板破坏深度监测研究[J].煤田地质与勘探,2004(12):20-23.
[40] 苏骏,程桦.疏水沉降地层中井筒附加力理论分析[J].岩石力学与工程学报,2000,19(3):310.
[41] 隋旺华,蔡光桃,董青红.近松散层采煤覆岩采动裂缝水砂突涌临界水力坡度试验[J].岩石力学与工程学报,2007,26(10):2084-2091.
[42] 隋旺华,董青红,蔡光桃,等.采掘溃砂机理与预防[M].北京:地质出版社,2008.
[43] 滕永海,高德福,朱伟,等.水体下采煤[M].北京:煤炭工业出版社,2012.
[44] 涂敏,桂和荣,李明好,等.厚松散层及超薄覆岩厚煤层防水煤柱开采试验研究[J].岩石力学与工程学报,2004,23(20):3494-3497.

[45] 王经明.承压水沿底板递进导升机制的物理法研究[J].煤田地质与勘探,1999,27(6):40-43.
[46] 王作宇,刘鸿泉.承压水上采煤[M].北京:煤炭工业出版社,1993.
[47] 魏久传.煤层底板断裂损伤与底板突水机理研究[D].山东:山东矿业学院,2000.
[48] 魏世义,陈新明,许延春.高承压水过断层破碎带巷道稳定性研究[J].煤炭科学技术.2013,41(Z):8-10.
[49] 武强,黄晓玲,董东林,等.评价煤层顶板涌(突)水条件的"三图-双预测法"[J].煤炭学报,2000,25(1):60-65.
[50] 武强,解淑寒,裴振江,等.煤层底板突水评价的新型实用方法Ⅲ——基于GIS的ANN型脆弱性指数法应用[J].煤炭学报,2007(12):1301-1306.
[51] 武强,李周尧.矿井水灾防治[M].徐州:中国矿业大学出版社,2002.
[52] 武强,刘东海,等.煤层底板突水评价的新型实用方法Ⅳ——基于GIS的AHP型脆弱性指数法应用[J].煤炭学报,2009(2):233-238.
[53] 武强,刘守强,贾国凯.脆弱性指数法在煤层底板突水评价中的应用[J].中国煤炭,2010,36(6):15-19.
[54] 武强,张志龙,马积福.煤层底板突水评价的新型实用方法Ⅰ——主控指标体系的建设[J].煤炭学报,2007(1):42-47.
[55] 武强,张志龙,张生元,等.煤层底板突水评价的新型实用方法Ⅱ——脆弱性指数法[J].煤炭学报,2007(11):1121-1126.
[56] 武强,赵苏启,董书宁.煤矿防治水手册[S].北京:煤炭工业出版社,2013.
[57] 武强.煤矿水害综合治理的新理论与新技术[C]//第六次全国煤炭工业科学技术大会论文集,2005:294-296.
[58] 武强.我国矿井水防控与资源化利用的研究进展、问题与展望[J].煤炭学报,2014,39(5):795-805.
[59] 席京德,许延春,官云章,等.注浆法治理井筒破坏的理论分析[J].建井技术,1998(4):33-36.
[60] 席京德,许延春,官云章.兴隆庄矿主副井筒破坏预防性治理的研究与经验[J].建井技术,1999(1):27-29.
[61] 徐永圻.煤矿开采学[M].徐州:中国矿业大学出版社,2008
[62] 许家林,轩大洋,朱卫兵.充填采煤技术现状与展望[J].采矿技术,2011,11(3):24-30.
[63] 许延春,陈新明,姚依林.高水压突水危险工作面防治水关键技术[J].煤炭科学技术,2012,40(9):99-103.
[64] 许延春,耿德庸,官云章,等.深厚含水松散层的工程特性及其在矿区的应用[M].北京:煤炭工业出版社,2003.
[65] 许延春,耿德庸,文学宽.黄淮地区巨厚松散层岩性结构特征以及采矿对其水动态的影响[J].工程地质学报,1998,6(3):211-216.
[66] 许延春,介玉新,倪兴华,等.煤矿井筒破坏主要治理措施的数值模拟分析[A]//中国科协2004年学术年会第16分会场论文集[C].北京:煤炭工业出版社,2004.
[67] 许延春,李见波.注浆加固工作面底板突水"孔隙一裂隙升降型"力学模型[J].中国矿

业大学学报,2014,43(1):49-55.
[68] 许延春,李江华,刘白宙.焦作矿区工层底板注浆加固工作面突水原因与防治[J].煤田地质与勘探,2014,42(4):50-55.
[69] 许延春,刘世奇.水体下综放开采的安全煤岩柱留设方法研究[J].煤炭科学技术,2011,(11):1-4.
[70] 许延春,杨建华.济宁三号矿主、副井筒破裂预防性主动防治技术[J].煤炭工程,2006(6):56-58.
[71] 许延春,杨扬.大埋深煤层底板破坏深度统计公式及适用性分析[J].煤炭科学技术.2013,41(9):129-132.
[72] 许延春,杨扬.回采工作面底板注浆加固防治水技术新进展[J].煤炭科学技术,2014,42(1):98-101.
[73] 许延春.含黏砂土流动性试验[J].煤炭学报,2008.33(5):496-499.
[74] 许延春.综放开采防水煤(岩)柱保护层的"有效隔水厚度"留设方法[J].煤炭学报,2005,30(3):305-308.
[75] 雅·贝尔.地下水水力学.北京:地质出版社,1985.
[76] 杨本水,王广军,梁广玲,等.综放工作面缩小防水煤柱的可行性研究[J].煤田地质与勘探,2000,28(1):36-38.
[77] 尹尚先,武强,王尚旭.华北岩溶陷落柱突水的水文地质及力学基础[J].北京:煤炭工业出版社,2005.
[78] 尹尚先.华北煤田岩溶陷落柱及其突水研究[M].北京:煤炭工业出版社,2008.
[79] 袁伟昊.充填采煤方法与技术[M].北京:煤炭工业出版社,2012.
[80] 张吉雄.矸石直接充填综采岩层移动控制及其应用研究[D].徐州:中国矿业大学,2008.
[81] 张金才,刘天泉.论煤层底板采动裂隙带的深度及分布特征[J].煤炭学报,1990(2):35-38.
[82] 张金才,张玉卓,刘天泉.岩体渗流与煤层底板突水[M].北京:地质出版社,1997.
[83] 张文泉,刘伟韬,张红日,等.煤层底板岩层阻水能力及其影响因素的研究[J].岩土力学,1998,19(4):31-35.
[84] 张玉军,康永华,刘秀娥.松软砂岩含水层下煤矿开采溃砂预测[J].煤炭学报,2006,31(4):429-432.
[85] 赵兵文.葛泉矿煤层底板承压隔水层整体注浆加固技术[J].煤炭科学技术,2008,36(10):86-88.
[86] 赵庆彪,高春芳,王铁记.区域超前治理防治水技术[J].煤矿开采,2015,20(2):90-94.
[87] 赵庆彪.奥灰岩溶水害区域超前治理技术研究及应用[J].煤炭学报,2014,39(6):1112-1117.
[88] 赵阳升,胡耀青.承压水上采煤理论与技术[M].北京:煤炭工业出版社,2004.
[89] 周国庆,杨维好,刘志强.深厚表土特殊凿井与地下工程若干问题研究[M].北京:煤炭工业出版社,2006.
[90] 朱术云,曹丁涛,岳尊彩,等.特厚煤层综放采动底板变形破坏规律的综合实测[J].岩

土工程学报,2012,34(10):1931-1938.

[91] ANNANDALE J G,JOVANOVIC N Z,TANNER P D,et al. The Sustainability of Irrigation with Gypsiferous Mine Water and Implications for the Mining Industry in south Africa[J]. Mine water and the Environment,2002,21(2):81-90.

[92] BAEK J,KIM S W,PARK H J,et al. Analysis of ground subsidence in coal mining area using SAR interferometry. Geosciences Journal,2008,12(3),277-284.

[93] CATHY M LENTER,LOUIS M MCDONALD,JR JEFFREY G,et al. The Effects of Sulfate on the Physical and Chemical Properties of Actively Treated Acid Mine Drainage Floc[J]. Mine Water and the Environment,2002(21):114-120.

[94] FALCöN S,GAVETE L,RUIZ A. A model to simulate the mining subsidence problem coding and implementation of the algorithm[J]. Computers & Geosciences,1996 (22):897-906.

[95] HATZOR Y H, TALESNICK M, TSESARSKY M. Continuous and discontinuous stability analysis of the bell-shaped caverns at Bet Guvrin, Israel [J]. Int J Rock Mech. Min. Sci,2002,39 (7):867-886.

[96] LIANG H C,ZHOU G Q,LIAO B,et al. Insite monitoring and analysis of shaft lining 's additional strain in failure and formation grouting[C]//Proceedings of the 6th International Conference on Mining Science and Technology, Xuzhou, China, 2009: 503-511.

[97] PALMER A N. Origin and morphology of limestone caves[J]. Geological Society of America Bull,1991(103):1-21.

[98] PENG S S,LUO Y,DUTTA D. An engineering approach to ground surface subsidence damage due to longwall mining[J]. Mining Technology,1996,78(9),227-231.

[99] PERFECT E. Fractal models for the fragmentation of rocks and soils[J]. Engineering Geology,1997 (48):185-198.

[100] PINNADUWA H S W. Box fractal dimension as a measure of statistical homogeneity of jointed rock masses[J]. Engineering Geology,1997 (48):217-229.

[101] SHEOREY P R,LOUI J P,SINGH K B,et al. Ground subsidence observations and a modified influence function method for complete subsidence prediction[J]. International Journal of Rock Mechanics and Mining Sciences2000(37):801-818.

[102] SIMONS J W. A computer model for explosively induced rock fragmentation during mining operations[J]. 68th ANN. Minnesota Mining Symp,1995,(1):203-213.

[103] SINGH R P,YADAV R N. Prediction of subsidence due to coal mining in Raniganj coalfield,West Bengal,India[J]. Engineering Geology,1995(39):103-111.

[104] SONI A K,SINGH K K,PRAKASH A,et al. Shallow cover over coal mining:a case study of subsidence at Kamptee Colliery,Nagpur,India[J]. Bull Eng Geol Environ, 2007(66),311-318.

[105] TALOY L M,CHEN E P. Microerack-induced damage accumulation in britte rock under dynamic loading. Computer Methods in Applied Mechanics and Engineering,

1986,55(3):301-320.

[106] TOMAŽ A,GORAN T. Prediction of subsidence due to underground mining by artificial neural networks[J]. Computers & Geosciences,2003(29),627-637.

[107] UNVER B,YASITLI N E. Modelling of strata movement with a special reference to caving mechanism in thick seam coal mining[J]. International Journal of Coal Geology,2006(66),227-252.

[108] WISOTZKY F. Prevention of Acidic Groundwater in Lignite Overburden Dumps by the Addition of Alkaline Substances: Pilot-scale field Experiments[J]. Mine Water and the Environment,2001,20(3):122-128.

[109] Xie H P,Yu G M,Yang L,et al. Influence of proximate fault morphology on ground subsidence due to extraction[J]. International Journal of Rock Mechanics and Mining Sciences,1998(35),1107-1111.

[110] XU YANCHEN,LI XUDONG,JIE YUXIN. Test on Water-Level Stabilization and Prevention of Mine-Shaft Failure by Means of Groundwater Injection[J]. Geotechnical Testing Journal,2014,37(2):319-332.